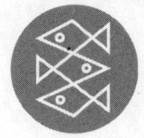

Im Jahre 1876 verpasste der kanadische Ingenieur Sandford Fleming (1827–1915) auf einem Bahnhof in Irland seinen Zug. Dieses Missgeschick war für ihn der Anlass, nach einem Konzept zu suchen, mit dem man die bestehenden regionalen Zeitunterschiede innerhalb der verschiedenen Länder systematisch festlegen konnte. Er teilte den Globus, gemäß der Uhr, in 24 Zeitzonen ein. Fleming schuf damit ein grundlegendes System, ohne das unser Zeitalter der Globalisierung nicht denkbar wäre.

Neben der faszinierenden Biographie Flemings, die auf dessen Tagebüchern, Briefen und Notizen basiert, zeichnet Clark Blaise das Bild einer Epoche, in der der technische Fortschritt und die Entwicklung der Naturwissenschaften im Eilschritt vonstatten gingen und jeder Gentleman sich als Pionier der neuen Wissenschaften verstand.

Clark Blaise ist Autor zahlreicher Werke und leitete das International Writers Program der University of Iowa. Mit seiner Frau, der renommierten Autorin Bharati Mukherjee, lebt er in San Francisco.

Unsere Adresse im Internet: www.fischer-tb.de

Clark Blaise

Die Zähmung der Zeit
Sir Sandford Fleming
und die Erfindung der Weltzeit

Aus dem Amerikanischen von
Hans Günter Holl

Fischer Taschenbuch Verlag

Ungekürzte Ausgabe
Veröffentlicht im Fischer Taschenbuch Verlag,
einem Unternehmen der S. Fischer Verlag GmbH,
Frankfurt am Main, Januar 2004

Die amerikanische Originalausgabe erschien unter dem Titel
›Time Lord. Sir Sandford Fleming and the Creation of Standard Time‹
2001 bei Pantheon Books, New York
© 2000 Clark Blaise
Für die deutsche Ausgabe:
© 2001 S. Fischer Verlag GmbH, Frankfurt am Main
Druck und Bindung: Clausen & Bosse, Leck
Printed in Germany
ISBN 3-596-15387-5

Inhalt

Vorwort: Das Zeitalter der Maße 7

Erster Teil: Eine (sehr) kurze Geschichte der Zeit

　1　*Die Entdeckung der Zeit*　19
　2　*Zeit und Demokratie*　32
　3　*Welche Zeit haben wir?*　51
　4　*Herr Fleming und die Zeit*　71
　5　*Das Jahrzehnt der Zeit, 1875 bis 1885*　95
　6　*Die Praxis der Zeit*　121

Zweiter Teil: Die Zeit lag in der Luft

　7　*Bemerkungen über Zeit und viktorianische Wissenschaft*　143
　8　*Schienenfahrten*　176
　9　*Die Ästhetik der Zeit*　195
10　*Die Blößen des Sandford Fleming*　228

Dritter Teil: Nach dem Jahrzehnt der Zeit

11　*Großbritannien im Jahr 1887*　273
12　*Zeit, Moral und Verkehr im Jahr 1889*　285

Nachwort: Der Geist des Sandford Fleming　297

Danksagung　300
Anmerkungen　302
Bibliographie　312

Für John und Myrna Metcalf

Vorwort
Das Zeitalter der Maße

Naturwissenschaftler und Psychologen meinen, dass von allen Lebewesen ausschließlich der Mensch über einen Zeitsinn verfügt; ja sogar, dass dieser gerade jene Eigenschaft sei, die ihn allererst zum Menschen macht. Da nichts für die menschliche Natur grundlegender sei als die Erforschung der Zeit und das Ringen um ihre genaue Messung, widmet der Ideengeschichtler Daniel J. Boorstin dem Zeitphänomen und dessen kultureller Bedeutung nicht weniger als drei einführende Kapitel seines Buches *Die Entdecker*. Ohne einen konventionellen Zeitstandard könnten wir Veränderungen weder feststellen noch markieren, gäbe es weder Innovationen noch Fortschritte. Wie Robinson Crusoe Kerben in einen Stock schnitzt oder Gefangene des Gulag für jeden Tag ihrer Haft einen Strich in die Wand ritzen, so sind auch wir tief in die Zeit eingebettet. Selbst wenn wir uns ganz aus dem gesellschaftlichen Leben zurückziehen, hängt allein schon unsere geistige Normalität immer noch unabdingbar von Regelmäßigkeiten ab. Welchen Tag haben wir heute? Wie lange bin ich schon hier? Die Art, wie wir heute die Zeit begreifen, hat viel mit der gültigen Zeitnorm und insofern mit dem Mann zu tun, von dem dieses Buch handelt.

Flemings Name verblasst mit jeder neuen Generation ein bisschen mehr, obwohl ihn Plaketten und Denkmäler zuhauf ehren. Zwar wurden ein College und einige höhere Schulen nach ihm benannt, aber noch vor fünfzig bis sechzig Jahren hätte man Sir Sandford Fleming wohl den möglicherweise etwas selbstironischen Titel eines »herausragenden Kanadiers des 19. Jahrhunderts« verliehen. Im Jahr 1827 als Sohn eines örtlichen Bauunternehmers in der schottischen Manufakturstadt Kirkcaldy geboren, absolvierte er seine sechsjährige Elementarausbildung an der städtischen Bürgerschule und durchlief anschließend eine ebenfalls sechsjährige Lehre bei dem örtlichen Landvermesser John Sang. 1845 machte er sich als Achtzehnjähriger zusammen mit seinem älteren Bruder nach Kanada auf. Beim Abschied an der Mole schenkte ein Vetter ihm einen Silbersovereign. Sein Vater vertraute ihm eine wertvolle Sonnenuhr im Taschenformat an: ein Symbol für das Zeitsystem, das Sandford schließlich aus den Angeln heben sollte. Seine Reise in die Zukunft mit dem Segelschiff *Brilliant* kostete die erkleckliche Summe von zwölf Pfund Sterling, wofür man Sandford und seinem Bruder eine feste Tagesration Trinkwasser nebst der Verpflegung mit schlichter Bordkost versprach.

Die von Pferden gezogenen Omnibusse der kleineren und größeren Städte Schottlands hatten regelmäßige Haltestellen, und ihre bemalten Seitenflächen kündigten die Endstationen an. Eine zum Beispiel mochte »Glasgow Docks« heißen, »mit Zugverbindungen nach Liverpool«, wo man alle Schiffe erreichte. Die jungen Männer, deren Holztruhen kärgliche Schätze an Büchern, Handwerkszeug, Mehl und Tee in Dosen sowie das Bettzeug enthielten, strebten nach Kanada, Südafrika, Neuseeland und Australien. Einige wählten die damals etwas fremdartige Herausforderung der Vereinigten Staaten. Die Emigration war das unvermeidliche Schicksal der klugen, unternehmungslustigen Schotten, wie sie selbst sich bezeichneten. Sie wollten das Empire bevölkern, ihm neuartige Maschinen bauen, seine Räderwerke in Gang setzen und damit ihr Glück machen. Die Lektionen ihrer anspruchslosen

Kindheit und die Gebote der presbyterianischen Kirche ließen sie für den Rest ihres Lebens stets nüchtern und verantwortungsbewusst bleiben.

Sie waren die Installateure, die Kesselmacher, die Ableser, die Ingenieure der Welt, stolz auf ihre Zähigkeit, Genügsamkeit und besondere Gabe, jeden sich anbietenden mechanischen Kunstgriff blitzschnell zu erfassen. Die viktorianische Völkerkunde ordnete den verschiedenen »Rassen« je eigene Begabungen zu, und den Schotten sagte sie eine geradezu unheimliche Affinität zur Technik nach.[1] Das an der Nordküste des Firth of Forth direkt Edinburgh gegenüber gelegene Kirkcaldy war zum Beispiel auch der Geburtsort von Adam Smith. Noch ein Jahrzehnt vor Flemings Einschulung hatte Thomas Carlyle dort die Abc-Schützen unterrichtet. In Kirkcaldy war das Linoleum erfunden und dann hergestellt worden. Wahrscheinlich gibt es in ganz Schottland keine größere Ansiedelung, die nicht eine ähnliche Liste berühmter Söhne und nützlicher Erfindungen vorweisen könnte. Flemings späterer Freund Andrew Carnegie, einer von jenen mit dem Fernziel Amerika, stammte aus dem nahegelegenen Fifeshire-Städtchen Dunfermline. Der Schifffahrtsmagnat Andrew Cunard, James J. Hill als Gründer der Great Northern Railroad, außerdem die ersten beiden Premierminister eines unabhängigen Kanada, Sir John A. Macdonald und Alexander Mackenzie, sowie zahllose Bankiers und Geschäftsleute, die ebenjenes Kanada gemeinsam zur führenden britischen Kolonie unter vermeintlich gleichen machten: Sie alle hatten die besagte Überfahrt gewagt und als Schotten ihre Fähigkeiten in den Dienst der neuen Heimat gestellt.

Was sie mitbrachten war ihr Glaube, ihre Zuversicht und ihr »angeborener Fleiß«. Sie erinnerten sich gerne an Schottland, kehrten oft in ihre Geburtsorte zurück, die sie auch finanziell unterstützten. Mit den Amerikanern kamen sie gut aus, und selbstverständlich assoziiert man heute viele von ihnen, wie Carnegie, Alexander Graham Bell oder J. J. Hill, fast ausschließlich mit ihren Erfolgen in der Neuen Welt.

Zwischen Schottland und Kanada lässt sich eine hintergründige Parallele ziehen, da beide Länder nach den Kriterien der viktorianischen Diplomatie Un-Staaten waren, die von ihren südlichen Nachbarn nicht anerkannt, ja sogar bedroht wurden. Die extreme Zurückhaltung der nüchternen, arbeitsamen und mit dem Pfennig rechnenden Schotten kam in den dünn besiedelten Weiten jener selbständigen Kolonien, die bis zum Konföderationsgesetz des Jahres 1867, aus dem Kanada hervorging, »Britisch Nordamerika« hießen, besonders gut an. Deshalb beurteilte man die Schotten gewöhnlich etwas schmeichelhafter als ihre kanadischen Landsleute, die Iren und Franzosen. Zweifellos stellte die viktorianische Gesinnung sie wegen ihres unbeugsamen Protestantismus heraus. Doch die Schotten steuerten, ähnlich wie das Land ihrer Herkunft und ihre neu aufzubauende Heimat, einen sehr scharfen Kurs zwischen stolzem Überleben und offenkundiger Unterordnung. Zwar waren sie »Emigranten«, fühlten sich aber keineswegs als Immigranten. In ihrer Heimat hatten sie Not und Armut kennen gelernt, sich jedoch, wie es schien, in Kanada, den Vereinigten Staaten oder England selbst gleichsam über Nacht in waghalsige Umsiedler verwandelt. Flemings Leben bezeugt durchgängig miteinander wettstreitende Loyalitäten zu Kanada, zu Schottland und zum Ideal des britischen Empire. Als Musterbeispiel eines erfolgreichen Auswanderers klagte er dennoch bei Heimatbesuchen über den Verlust seines ausgeprägten Akzents, ja sogar seines Gehörs für die reineren Linien des »nördlich vom Tweed« gesprochenen schottischen Dialekts. Nur in Kirkcaldy selbst galt er noch als Einheimischer.

Bei der vierundvierzigtägigen Überfahrt des Jahres 1845 wären die Brüder Fleming fast ums Leben gekommen.

Eines fürchterlichen Abends las Sandford inmitten eines nordatlantischen Sturmes die Windgeschwindigkeit und -richtung ab, berechnete den Kurs und die Tonnage des Schiffes und kam zu dem Ergebnis, dass sie den nächsten Morgen vielleicht nicht mehr sehen würden. Er brachte seine schonungslose Einschätzung zu Papier, fügte ein Glaubensbekenntnis zu Gott und eine Erklärung der Dankbarkeit gegenüber seinen Eltern hinzu, stopfte den Zettel in eine Flasche und warf diese über Bord. Selbstverständlich wurde die Flaschenpost, da Fleiß und Fortüne die beherrschenden Merkmale seines ganzen Lebens waren, an einem Strand im Norden Devons gefunden und den Eltern wenige Monate nach der Ankunft in Peterborough, seiner ersten kanadischen Station, überbracht. Den Brief bewahrte Sandford dann für den Rest seines Lebens in der obersten Schublade seines Nachtschränkchens auf; übrigens zusammen mit dem nicht ausgegebenen Silbersovereign, den sein Vetter ihm am Glasgower Hafen geschenkt hatte. In Peterborough fand Fleming anstelle von Arbeit nur Entmutigung. Er besuchte andere Städte Ontarios, machte Skizzen und fertigte daraufhin mit eigenen lithographischen Steinen Stadtpläne an, die er gewinnbringend verkaufte. In seinen Notizbüchern ist jede einzelne Einnahme und jede Ausgabe penibel vermerkt. Die Hälfte seiner Einkünfte schickte er nach Hause, an die Familie. Innerhalb von drei Jahren folgten seine Eltern ihm nach Kanada und ließen sich dort auf einer Farm nieder, die ihr Sohn für sie erworben hatte.

Man sollte auch nicht den Einfluss des Lehrers außer Acht lassen, jenes Landvermessers, der Fleming in Kirkcaldy ausgebildet hatte, denn John Sang und seine Söhne blieben stets ein wichtiger Faktor in Sandfords Leben. In Kirkcaldy selbst behielt man Sang als »ein praktisches und technisches Genie[2]« in Erinnerung, mit einer besonderen Gabe, gute Ingenieure auszubilden. Sein Firmensitz ließ eher an eine technische Hochschule als ein Landvermesserbüro denken. Er erfand sogar ein Instrument – ein anspruchsvolles Messgerät mit Umwandler und Anzeige –, um anhand von Landkarten automatisch Flächeninhalte zu ermitteln, indem man den Umriss der betreffenden Gebiete mit einem Rädchen nachfuhr.

Sangs Erfindung wurzelte – ebenso wie Flemings etwas abstraktere Modelle für eine standardisierte Weltzeit – in der großen Bewunderung und Faszination des viktorianischen Zeitalters für Messinstrumente, die mehr als lediglich einfache Nadeln auf Stufenskalen sind. Die Dampfkraft, als damals wichtigste Energiequelle, barg ein erhebliches Gefahrenpotential und bedurfte ständiger Kontrollen, wobei ein Messgerät den einzig gangbaren Weg darstellte, die Hitze und den Innendruck laufend zu prüfen. Das Dampfzeitalter war zugleich eine Ära des Messens, einer Umwandlungstechnik, die auch beträchtlichen Einfluss auf die Entwicklung der Standardzeit ausübte.

Messgeräte sind komplizierte Umwandler, die gleichsam Übersetzungen aus den Sprachen der Dinge liefern. So machen Skalen, Thermometer, Uhren, Ölpumpen und ihre zahllosen Nutzanwendungen unmittelbar die Äquivalenz zwischen disparaten, unsichtbaren Ereignissen sichtbar. »Sie haben abgenommen ... Sie haben Fieber ... Sie verlieren an Höhe ... Ihnen bleiben noch zehn Minuten ...« Wie simple Computer konvertieren sie eine Klasse von Operationen in einen anderen Datenstrom – messen Zeit, Temperatur, Volumen, Kosten, Gewinne und Verluste. Jede neue Erfindung mit dem Ziel, auf dem Markt des 19. Jahrhunderts zu reüssieren, strotzte von glitzernden Ventilen und raffinierten mattglänzenden Kupferarmaturen, wie jene Abbildungen, die Jules Vernes Abenteuer am Meeresgrund und auf dem Mond oder viel später die Zeitmaschine von H. G. Wells illustrierten. Auf diese Weise konnten die Viktorianer das Unsichtbare fassen und ihm auch trauen.

Sangs Schicksal nahm keinen glücklichen Verlauf. In seinen späteren Lebensjahren schimpfte er sich einen »Feigling«, weder Fleming nach Kanada noch anderen Bekannten aus Kirkcaldy in deren neue Heimat Wisconsin gefolgt zu sein. Aus zwei Lebenslinien, die ganz ähnlich begonnen hatten, ergaben sich schließlich sehr unterschiedliche Schicksale, das der Ausgewanderten und das der Daheimgebliebenen. John Sang und seine Söhne verloren alles, was sie sich aufgebaut hatten, mussten sämtliche Instrumente verkaufen und Konkurs anmelden, um anschließend in einem Belfaster Büro für fremde Herren als Kopisten und Urkundenbeglaubiger zu arbeiten.

Demgegenüber war das Leben Flemings eine stetig ansteigende Erfolgsgeschichte. Bereits fünf Jahre nach seiner Ankunft in Peterborough und dann Toronto hatte er sich einen Namen als Landvermesser und Lithograph gemacht. Er sondierte als erster den Hafen von Toronto, erstellte den ersten Stadtplan, einschließlich des Hafens und der Buchten, schrieb später Aufsätze über die geologische Entwicklung des Ontario-Sees und seiner aufeinanderfolgenden prähistorischen Schichten. Er lithographierte zudem Pläne anderer Städte Ontarios und verkaufte seine bemerkenswert genauen, kunstvollen Drucke, und als ein guter Amateurkünstler illustrierte er seine Arbeiten auch oft selbst. Von der Landvermessung machte er den logisch nur konsequenten Schritt zum Ingenieurswesen, plante Eisenbahnlinien, entwarf und stach die erste kanadische Briefmarke, den »Biber«,[3] gründete das Canadian Institute (aus dem später die Royal Society of Canada hervorging), an dem er viele seiner wissenschaftlichen Vorträge hielt, darunter die klassischen Referate zum Thema Normalzeit. Er schrieb ein Dutzend Bücher, diente fünfunddreißig Jahre lang nominell als Kanzler der Queen's University in Kingston, Ontario (im Bewerbungsschreiben berief er sich auf die sechsjährige Grundschulausbildung in Kirkcaldy), ersann und förderte die Weltstandardzeit und verlegte schließlich das weltumspannende Kabel durch den Pazifik, eine Leistung, die ihm 1897 seine Erhebung in den Ritterstand eintrug.

Die *Montreal Gazette* charakterisierte Fleming spät in seinem Leben als »einen Mann, der ohne eine große Reform vor Augen niemals glücklich war«. So erneuerte er das presbyterianische Gebetbuch, trug zur Anpassung des metrischen an das imperiale System bei,[4] schlug das Verhältniswahlrecht vor und forderte, die Börsen zur Rechenschaftslegung zu zwingen. Als Mitglied in rund siebzig internationalen Gesellschaften konnte Fleming gut ein halbes Jahrhundert lang auf der Weltbühne die Stimme Kanadas verkörpern. Trotz alledem erlitt er im Augenblick seines größten Erfolges, der von ihm angeregten Prime Meridian Conference, eine herbe, eine bittere Niederlage, und das zum Teil sogar aus eigener Schuld.

Auch wenn das Thema Zeit grundsätzlich etwas Faszinierendes in sich birgt, ist diese spezielle Untersuchung besonders durch die Ausstrahlung eines Mannes und seiner Epoche geprägt. Sandford Fleming hat mir nicht nur die Bedeutung des viktorianischen Zeitalters als Grundlage unserer heutigen Epoche erschlossen, sondern auch das Heimatland meiner Eltern, in dem ich selbst fast die Hälfte meines bisherigen Lebens verbracht habe. Während heute zwischen Kanada und den Vereinigten Staaten nur noch geringe Differenzen bestehen, so verhielt sich das vor eineinviertel Jahrhunderten noch ganz anders. Insofern sehe ich meine literarische Aufgabe vor allem darin, diese Unterschiede zu beschreiben.

Über der Arbeit an diesem Buch bin ich sechzig Jahre alt geworden, ohne jedoch jenes kleine Kind in mir zu verlieren, das begierig den Geschichten seiner Mutter über Manitoba und Saskatchewan lauscht und den noch unerzählten Berichten über das Quebec seines Vaters nachspürt. Als ich die Kartons mit Flemings Briefen im Staatsarchiv durchstöberte, meinte ich, seit langem verstummte Stimmen erneut zu vernehmen, und flüsterte mir immer wieder jenes »Mantra« vor, das weite Teile des folgenden Textes prägt: *Es geht um die Zeit.* Alles dreht sich um die Zeit.

Eine (sehr) kurze Geschichte der Zeit   I

Die Entdeckung der Zeit

Eine unabweisbare Frage gilt es hier vorab zu beantworten: Lässt sich die Zeit grundsätzlich *überhaupt* definieren? Zeit ist etwas Unsichtbares, Unbeschreibliches, endlos Faszinierendes, schlechthin Unwiderstehliches, sie ist überall und nirgends zugleich. Sie belebt die Welt, doch nichts überlebt sie. Wir können lediglich spekulieren, wie sie begann, oder wann sie wieder enden wird. Die Zeit ist unsere Intimfeindin. Allerdings fehlt ihr, vom griechischen Mythos einmal abgesehen, die anschauliche Darstellung in Form einer fesselnden Geschichte.

Die natürliche Zeit – als das Medium der Götter, der Sonne und des Mondes – beginnt in einem kraftvollen, grausamen Mythos und endet, so könnte man sagen, 1876 auf einem irischen Bahnsteig, als Sandford Fleming dort seinen Zug verfehlte. Ursprünglich wurde die Zeit durch den Gott Uranos verkörpert, der über eine unveränderliche Welt mit den sieben sichtbaren Planeten als seinen Kindern regierte. Infolge einer Weissagung des Inhaltes, dass eines davon ihm nach dem Leben trachte, griff Uranos zu dem radikalen Mittel, alle sieben niederzumetzeln. Ihre Mutter, Uranos' Schwester Gaia, konnte jedoch den Sohn Kronos verstecken. Auch dieser griff zu einer radikalen Maßnahme, denn er kastrierte und tötete seinen Vater. Anschließend heiratete er seine Schwester Rhea. Als er von einem Komplott gegen sich erfuhr, verschlang Kronos alle seine Kinder mit Ausnahme des Zeus, dessen schlafenden

Körper Rhea durch einen Stein ersetzt hatte. Selbstverständlich kastrierte und tötete Zeus daraufhin ebenfalls seinen Vater.

Die Zeit ist eine zutiefst blutrünstige Kannibalin. Niemand kommt mit dem Leben davon, wie fromm, anständig, schön oder unschuldig er/sie auch sein mag. Doch Zeus versüßte uns dieses böse Schicksal zumindest ein wenig, indem er die Lebensuhr auf Endlichkeit und Mutabilität stellte: Zwar sterben wir, werden aber ersetzt. Unsere Kinder verdrängen, ja sie töten uns. Auch wenn sie das nicht zugeben können – *sie wünschen den Tod ihrer Eltern.* Und die Eltern ihrerseits können ebenso wenig den Wunsch zugeben, *dass die Kinder für immer hilflos und abhängig bleiben sollen.* Nur solange diese Babys sind, behalten wir unsere Überlegenheit. Ihr Reifen ist unser Tod. So bewahrt uns die Generationenfolge vor unvorstellbarer Gewalt, allerdings um den Preis des eigenen Lebens. Ein ethisch stärker aufgeladenes Dilemma könnte ich mir überhaupt nicht vorstellen.

Einst waren die Mächte der Zeit verstreut, und jeweils unterschiedliche Götter kümmerten sich um Weissagungen, Geschichte, Schicksal und Träume. Priesterkasten erforschten die natürlichen Regelmäßigkeiten der Tage, Monate und Jahre, bestimmten die für Ernten, Schutz vor Überschwemmungen und Wiederkehr der Regenzeit erforderlichen Opferrituale. Die natürliche Zeit ist zyklisch, ein in sich geschlossenes und keinen Wandel duldendes System, doch in der natürlichen Welt herrschen auch geheimnisvolle Götter.

Der Zusammenbruch des »natürlichen« Denkens erfolgte in England auf äußerst heftige und höchst dramatische Weise. Gerade in England, wo Wallungen des Lake Country die Dichtung inspirieren konnten, wo man in Krisenzeiten voller Verzweiflung die großen und beständigen Formationen der Natur als Leitlinien beschwor, erreichte die romantische Verschmelzung mit der Natur eine geradezu dogmatische Intensität. Die Macht der Natur dient nicht nur als Quelle des Trostes, sondern auch dem Versinken in Träumen von Zeitlosigkeit, wie in Keats' »Ode auf eine griechische Urne« (1818). Doch mit der industriellen Revolution verwandelte sich die englische Nation in kaum mehr als einer Generation praktisch in so etwas wie ein Labor für die »kreative Zerstörung«. Dreißig Jahre nach Keats' Ode, im *Kommunistischen Manifest*, erschien die Zeit nicht kostbarer als Gold, sondern billiger als Sand, eher sklavisch als herrisch. Ausbeuter konnten sie zu einem günstigen Lohn auf feste Dauer mieten, die Behörden sogar im Namen der Arbeiterschaft konfiszieren. Gesellschaftsstruktur und politische Ordnung veränderten sich, jedoch nicht durch Marx und Engels. Revolutionär wirkte vielmehr das neue Tempo, die mit Zügen und Telegraphen eingeführte Geschwindigkeit. Wenn die sonderbare Vernünftigkeit des Industrialismus uns irgendetwas lehrt, so nur, dass nichts von Dauer ist, und zwar besonders nichts Natürliches. Es gibt kein »natürliches« Gesetz. Sich für Gottes Geschenk der Zeit dankbar zu zeigen, bedeutete bald weniger, als jeden Tag pünktlich am Arbeitsplatz zu erscheinen und am Ende einer Woche den verdienten Lohn einzustreichen. Die ebenfalls 1848 in Großbritannien eingeführte Normalzeit markiert einen Höhepunkt der menschlichen Herrschaft über die scheinbar planlosen Kräfte der Natur.

Autoren, die sich von bestimmten Aspekten der Zeit faszinieren lassen, gestehen in aller Regel ihre Unzulänglichkeit oder auch Verwirrung, indem sie das berühmte Eingeständnis des Augustinus aus den *Bekenntnissen* zitieren, das im Kern lautet: »Intuitiv weiß ich genau, was die Zeit ist, aber sobald ich sie zu erklären versuche, gelingt mir dies nicht.« Das bildet einen guten Ansatz für jeden, der sich dieser Herausforderung stellen möchte. Der englische

Historiker Simon Schama spricht das Problem in der Einführung zu seinem Buch *Der Traum von der Wildnis* sehr direkt an:

> Für einen kleinen Jungen, dessen Gedanken in die Vergangenheit schweiften, waren Kiplings Phantasien [in *Puck vom Buchsberg*] voller Zauber. Anscheinend gab es in England Orte, an denen – wenn man ein Kind war (in diesem Fall Dan oder Una) – Menschen, die vor Jahrhunderten an ebendiesem Ort gestanden hatten, plötzlich und auf unerklärliche Weise lebendig wurden. Mit Pucks Hilfe konnte man eine Reise durch die Zeit unternehmen, ohne sich nur einen Zentimeter zu bewegen. Auf dem Buchsberg konnten Dan und Una, diese Glücklichen, mit Wikingerkriegern, römischen Zenturionen und normannischen Rittern plaudern und danach zum Tee nach Hause gehen.

Der amerikanische Physiker George Smoot verbindet in seinem Buch *Das Echo der Zeit* Astrophysik und Autobiographie, beginnt jedoch mit einer viel simpleren Bemerkung: »Der Anblick des Nachthimmels versetzt uns in Staunen.« Einige Sätze später überträgt er dieses Staunen auf sein Erleben in der frühen Kindheit: »Ich konnte nicht nur neue Dinge wie Tümpel und Kaulquappen entdecken, ich konnte auch herausfinden, woran es lag, wenn etwas geschah, wie es geschah und wie eines ins andere griff. Für mich war es, als käme ich in ein dunkles Museum, und dann ging ein Licht an. Es gab dort unglaubliche Schätze anzuschauen.«

In die Zeit vernarrte Romanciers können Historiker und Astronomen nur beneiden, denn schließlich bildet die Zeit ja auch ihren Rohstoff. Zwar unterliegen sie nicht weniger dem Staunen, dem Rausch der Zeit oder dem Drang des Zusammenfügens, aber sie arbeiten mit Geschichten, Personen und Handlungen. Ihre Verfahrensweise liegt näher an den Methoden der Soziologie und Psychiatrie (oder vielleicht der Gerichtsmedizin): Sie halten die Zeit an, spalten sie auf, spulen sie vor oder zurück, untersuchen ihre Einzelteile. Der Zeit fehlt eine narrative Basis, sie ist derart nebulös, dass sie sich grundsätzlich jeder Definition zu entziehen scheint.

Vor allen Dingen tritt die Zeit in zwei Varianten auf: zum einen als jene ungezähmte, mysteriöse Größe, die mit dem Urknall selbst geschaffen wurde, und zum anderen als das zivile, gefügige Standardmaß der Wendungen »Wie spät ist es?« oder »Wie lange geht das schon?«. Dabei ist nicht einmal klar, ob ein und dasselbe Wort beide bezeichnet, oder was für eine Beziehung, wenn überhaupt, zwischen ihnen besteht. Vielleicht müsste es zwei Zeitbegriffe geben, wie im Fall von »Gaul« und »Pferd«, der eine für die eingespannte, domestizierte Kreatur, die wir beherrschen und beschreiben können – die Kalender, Uhren, Minuten und Stunden des zivilen Tages –, der andere für jenes Ungezähmte und Unzähmbare, das noch ganz der Natur entspringt.

Auf Cäsiumionen gestützte Atomuhren sind so genau, dass sie alle zehntausend Jahre kaum eine Sekunde »verlieren«, und noch dieser Exaktheitsgrad lässt weitere Präzisierungen zu. Was geschieht, wenn jede Sekunde in mehr als zwanzig Milliarden Pulse unterteilt wird? Was kommt dabei heraus? Was genau wird gemessen? Was ist eine Sekunde? Was eine Minute? Und wo bleibt, was sich derart »verliert«? Wenn es bei Abfahrtsrennen, olympischen Wettläufen oder den Schlussphasen von Basketballspielen um Zehntel-, Hundertstel-, Tausendstel- oder gar Zehntausendstelsekunden geht, ehren wir damit die Präzision, oder offenbaren wir bloß die Willkür des Messens, indem wir es selbst einer Metamessung unterziehen? Allem Anschein nach können bestimmte Wettkämpfe nicht im direkten Vergleich, Kopf an Kopf, entschieden werden, sondern nur in der anachronistischen Weise, sich auf einen Startschuss zu verlassen, da wir außerstande sind, einen echten Anfang zu setzen –

oder, im Sinne dieses Buches ausgedrückt, einen echten Nullmeridian festzulegen. Ein gewiefter Sachwalter könnte argumentieren, dass Läufer auf Außenbahnen, die rund zwanzig Meter von der Startpistole entfernt stehen, den Schuss einige tausendstel Sekunden später »hören« als die auf den Innenbahnen.

Dabei handelt es sich um eine unausweichliche Ironie. Immer größere Präzision erhöht zugleich auch die Vieldeutigkeit. Der Vernunftglaube des 19. Jahrhunderts veranlasste über alle Maßen zuversichtliche Rationalisten auf den Gebieten Anthropologie, Soziologie und Psychologie, die der Zivilisation oder Ratio selbst zugrundeliegenden Annahmen zu erforschen. Nur überzeugte Rationalisten konnten das Irrationale auskundschaften, doch sobald sie bis in seine Tiefen vordrangen, untergrub das Entdeckte die anfängliche Zuversicht ihrer Sendung. Als begeisterte Verfechter der Evolutionstheorie glaubten die meisten spätviktorianischen Naturwissenschaftler fest daran, nun einen Schlüssel zu besitzen, um nicht nur den Ursprung der Arten zu verstehen. Sie sahen die Evolution einfach überall am Werk, in der Geschichte, Gesellschaft, Wirtschaft, bei Gott, im Kosmos, in der Sprache und Logik, ja selbst im Geistigen. Thomas Henry Huxley, der große Apostel der viktorianischen Wissenschaft, äußerte 1887 die Überzeugung, dass die angewandte Evolutionstheorie eine einheitliche Erklärung für alle Sparten bieten würde – Biologie, Physik, Chemie und Religion. Bereits 1879 hatte Leslie Stephen in einer Einführung zu den Aufsätzen und Vorträgen seines vielseitig gelehrten Klassenkameraden William Clifford, der soeben viel zu jung an Tuberkulose gestorben war, an beider jugendliche Begeisterung für den Vernunftglauben in allen Gebieten erinnert:

> Clifford begnügte sich niemals damit, der Evolutionslehre lediglich gehorsam beizupflichten; vielmehr benutzte er sie als eine sprudelnde Handlungsquelle, als ein Leitmotiv für die

Praxis, mit dem man Siege über die Natur feiern und der Spekulation neue Nahrung geben konnte. Die natürliche Selektion sollte gleichsam der Passepartout zum Universum sein; wir erwarteten, dass sie alle Rätsel und alle Widersprüche auflösen würde. Unter anderem sollte sie uns ein neues System der Ethik liefern und das Exaktheitsgebot der Utilitaristen mit den poetischen Idealen der Transzendentalisten verbinden.

Zwei Jahre nachdem er dies niedergeschrieben hatte, trat eine überwältigende Erscheinung in Leslie Stephens Leben: seine Tochter Virginia, die gerade zu der Zeit aufwuchs, als sich erste Zweifel an den hochviktorianischen Gewissheiten regten. Diese Generation verwendete ihre ganze schöpferische Kraft darauf, fast all jene tröstlichen Theorien über die Stetigkeit des Bewusstseins zu widerlegen, die sie in ihrer privilegierten, fortschrittlich orientierten Kindheit aufgenommen hatten. Jene wissenschaftlichen und materiellen Errungenschaften, die den Vernunftglauben viktorianischer Honoratioren wie Leslie Stephen begründet hatten, erschienen progressiven Edwardianern wie H. G. Wells als bloße Wichtigtuerei, während Oscar Wilde sie lächerlich machte, verspottete und verhöhnte. Schon eine Generation später betrachteten Lytton Strachey, D. H. Lawrence und Leslie Stephens Tochter Virginia Woolf den Kult der Selbstgefälligkeit als eine geradezu pathologische Geistesverfassung.

Was wir Zeit nennen ist mit anderen Worten nur sehr schwer davon zu trennen, wie wir dieses Phänomen messen, also von Sprache, gesellschaftlichen Konventionen oder der »inneren Uhr« unserer DNS. Nicht von außen darstellbar, ist die Zeit, wie Augustinus bemerkte, etwas Tautologisches. Vieles gleicht ihr, sie selbst jedoch nur sich allein. Darstellen lässt sich allerdings die Entwicklung der Normalzeit, der Uhren und Kalender, des künstlichen Systems der Zeitrechnung. Die große Standardisierungsleistung des 19. Jahrhunderts, die 1884 in der Prime Meridian Conference kulminierte, bestand darin, eine »Echtzeit« möglichst sinnvoll über Tausend-Meilen-(oder Fünfzehn-Grad-)Zonen zu verteilen und ihr einen von aller Welt anerkannten Ausgangspunkt zu geben, Greenwich. Dank der Standardisierung besaß man nun ein geeignetes Werkzeug, um zu berechnen, dass vier Uhr in New York auch drei in Chicago, neun in London oder soundsoviel Uhr von Sydney bedeutete.

Selbstverständlich sollte man wissen, wie spät es »tatsächlich« gerade in einem anderen Teil der Erde ist, wenn man irgendwo anrufen will, ohne den Betreffenden nachts zu wecken, doch bei E-Mails oder Börsenmeldungen spielt das kaum eine Rolle. Die Standardzeit, wie wir sie übernahmen, war die letzte große Leistung der viktorianischen Vernunft; ohne weitere Reformen würde sie anfällig für dieselben Kräfte, die schon andere Zauberschlüssel zum Weltverständnis unbrauchbar machten.[5] Die Anpassung an eine neue Zeit wird etwas so Ähnliches sein, wie eine Fremdsprache zu erlernen, vielleicht sogar das Gleiche, falls unsere Raum-Zeit-Koordinaten quasi fest verdrahtet sind, wie Immanuel Kant ursprünglich behauptete und wie es einige moderne Anhänger Noam Chomskis heute bestätigen könnten.

Die Zeit hat nur ein sichtbares Pendant, nämlich den Raum. In den Augen Flemings, als des führenden Kopfes der Standardzeit-Bewegung Ende des 19. Jahrhunderts und gelernten Landvermessers, waren Zeit und Länge austauschbar. Er ersann sogar raffinierte neuartige Zifferblätter, um diesen Aspekt zu demonstrieren. Ein Blick auf den äußeren Kranz mit den Buchstaben der Längengrade ergab die Zeit, während der innere Kranz der Stundenziffern den jeweiligen Längengrad anzeigte.

Im Jahr 1860 wählte die Universität Toronto den damals dreiunddreißigjährigen Landvermesser und Bauingenieur zum externen Prüfer für ihren Einjährigenkurs über Vermessungskunde und Geodäsie. John Sang wäre stolz auf ihn gewesen. Der von Fleming ausgearbeitete Testbogen trägt deutliche Züge seiner eigenen Lehrzeit als Jugendlicher in Schottland:

1. Geben Sie eine allgemeine Darstellung eines Theodoliten, seines Aufbaus und der Funktionen seiner wichtigsten Teile.
2. Was versteht man unter einer *Kollimationslinie*? Wie lassen sich *Kollimationsfehler* aufspüren und berichtigen?
3. Schildern Sie den Aufbau und die Verwendungsweisen eines *optischen Quadrats*.
4. Beschreiben Sie in allgemeiner Form mindestens eine Methode, eine trigonometrische Skizze anzulegen und maßstabsgetreu zu zeichnen, außerdem die im Feld und dann im Büro eingesetzten Instrumente.
5. Erklären Sie das Prinzip des Nonius.
6. Legen Sie dar, wie man die Breite eines Ortes ermittelt.
7. Was versteht man unter *magnetischer Variation* und deren Veränderungen?
8. Beschreiben Sie mindestens eine Methode, einen echten Meridian zu bestimmen, und heben Sie die jeweiligen praktischen Vorteile der betreffenden Methoden hervor.
9. Stellen Sie dar, wie man einen Längengrad bildet.
10. Zeichnen Sie anhand der folgenden Richtungs- und Entfernungsangaben den passenden Körper, beweisen Sie die Genauigkeit der Richtungen, korrigieren Sie gegebenenfalls Fehler, und errechnen Sie die annähernde Oberfläche. (Vorgegeben war ein sechsseitiger Körper.)
11. Ein Festkörper hat zwei parallele, dreiundvierzig Meter voneinander entfernte Seiten, wobei die Fläche der einen hundertfünfzig, die der anderen neunzig Quadratmeter beträgt; errechnen Sie anhand der Prismoidalformel oder einer anderen Methode seinen Rauminhalt in Kubikmetern.

Flemings Test von 1860, mit dem er prüfen wollte, ob die Studenten Räume auszumessen verstanden, ließe sich in vieler Hinsicht genauso gut auf die Zeit anwenden. Der Nonius[6] ist übrigens ein Hilfsmaßstab, analog dem Sekundenzeiger der Uhr, und erlaubt zum Beispiel an einer Schieblehre als Hauptmaßstab, Bruchteile der Grundeinheiten (wie Zehntelmillimeter) abzulesen. Theodoliten dienten damals wie heute als die Basisinstrumente der Vermessung und des Bauwesens. Auf einem Dreifuß befestigt und genau justiert, erlauben sie, vertikale und horizontale Winkel zu messen. Durch die Verbindung der »Kollimationslinien« lassen sich unebene Flächen als streng geordnete Gitter darstellen. Um 1860 konnte man so geographische Positionen mathematisch genau definieren, wohingegen die Zeitbestimmung noch durch solare Approximation erfolgte. Am Ende des Jahrzehnts, 1869, kam jedoch der erste versuchsweise Vorschlag, Zeit und Länge aufeinander zu beziehen, das heißt die Dimensionen der Zeit und des Raumes vernünftig zu strukturieren.

Vermessungsgeräte lassen sich in unterschiedlichen Größenordnungen einsetzen, von der Bestimmung irdischer Längengrade und der Trassenplanung bis zur Festlegung von Grundstücksgrenzen, was eine Analogie zur Zeitnahme aufweist. Nonius und Theodolit gehen schon auf das 16. Jahrhundert zurück, und beide befanden sich bei Flemings Abreise aus Schottland in seinem Gepäck. Als John Sang und sein Söhne ihre Instrumente in einem Konkursverfahren einbüßten, verloren sie damit die Grundlage ihrer beruflichen Identität.

Heute, einhundertvierzig Jahre später, gelten Raum und Zeit nicht nur in der Relativitätstheorie, sondern auch auf der Quantenebene als ununterscheidbar, und über ihren Zustand »vor« dem Urknall lässt sich (sieht man einmal von der noch verhältnismäßig jungen »Stringtheorie« ab) ebenso wenig eine strenge Aussage machen wie über das Bild jenseits des »Ereignishorizontes« eines Schwarzen Loches. Raum und Zeit sind in gewisser Weise identisch, lassen sich ineinander übersetzen – »ein Tagesritt«, »zehn

Minuten zu Fuß«.[7] Der Raum ist genau wie die Zeit mit technischen, rechtlichen, astronomischen und politischen Mitteln vermessen worden.

Der einem Zehnmillionstel Viertelbogen der Erde vom Äquator bis zum Pol entsprechende *mètre*, wie Franzosen ihn vor zwei Jahrhunderten ermittelten und der Welt als verbindliches Längenmaß anboten, ließe sich auch als diejenige Entfernung darstellen, die das Licht in 0,000000003335640952 Sekunden zurücklegt. Doch das ändert nichts am Grundsachverhalt: Wir können die Zeit außerordentlich genau messen, haben sie aber weder je gesehen, noch wissen wir, was sie ist. (Und selbstverständlich ist der *mètre* keineswegs »objektiv«, sondern vor allem französisch. Die Deutschen haben jenen Viertelbogen 1880 ebenfalls vermessen und einen anderen Wert herausbekommen, den deutschen Meter. Heutige Laser-Messungen von Satelliten aus präzisieren ihn noch weiter, was den amerikanischen *meter* ergibt.) Als Nachfahren Heisenbergs leben wir in dem Bewusstsein, unentrinnbar in unserer Subjektivität gefangen zu sein und unsere durch die Postmoderne geprägte kulturelle Voreinstellung prinzipiell nicht außer Acht lassen zu können.

Wir wissen, dass Raum und Zeit »Schöpfungen« sind – wie unser Leben, das expandierende Universum, die Zukunft –, ausgestattet mit tiefen, reichhaltigen Orten und Momenten, die wir allerdings niemals sehen werden. Es verletzt unsere intellektuelle Eitelkeit, die von Faulkner, Keats und Trekkie erfüllte Seele, dass wir weder in eine vorgestellte Zukunft hineinspringen noch durch die Straßen eines längst vergangenen Anno Dazumal laufen können. Danach sehnen wir uns nämlich. Der Traum, die Zeit anzuhalten und den Raum zusammenzuziehen, prägt unser Dasein. Wir erträumen eine universelle, zeitlose und direkte Kommunikation. Unser Geist strebt nach einem ewigen Jetzt, aber wir stecken tief im Sumpf der Zeit. Noch auf den höchsten Höhen unseres aufstrebenden Ehrgeizes unterliegen wir ihr – auch wegen der unüberwindlichen Hürde der Licht- oder besser der Zeitgeschwindigkeit. Doch eines Tages werden wir die besagten Reisen in die Vergangenheit und Zukunft vielleicht im Rahmen einer virtuellen Realität machen können.

Von allen Erfindungen des Industriezeitalters hat die weltweit verbindliche Standardzeit praktisch am längsten unverändert überdauert. Wir können sogar genau angeben, wo und wann sie ihren Anfang nahm: im Juni 1876 auf dem Bahnhof des irischen Ortes Bandoran; ebenso, wer sie erfand: Sandford Fleming. Und wieso? Er verpasste einen Zug. Aus eigener Schuld? Nein, wegen eines Druckfehlers. Und weshalb ein Druckfehler? Weil wir Briten aus Gedankenlosigkeit oder Trägheit die vierundzwanzig Stunden des Tages halbieren und als zweimal zwölf notieren, sodass wir aus Versehen zum Beispiel p.m. statt a.m. schreiben können. Jene Wut und Enttäuschung, die Fleming 1876 erlebte, verdichtete er zu einem winzig kleinen Nadelöhr, durch das sich später die Geschichte und Kultur hindurchzwängen mussten.

Vermutlich übte die Standardzeit den tiefsten Einfluss auf alles Weitere aus. Die einheitliche Weltzeit – der Nullmeridian von Greenwich, die Internationale Datumsgrenze, die Angleichung der »Tage«, diverser Standesorganisationen, die Vierundzwanzig-Stunden-Uhr, die in Greenwich einsetzende, in West- und Ostrichtung erfolgende Nummerierung der Längengrade, die Definition des »universellen Tages« und daraus folgend, am wichtigsten überhaupt, die vierundzwanzig Zeitzonen – entstanden allesamt dank einer diplomatischen und wissenschaftlichen Übereinkunft im Rahmen der Prime Meridian Conference, die vom 1. bis 22. Oktober 1884 in Washington, D.C., stattfand. Präsident Chester A. Arthur hatte die Konferenz offiziell einberufen, und sein gestrenger Außenminister Frederick Frelinghuysen eröffnete sie, doch als Dirigent und treibende Kraft stand kein anderer dahinter als Sandford Fleming.

Die Standardbiographien über Chester Alan Arthur, der verdientermaßen zu den unrühmlichsten Präsidenten Amerikas zählt, erwähnen nicht einmal die größte Einzelleistung seiner Amtszeit, nämlich seine Rolle als Gastgeber und Veranstalter der besagten Prime Meridian Conference.[8]

In gewisser Weise hatte die Geschichte Chester Arthur jedoch bestens darauf vorbereitet, die Probleme der Standardzeit zu verstehen. Er arbeitete eng mit den etablierten Mächten zusammen, besonders mit dem Eisenbahnestablishment, und neigte nicht dazu, ihnen Paroli zu bieten. Bevor er das höchste Staatsamt einnahm, hatte das typisch amerikanische Pfründesystem ihn zum Zollchef des New Yorker Hafens gemacht, und dann nominierte der Parteiapparat der Republikaner ihn mit James Garfield zum Kandidaten für die Wahlen von 1880. Das Präsidentenamt bescherte ihm schließlich die Kugel eines Mörders. Durch seine gewählten Manieren, seinen Charme, seine Auszeichnungen im Bürgerkrieg und den Einsatz in der Anti-Sklaverei-Bewegung sowie seine Grundanständigkeit verkörperte er die erlesenen, ruhigen Gewissheiten des Goldenen Zeitalters. Er kannte die Eisenbahnen, zählte manchen ihrer Barone zu seinen Freunden und Gönnern und reiste gerne in Luxusabteilen. Man könnte mit einer gewissen Bewunderung sagen, dass er zu den unehrgeizigsten Männern gehörte, die dieses Amt je innehatten. Wenn jedoch irgendein amerikanischer Präsident, mit Ausnahme von Koryphäen wie Thomas Jefferson, John Quincy Adams oder vielleicht auch Jimmy Carter, den Nutzen der Standardisierung bei Maßen und Gewichten und die Bedeutung der Eisenbahnen für die Forcierung des Wandels verstand, so könnte dies durchaus Chester Alan Arthur gewesen sein.

Zeit und Demokratie

Grundsätzlich nahm die Entwicklung der Standardzeit im erweiterten Sinne weder 1876 im irischen Bandoran ihren Anfang, noch endete sie 1884 bei der Washingtoner Konferenz; ja sie begann nicht einmal mit dem Engagement Sandford Flemings. Dieser wirkte lediglich als Katalysator; erwies sich als der Visionär am Wendepunkt, als die bis dahin üblichen Reaktionen auf ein drückendes Problem nicht länger durchzuhalten waren.

In der Standardzeit kulminierte ein langer Marsch der Vernunft, der im Grunde mit der Renaissance eingesetzt hatte. Sie traf zusammen mit der Möglichkeit, eine die mechanischen Grenzen der menschlichen und tierischen Muskelkraft überschreitende Energiequelle nutzbar zu machen. Vielleicht stand am Anfang des ersten großen technischen Fortschritts, aus dem das Industrielle Zeitalter hervorging, nichts Aufregenderes als ein Teekessel und ein namenloses neugieriges Kind, das beobachtete, wie sich dessen Deckel unter dem ausströmenden Dampf klappernd abhob. Wenn eine so geringe und so schlecht kanalisierte Menge Wasser schon *dergleichen* auslösen konnte, was mochten dann erst größere Mengen Dampf unter streng reguliertem Druck bewirken? Billig und ganz leicht herzustellen. Vielleicht wuchs das Kind zu einem neuen Giovanni Branca heran, der bereits 1628 eine primitive Dampfturbine gebaut hatte; oder zu einem Solomon de Caus, der ebenfalls Anfang des 17. Jahrhunderts, allerdings in Frankreich, die Theorie aufstellte, dass Dampfkraft mehr leisten könne als Mensch oder Tier. Um 1690 trieb Dampf die noch untaugliche Vakuum-»Fontänen«-Pumpe des Thomas Savery an, doch nur ein Jahrzehnt später entwässerte Thomas Newcomens Weiterentwicklung eines ähnlichen Modells die tiefsten Kohlegruben Englands.

Die Nutzung der Dampfkraft lässt sich als eine Notgeburt begreifen. Ohne die immer tiefer greifenden Zechen Newcastles auspumpen zu können, wäre England auf eine schwere Krise zugesteuert, da es an genügend Kohle für die Öfen seiner wachsenden Hüttenindustrie gemangelt hätte. Dennoch gelang es erst ein halbes Jahrhundert später, die Ausdehnungskraft des Dampfes und – durch Zusatz einer externen Kondensatoreinheit – die Kontraktionskraft des Vakuums zu einer einzigen effizienten Energiequelle zu verschmelzen, der Kolbendampfmaschine von James Watt und Matthew Boulton (1769). Sie bildet die grundlegende Erfindung, aus der später (dank Watts Weiterentwicklung) alle Rotationsmechanismen einschließlich der Eisenbahnlokomotive hervorgingen.

Doch musste die Dampfkraft erst noch auf die Schiene gebracht werden, bevor die eigentliche Geschichte der Standardzeit beginnen konnte. Letzten Endes beruhte ihre Entwicklung auf dem Lernschritt, die Kohle *aus* Newcastle abzutransportieren. In den Zechen Tynesides führte der junge Meister Beaumont 1630 ein System mit Holzschienen ein, bei dem ein Pferd sechzig Säcke gleichzeitig hinauf ziehen konnte. Jede Steigerung der Ladekapazität oder des Ausstoßes betrifft indirekt auch die Zeitkalkulation. Als man 1767 in den Kohlezechen gusseiserne Schienenstränge einführte, wurde damit die herkömmliche Annahme überwunden, glatte Räder würden auf noch glatteren Schienen quasi ganz »von selbst« durchdrehen, ohne jemals Griff zu fassen. Ein weiterer Grubeningenieur, Meister Jessop, kam auf den Einfall, die Eisenräder durch innere

Spurkränze zu stabilisieren. Als erste »Eisenbahn« überhaupt wurde im Jahr 1801 die Surrey Iron Railway zugelassen.

In einer vollständig auf Pferdekraft und Segelschiffe angewiesenen Welt bildeten Zeit und Entfernung handgreifliche Barrieren für den Informationsaustausch. So fanden weder Ausstellungen für neuartige Techniken noch wissenschaftliche Kongresse statt. Zudem war es nicht leicht oder auch nur möglich, Prototypen oder Versuchsmodelle von Ort zu Ort zu befördern. Oft blieb es reine Glückssache, ob der richtige Unternehmer im Moment der Inspiration mit dem geeigneten Ingenieur zusammentraf. Einen jener bevorzugten Orte stellten zwei Jahrhunderte lang zufällig die Kohlenreviere und Minenschächte im Flusstal des Tyne bei Newcastle dar, wo blanke Notwendigkeit und Erfindungsreichtum mit dem zusammentrafen, was wir heute »Wagniskapital« nennen würden. Diese beiden Jahrhunderte allmählichen Fortschritts und stoßweiser Entdeckungen bekunden, selbst in einem geographisch so beengten Gebiet wie Newcastle, dass sich Synergieeffekte nur mühsam einstellen, wenn die Welt gleichsam noch nicht für die Zeit erwacht ist.

Mit der Einführung der Dampfenergie, zunächst als Ergänzung und schließlich als Ersatz der Pferdekraft, konnten Geschäftsleute andere Kosten- und Produktionspläne aufstellen, von höheren Kapazitäten bei sinkenden Kosten und schnellerer Belieferung weitgestreuter Märkte träumen. Zu Beginn des 19. Jahrhunderts veranschlagte man zum Beispiel in der Grobkalkulation den Jahresetat der Pferdehaltung mit dem Vierfachen der Lohnkosten. Die Abhängigkeit vom Pferd zu mindern, musste daher jedenfalls ein entscheidendes Motiv der Sozial- und Wirtschaftsgeschichte sein. Neue Kostengleichungen begannen, alle »natürlichen«, das heißt geläufigen oder herkömmlichen,

Berechnungen der für erzielte Gewinne aufgewandten Energie zu untergraben. Fragt man sich nun, wo die Zeit bei allen jenen Anstrengungen im Kohlerevier, unter Tage oder auf den Pferdefuhrwerken bleibt, so liegt die Antwort ganz kurz und bündig im »mechanischen Nutzen«.

Die abgelaufene Zeit lässt sich anhand der Gleichung Abstand geteilt durch Geschwindigkeit darstellen. Letztere ist durch Energiezufuhr beeinflussbar: Mit der Kraft wächst auch die Geschwindigkeit; dabei schrumpft die Zeit und mit ihr die wahrgenommene Entfernung. Insofern zerbrachen die Normen der Pferdefuhrwerke und Segelschiffe, schließlich auch der Sonne selbst als Zeitmaßstab, an der stetigen Zunahme des Tempos und der Energie – an der Verschmelzung von Schienen und Dampfkraft. Allmählich schufen all diese neuen Ideen und Nutzanwendungen, die sich, wenn auch unterschiedlich schnell, in die gleiche Richtung entwickelten, ein neuartiges Verständnis für Zeit und Raum. Und so bedurfte es zweier Jahrhunderte einander befruchtender Erfindungen, um die Kolbendampfmaschine in Form der Lokomotive mit den Eisenbahnschienen zu vermählen. Nachdem dies geschehen war, begann sich das Tempo des Wandels explosionartig zu beschleunigen.

Das heraufziehende Industriezeitalter, mit dem die Ära der Romantik endete,[9] stellte die fast manichäische Annahme in Frage, oder gab ihr zumindest einen neuen Sinn, derzufolge das Leben ein Wettkampf zwischen »mechanischen« und »organischen« Quellen der Eingebung war. Die *Quarterly Review* sprach die Provokation 1825 auf zwar kühne, dabei aber dennoch kurzsichtige Weise aus: »Was könnte handgreiflicher absurd und lächerlich sein als die Ankündigung von Lokomotiven, die doppelt so schnell fahren wie Postkutschen!«

Die Antwort folgte schon vier Jahre später, am 6. Oktober 1829, als Stephensons und Booths Dampfross »Rocket«

einen Wettbewerb (nebst fünfhundert Pfund Preisgeld) gewann, indem es binnen Tagesfrist eine zwanzig Tonnen schwere Fracht mit einer Durchschnittsgeschwindigkeit von sechzehn Stundenkilometern über eine hundert Kilometer lange Strecke zog. Aldous Huxley formulierte dies 1936 in seinem Essay »Time and the Machine« sehr treffend: »Mit ihrer Erfindung der Lokomotive haben Watt und Stevenson in gewissem Sinne auch die Zeit neu erfunden.« Kaum zwanzig Jahre später hatten die Eisenbahnen ganz Großbritannien so grundlegend verändert, dass es sich vorübergehend vollständig dem Zeitstandard des Royal Observatory unterordnete.

Ab etwa 1830 begann die Reisehäufigkeit zu Lande und zu Wasser rasant zuzunehmen: um das Vier-, das Zehn-, das Hundertfache, eine Steigerung, die der Kulturhistoriker William Everdell in *The First Moderns* als »Veränderung im Tempo des Wandels« bezeichnet. Ein Jahr vor Stephensons »Rocket«, 1828, hatte der große britische Astronom Sir John Herschel die erste (und sehr förmliche) Revision der astronomischen Zeitrechnung vorgeschlagen. Auch wenn sie den Alltag in keiner Weise beeinflussen sollte, reagierte Herschel damit im wesentlichen, allein durch unabhängiges Schlussfolgern, auf die erste Sondierung des Raum-Zeit-Kontinuums seitens der Industrie. Acht Jahre später sah Thomas Arnold – der Vater Matthews – den ersten Zug durch das Umland von Rugby fahren und hielt in seinem Tagebuch fest: »Das Feudale ist ein für alle Mal verloren.« Die in einem antiken Raum-Zeit-Kontinuum verwurzelten Institutionen konnten unmöglich die Folgen einer Entwicklung überstehen, in der alle beide Faktoren der Gleichung ein exponentielles Wachstum durchliefen.

Die Standardzeit bildet das stillschweigend vorausgesetzte Betriebssystem aller ineinander greifenden Techniken. Man könnte sogar sagen, dass ihre weltweite Einführung für den gewerblichen Fortschritt ebenso unerlässlich war wie die Erfindung des Aufzuges für die moderne Stadtentwicklung. Der nahezu fünfundvierzig Jahre anhaltende Vorsprung Großbritanniens vor dem Rest der Welt in zeittechnischer wie industrieller Hinsicht begann kurz nach Einführung der Normalzeit: Deren erste Dekade auf der Insel, die fünfziger Jahre des 19. Jahrhunderts, gilt als die glanzvollste Epoche der Nation.

In der viktorianischen Ära erschien der uralte Konflikt zwischen Glaube und Wissenschaft, zwischen dem Organischen und dem Mechanischen, als ein Widerstreit von einander entgegengesetzten Denkweisen und nicht allein von Energiequellen. Die Viktorianer sprachen hier von »natürlich« respektive »vernünftig«. Das natürliche Denken platzierte den Menschen in einer von Gott beaufsichtigten, ehernen Naturgesetzen unterliegenden Schöpfung, und in dieser natürlichen Welt berechnete man die Zeit nach dem biblisch verordneten Sonnenmittag. Jedes Anzweifeln der geoffenbarten Wahrheit, jeder Irrglaube an blankes Menschenwerk wurde als »Nichtigkeit« abgeurteilt. Wissenschaft, Technik, Forschung, mechanische Vorrichtungen, und auch die Standardzeit, waren in diesem Sinne allesamt nichtig. Im Rahmen des Vernunftmodells ersetzten Nichtigkeiten (die Anbetung von Menschenwerk) jedoch den natürlichen Gott. Fortschritt, nicht Erlösung, bildete das Streben des Menschen und der Gesellschaft. Die Standardzeit konnte fast alle Funktionen Gottes übernehmen; sie setzte Maßstäbe für Handel und Gewerbe, für Gerechtigkeit und Gnade.

Die Standardzeit, wie die westliche Wissenschaft und Diplomatie sie definierte, bildete das Fundament aller Abkommen und Verträge, löste urtümliche Orientierungen ab, so die Morgendämmerung der Hindu und Buddhisten, der Landwirte und Fischer, den Sonnenuntergang der Muslime und Juden. Der Tag unserer Standardzeit beginnt stets um Mitternacht, um den unregelmäßigen Sonnenzyklen der Natur auszuweichen. Damit ist die Standardzeit ein Gott der Kalkulierbarkeit und Präzision, nicht mehr der Sensenmann, nicht mehr der strenge Richter über Faulheit und Fleiß, sondern ein netter viktorianischer Gentleman. Er meldet sich pünktlich um Mitternacht in Greenwich zur Arbeit, in alle Ewigkeit genau um Mitternacht. Er ölt die Mechanik, zieht Ventile nach, liest die Messanzeigen ab und legt sich schlafen. Er ist mehr als nur ein bisschen protestantisch, er macht *uns* verantwortlich und erwartet, dass wir immer pünktlich und pflichtgemäß antreten, kann sogar Schuldgefühle haben, wenn wir das versäumen.

Im Jahr 1834 erfand der Amerikaner Ross Winans das Drehgestell (»Bogie«), ein selbsttragendes, vierrädriges Fahrwerk, das als spezielle Kupplung und Aufhängung für Eisenbahnwagen diente. Von da an – um stellvertretend einen von vielen Momenten auszuwählen – gabelte sich die Entwicklung Europas und Amerikas auf. Die überragende Technik des 19. Jahrhunderts (Dampfmaschine) führte im Rahmen ihrer einflussreichsten Nutzanwendung (Züge) eine Spaltung herbei und schuf so unterschiedliche Modelle des Reisens und des Massentransports. Bedeutende Unterschiede zwischen der europäischen und der amerikanischen Zivilisation lassen sich demnach auf ein scheinbar nebensächliches Bindeglied der technischen Gestaltung zurückführen.

Das Drehgestell mit seiner Doppelachse stabilisierte die amerikanischen Waggons derart, dass sich in puncto Länge und Gewicht erheblicher Spielraum ergab. Dank dieser Stabilität konnten amerikanische Züge auch mühelos über stark gewundene Schienenstränge fahren. Ihr Interieur war mit freistehenden Sitzbänken ähnlich angelegt wie eine Stadiontribüne – worin frühe europäische Besucher einen widerwärtigen Fall von zügellosem Populismus erblickten –, und in der Wagenmitte stand jeweils ein Kohleofen. Den Passagieren bot sich relativ viel Bewegungsfreiheit. Die europäischen Wagen dagegen rollten auf starren, jeweils nur zweirädrigen Achsen, was Länge und Gewicht stark eingrenzte und praktisch die Möglichkeit von Drehbewegungen oder sehr kurvenreiche Schienenstränge ausschloss. Europäische Eisenbahnwaggons erinnerten an eine Reihe aneinander gehängter Postkutschen, da jeder aus sechssitzigen eigenständigen Abteilen bestand, sogar mit je eigenen Türen, die sich zum Bahnsteig hin öffneten. Einen durchlaufenden, alle Wagen verbindenden Mittelgang gab es nicht.

Da die Bodenpreise in Nordamerika deutlich niedriger lagen als in Westeuropa, bestand für die Ingenieure dort vergleichsweise weniger Anreiz, kürzere oder schnellere Strecken zu planen, respektive massiv in Brücken und Tunnels zu investieren. Sogar bei den höheren Lohnkosten ließen sich Bahnlinien in Amerika um ein Drittel billiger anlegen als in Europa. Aus diesem Grund folgten drüben die gemächlicheren Strecken Flussläufen, führten neben Dampfschiffrouten und Kanälen her, bis die schmalste und günstigste Stelle für eine Brücke erreicht war. Um 1865 hatte George Pullman mit dem Bau von Luxusgefährten begonnen, Speise- und Schlafwagen, um das Drehgestell und damit die wahrscheinlich langen Reisezeiten der amerikanischen Passagiere an Bord optimal zu nutzen. Europäische Ingenieure mussten dagegen schneller, gerader, kürzer planen, um die Baukosten nach Möglichkeit einzudämmen. Im Fall der Eisenbahnen förderte Europa die Geschwindigkeit, Amerika dagegen den Luxus.

Und schließlich verordneten die schlimmen aus der europäischen Geschichte zu ziehenden Lehren eher Schranken als offene Staatsgrenzen. Die beengten Verhältnisse in Europa, die zur Einigung des Kontinents hätten führen können oder sogar *müssen*, bewirkten gerade das Gegenteil. So baute man bewusst Hindernisse wie unterschiedliche Spurbreiten und nicht aufeinander abgestimmte Kupplungen ein, um in der Folge eifersüchtig an ihnen festzuhalten. Die gleiche giftige Geschichte sorgte dafür, dass selbst in einer Ära grandioser Bauprojekte wie dem Suez-Kanal und dem von langer Hand geplanten Simplon-Tunnel die Entwürfe für den englischen Kanaltunnel mehr als ein Jahrhundert lang auf dem Reißbrett festklebten. Gegenseitiges Misstrauen und Vorurteile führten auch zur Abspaltung von europäischen Randgebieten wie dem Balkan und der Iberischen Halbinsel und verhinderten, dass sie einen eigenständigen Beitrag zur »westlichen« Kultur leisten konnten.

Im Fall der Eisenbahnen wurde befürchtet, dass ein einheitliches System die Russen zu einer Invasion Deutschlands oder die Deutschen zu einem Überfall auf Frankreich einladen würde, indem sie einfach das rollende Material des Feindes beschlagnahmen und damit dem Sieg entgegen fahren würden.[10] Spanien stellte seine Spurbreite erst 1968 auf die des übrigen Europa um – ein Erlebnis, an das sich Erstbesucher meiner Generation als nächtliches Umsteigen zwischen den Grenzstationen Port-Bou und Cerbère erinnern. Bis 1911 auch Frankreich schließlich die Normalzeit einführte, war Europa in Sachen Zeit ein einziges Chaos und ein Albtraum.

Zwischen Angleichung der Eisenbahnen und Standardisierung der Zeit bestand, wie in solchen Fällen üblich, eine enge Wechselbeziehung. Viele Staaten Europas folgten den Vorbildern Großbritanniens, Schwedens und der Schweiz und stimmten ihre Landeszeiten auf die eigenen nationalen Sternwarten ab – was je einen Nullmeridian in Greenwich, Paris, Rom, Uppsala, Bern, Kopenhagen, Cadiz und Berlin ergab –, blockierten jedoch eine internationale Standardzeit jedweder Art. Für einen Bewohner Aberdeens zum Beispiel war es Mitte des 19. Jahrhunderts nur unwesentlich einfacher als zweihundert Jahre zuvor, die Uhrzeit in Berlin oder in Warschau zu ermitteln. Eine harte Geschichte hatte die Staaten Europa dazu erzogen, einheitliche Systeme, sei es der Zeitmessung oder des Maschinenbaus, als Bedrohung ihrer nationalen Sicherheit anzusehen.

Der Kampf um die Einführung der Standardzeit hatte neben technischen auch philosophische Aspekte und ging auf einen Konflikt zurück, der im Lauf der Menschheitsgeschichte in regelmäßigen Abständen immer wieder aufflammte und einschlief. Die Zeit in ihren vielen Gestalten gehört zu den Grundthemen der großen Debatte über die gerechte Zuteilung der Macht. Wem »gehört« die Zeit? Das heißt, wer hat letzten Endes das Recht, ihren Wert anzusetzen – der Arbeiter oder sein Chef? Der Mieter oder der Vermieter? Der Kaufmann oder der Pfarrer? Gewählte Beamte oder eine Adelselite? Warum sind einige Menschen geborene Sklaven der Zeit, andere dagegen völlig frei von ihren Zwängen? Unter diesem Aspekt muss man die Magna Carta ebenso wie die amerikanische Verfassung als große die Zeit betreffende Dokumente ansehen.

Im alten China, schreibt der Historiker David Landes in seiner Studie *Revolution in Time*, galt die Zeit als ein Gut, und da sie eine regelrechte Wertform darstellte, stand sie ausschließlich dem Kaiser zu Gebote. Gewöhnliche Bürger blieben sogar mittels Sperrstunden vom Nachtleben ausgeschlossen. Jeder chinesische Herrscher durfte beim Amtsantritt den Kalender nach seinem Gutdünken einsetzen, was er gewiss nicht zuletzt deshalb tat, um sich ein für alle Mal seiner Schulden zu entledigen. Dem Zeitmonopol der Kirche und der Krone kam an den jeweiligen Höfen zweifellos auch immense praktische Bedeutung zu. Tausende von Arbeitern mussten jahrzehntelang ohne jede Bezahlung schuften; naturgemäß führte das, ungeachtet der sozialen Schäden, zu prachtvollen Resultaten, und wir werden solche Mammutprojekte bestimmt nie mehr überbieten können: die europäischen Kathedralen, die Großen Mauern, die Pyramiden und die Taj Mahals. Wird die Zeit in einer Gesellschaft ungerecht verteilt, so verwandeln sich Reisende in Nomaden, Arbeiter in Sklaven, Delinquenten in Lebenslängliche, Squatter in Siedler. Das ist der Schrecken des ewigen Augenblicks. Es gibt weder Verbindungen noch Fahrpläne, noch Gesetze. Wo die Zeit erbliches Privateigentum ist, da steht nichts im Raum, was ihren Wert mindern könnte.

David Landes bringt in seinem oben zitierten Buch auch eine aufschlussreiche historische Anekdote über den technischen Stillstand in einer Welt der natürlichen Zeit. Als man in Europa die Erde noch mit Krummhölzern durchpflügte, benutzten die Chinesen schon eiserne Pflugscharen; als man in Europa mit Traktoren gezogene Stahlpflüge benutzte, arbeiteten die Chinesen immer noch mit ihren eisernen Pflugscharen. »Ohne eine gemeinsame Zeit«, so schließt er daraus, »gab es keinen Ideenmarkt, keine Verbreitung und keinen Austausch von Wissen, keinen beständig wachsenden Fundus von Fertigkeiten und Kenntnissen – womit ein geregelter Lernprozess von Generation zu Generation nicht in Betracht kam.«

Chinesische Bauern benutzten die eisernen Pflugscharen auch dreitausend Jahre nach ihrer Erfindung noch, einfach weil für sie überhaupt kein Grund bestand, davon abzulassen. Gesellschaftliche Kräfte, Kunststile, Moden, Ernährungsweisen und religiöse Übungen behalten – ähnlich wie Körper in der Newtonschen Mechanik – ihren Eigenimpuls bei, sofern nicht äußere Faktoren auf sie einwirken. Das gilt nicht allein für China, sondern ist das zwangsläufige Ergebnis des »natürlichen« Denkens. Wenn sich alle Verhaltensweisen und Überzeugungen aus einer einzigen, als unfehlbar geltenden Quelle herleiten, so muss ein jeder, der diese abzulehnen oder zu verändern trachtet, definitionsgemäß entweder verrückt oder ein Ketzer sein.[11]

Jede Kritik an der geltenden Periodenlehre wurde bestenfalls als eine harmlose Schrulle, wenn nicht gar als eine böse Ketzerei behandelt. Raffinierte Chronometer, die europäische Besucher mit an den chinesischen Hof brachten, tat man dort als bloßes Spielzeug ab, und die Schenkenden sahen sich ähnlich belächelt wie altkluge Kinder. In einer von natürlichen Rhythmen beherrschten Welt müssen Abweichler oder Neuerer mit Ablehnung und Ausgrenzung rechnen, wie einst Galilei oder auch der gute Solomon de Caus. Warum sich da noch groß anstrengen? Warum die Werkzeuge oder Arbeitsbedingungen verbessern? Eiserne Pflugscharen sind doch allemal gut genug! Wenn sie für meinen Großvater ausreichten, dann erst recht auch für mich. Der chinesische Hof übte ein Zeitmonopol aus, und im Lauf der Jahrhunderte hatte die ganze Kultur darunter zu leiden.

Der größte Zeitdieb ist letzten Endes die Sklaverei, denn unter ihrem Joch müssen die Betroffenen ständig ihre Zeit für andere opfern, ohne je Ruhe zu finden oder etwas zu besitzen. Dem entspricht, dass gerade Sklaven und ihre Nachkommen die Zeit in der amerikanischen Musik auf höchst kreative Weise gehandhabt, ja im Grunde sogar neu erfunden haben. Im Fall der klassischen europäischen Musik folgt der Schlagzeuger dem Rhythmus und wartet auf seinen Einsatz; dagegen steht der Drummer im Jazz immerfort mit der Zeit in Verbindung. Er ist sozusagen sein eigenes Greenwich, gibt das Tempo vor und erzeugt den Rhythmus bei jeder Aufführung neu. Der Romancier und Jazz-Forscher Stanley Crouch schreibt in *Don't the Moon Look Lonesome* dazu: »Im Jazz verläuft die Zeit nicht einfach so, wie eine klickende Uhr oder ein Metronom sie dir vorgibt; sie interpretiert vielmehr das Tempo durch den Swing, treibt dich an, trägt dich und spricht zu dir, kommentiert dein Tun, und du sprichst mit ihr.« Die Zeit spricht zu dir wie zu Keats, als er auf die griechische Urne starrte, oder zu Whitman, zu van Gogh, als er die Eigenart der japanischen Holzschnitte in sich aufnahm, viel später zu Faulkner, Woolf und Proust, und ähnlich hat sie zu fast jedem großen Geist der letzten anderhalb Jahrhunderte gesprochen. Die Zeit wehte sie alle an: Sie lag eben in der Luft.

Auch wenn eine geordnete Zivilgesellschaft im wesentlichen auf der Rechtsstaatlichkeit beruht, leiten sich gerechte Gesetze wiederum von dem her, was David Landes als die »gemeinsame Zeit« bezeichnet, die somit demokratisch verteilt sein muss. Löhne, Verträge und Patente; Amtszeiten und Freiheitsstrafen, Lizenzen, ablaufende und erneuerte Vollmachten, Zinsen, Terminpläne, Geldbußen, fällig werdende Anleihen und Kredite – in alledem würdigt eine Zivilgesellschaft die segensreiche Vergänglichkeit allen politischen und wirtschaftlichen Tuns. Allerdings ist dies keine *totale* Vergänglichkeit. Andere Institutionen versucht sie zu bewahren, gleichsam zeitbeständig zu machen, wie im Fall von Lebensstellungen, Erbpachten sowie der Steuerbefreiung von Kirchen, Schulen, Museen und gewissen Stiftungen. Die Demokratie achtet den individuellen Wandel als Aspekt einer allgemeinen Stetigkeit; Veränderung bürgt für Stabilität. Tyrannen schützen ihre Institutionen durch Versteinerung und lehnen alles Neue als Bedrohung ihrer Macht ab.

Wenn die Zeit nicht direkt von Gott kam, so mochten der Zar und späterhin die Kommunistische Partei darüber gebieten. Der junge Cleveland Abbe, Freund und Mitarbeiter Flemings, eine der Hauptfiguren der Standardzeit-Bewegung, Präsident der American Metrological Society,[12] außerdem Gründer des US Weather Office, verbrachte nach seiner Promotion zwei Jahre (1866/1867) in Russland, wo er für Otto Struve arbeitete, den Direktor der Pulkova-Sternwarte bei Petersburg. Anfangs musste er seine Mutter wiederholt bitten, ihre Briefe nicht an die »Nationale Sternwarte« zu adressieren, da die Russen, wie er ihr erklärte, vom Sprachlichen abgesehen keinen Sinn für das »Nationale« hätten. Im Grunde gehörte alles dem Zaren, war nach ihm benannt oder von ihm gestiftet, wie ein wohlwollender Vater seine Kinder beglückt. Er arbeitete also in der Zaristischen Sternwarte, und zwar unter Leitung des Zaristischen Astronomen. In den Augen des sehr fortschrittlichen Abbe hatte die Allgewalt des Zaren das Volk infantilisiert, seine Proteste in einen verzweifelt hilflosen Vandalismus verwandelt, seine Feiern in trunkenes Krakeelen und seine Ehen in brutale, alle Liebe erstickende Schlägereien.

Während seines Aufenthaltes verliebte sich Abbe in Struves jüngste Halbschwester Ämalie, wollte sie heiraten und sogar in Russland bleiben oder sie nach Deutschland in ihre Heimat begleiten. Allerdings hatte er einen misslichen Aspekt der Zeit dabei nicht berücksichtigt, nämlich die volle Wucht des deutschen Konservatismus. Als Abbe förmlich um Ämalies Hand anhielt, wies Otto seinen Antrag zurück, denn es sei die Pflicht der jüngsten (wenn auch unehelichen) Tocher, so verordnete er, sich um ihre Stiefmutter zu kümmern, und genau das tat sie auch, bis kurz vor Beginn des Ersten Weltkriegs. Falls aus den beiden ein Paar geworden und Abbe in Europa geblieben wäre, um eine Sternwarte zu leiten, so hätte sich die Standardzeit mit Sicherheit anders entwickelt, als sie es dann in Wirklichkeit tat.

Infolge der Zurückweisung verließ Abbe Russland binnen weniger Wochen und verlagerte schließlich, nach einigen Jahren als Leiter der Sternwarte von Cincinnati, seine äußerst produktive wissenschaftliche Arbeit von der Astronomie auf die Wettervorhersage. Während der Jahre in Cincinnati veröffentlichte auch er Standardisierungsvorschläge für eine Reform der nordamerikanischen Zeitrechnung, wobei er Zeitzonen und einen Nullmeridian in Greenwich anregte. Allerdings bedrängte ihn die Notwendigkeit der Vereinheitlichung in erster Linie als »Wetterfrosch« und nicht als Eisenbahnfunktionär. In seinem Washingtoner Büro gingen stündlich Wetterberichte ein, die ihm aus Dutzenden, Hunderte oder sogar Tausende von Kilometern entfernten Stationen zutelegraphiert wurden. Sie alle musste er dann in eine für alle Werte einheitliche »Echtzeit« übersetzen, um die Richtung und Stärke von Sturmfronten voraussagen zu können; anschließend waren sie in seine Isobaren- und Isothermenkarten zu übertragen und zuletzt für die zahlreichen Abonnenten bei den Tageszeitungen verschiedenen Ortszeiten zuzuordnen oder in diese zurück zu übersetzen.

Fast zwanzig Jahre nach seinem denkwürdigen Russlandabenteuer begegnete Abbe, als einer der vier amerikanischen Abgeordneten, bei der Prime Meridian Conference von 1884 in Washington Ämalies Halbbruder Charles de Struve wieder, der als russischer Botschafter in den Vereinigten Staaten und Delegationsleiter seines Landes bei der Konferenz auftrat.[13]

Die Geschichte meiner Familie ist für Immigrantengruppen kaum außergewöhnlich, zumal wenn man berücksichtigt, dass meine Eltern als Kanadier zu den unexotischsten aller Ausländer in den Vereinigten Staaten zählten. Im Grunde wäre es so, als wollten Schotten in England den Immigrantenstatus beanspruchen. Gleichwohl spricht das unter Verwandten, oder Nationen, gehütete Schweigen oft eine deutliche Sprache.

Mein Großvater väterlicherseits, Achille Blais, kam 1865 in der Region Beauce, südlich von Quebec City, in einer Gutspächterfamilie mit zweihundertjähriger Tradition zur Welt. Mit neunzehn verließ er 1884 – also zufälligerweise im

Jahr der Washingtoner Prime Meridian Conference – das Land und verdingte sich für einen Dollar Tagelohn in den Sägewerken des soeben neu gegründeten Dorfes Lac-Mégantic. Mit Holz kannte er sich gut aus, baute Möbel und war gelernter Zimmermann. Sein achtzehntes Kind, mein Vater Léo Roméo, wurde 1905 in Lac-Mégantic geboren. Übrigens taufte man alle meine Tanten und Onkel, von denen nur fünf das siebte Lebensjahr erreichten, *sub specie aeternitatis* auf Namen wie Homer, Ovid, Hektor, Odysseus, Iphigenie, Athene ... bis hinunter zu den beiden jüngsten Roméo und Rolland.

Es brach mir schier das Herz, als ich vor einigen Jahren im Gemeindearchiv von Lac-Mégantic nach einem alten Band suchte und las, dass der kleine Ulysse Blais mit dreieinhalb Jahren, Athénée schon mit zwei gestorben waren. Sie alle fielen »natürlichen« Krankheiten zum Opfer, genährt aus menschlicher und tierischer Fäulnis in stehenden Gewässern. Meine Großeltern beerdigten sie heiteren Sinnes und blickten nach vorne. Fünfundachtzig Prozent ihrer Kinder wurden, um mit Thoreau zu sprechen, »bald als Dünger unter die Erde gepflügt«. Zwei- bis dreimal jährlich malte Großvater sein »X« in die Geburten- und Sterbelisten der Gemeinde, direkt über dem Namenszug des Priesters als des einzigen Schreibkundigen im Dorf. So war es immer gewesen und wäre es in einer natürlichen Welt auch immer geblieben. Etwas in Achille wollte jedoch eine Veränderung. Die Zeit lag in der Luft. Vielleicht hatte das Ganze ja etwas mit der Zeit zu tun.

Achille überschritt die nur zehn Meilen entfernte Grenze und bestieg einen Zug nach Lewiston, Maine, wo er in einer Schuhfabrik arbeitete und später seine Familie zu sich holte: Nichts ungemein Heroisches wie Sandford Flemings Ozeanüberquerung und Ansiedelung seiner Eltern nach kaum drei Jahren – denn Lewiston lag nur hundert Kilometer entfernt, auch wenn die soziale Umstellung ziemlich tiefgreifend gewesen sein dürfte. Einige Jahre später zogen sie nach Manchester, New Hampshire, ins Mekka der Frankokanadier, wo die fünf noch lebenden Kinder Arbeit in Spinnereien fanden. Selbstverständlich ohne Schulausbildung. Bis zur Inschrift auf seinem Grabstein in New Hampshire mutierte Großvater namensmäßig von »Achilles«, einem mythischen Halbgott der Antike, zu »Archie«, einer Witzfigur. Ein Immigrantenschicksal. Dennoch starb er als wohlhabender Bauunternehmer.

In siebzig Lebensjahren vollzog Achille nicht nur den Werdegang und wirtschaftlichen Aufstieg seiner Familie nach – vom Leibeigenen zum Unternehmer –, sondern auch die ganze Entwicklung der Zeit selbst. *Pépère*, geboren inmitten von Analphabetentum, enorm hoher Sterblichkeit und einer mittelalterlich-katholischen Welt, ging trotz seines lebenslangen Analphabetismus in die Geschichte ein, da die Zeit im Lauf seines Lebens ihre gottgleiche Autorität verlor. Jener in Lac-Mégantic verdiente bescheidene Tagelohn von einem Dollar trug meinen Vater dann binnen einer Generation in eine Reihe von Ehen – von denen wenigstens die mit einer *anglaise* rund fünfzehn Jahre hielt –, nach Florida und Pittsburgh, in weitere Ehen, und wieder zurück nach Manchester, wo sein Leben endete. Innerhalb von nur zwei Generationen erst vom Gutspächter zum Bauunternehmer und dann zu den Eskapaden meines Vaters: Preisboxen, Salonsingen, Schnapsausschenken und schließlich Möbelverkaufen. Mir selbst stand das College offen, die Ehe mit einer indischen Frau und eine frei schwebende Existenz als »Zeitmillionär«, um mit dem Sozialpsychologen Robert Levine zu sprechen, der damit in *A Geography of Time* jene Glücklichen charakterisiert, denen es immer freisteht, schon nachmittags ins Kino zu gehen oder eben mal sechs Monate im Ausland zu verbringen.

Jeder, der wie Fleming die siebziger und achtziger Jahre des 19. Jahrhunderts als Erwachsener erlebte – jener Generation der »Zeitmacher« angehörte –, konnte sich noch an eine Kindheit erinnern, in der es nichts von dem gab, nicht einmal theoretisch, was ihm später selbstverständlich erschien: elektrisches Licht, Telegraph und Telefon, Fotografie, Kühlsysteme, Schreibmaschinen, Eisenbahnen, Dampfschiffe, Evolutionslehre, die Molekulartheorie der Materie und der Energieerhaltungssatz. Derart viele Veränderungen in so kurzer Zeit: Man kann sich die Erregung und Angst der Viktorianer kaum vorstellen. Plötzlich gab es keine Schranken, keine »natürlichen« Grenzen mehr. Regimes, deren Bestand auf dem Prinzip der Abschottung beruhte, wie das osmanische oder das zaristische der Romanows, sahen sich in jeder nur erdenklichen Weise unter Beschuss genommen.

An der Peripherie der Zeitreform liegen die Lebenswelten der Hauptfiguren dieser Bewegung. Als Abbe und Fleming gegen 1830 die Schulbank drückten, kamen Dampflokomotiven gerade erst auf, doch es herrschten weiter feudale Strukturen, und die letzten Romantiker waren noch am Leben. Bald wurde das Stromkabel erfunden, das Schienennetz expandierte, und zu den Theorien Darwins kamen täglich neue Wunder der viktorianischen Wissenschaft und Technik hinzu. Benzin ersetzte zunehmend die Kohle, Elektrizität die Dampfkraft. Es folgten die ersten Flugzeuge, der Stummfilm und die drahtlose Übertragung. Man meinte, ein für alle Mal das Ende der menschlichen Not und Anfälligkeit erreicht zu haben, da die stetig wiederkehrenden Naturkatastrophen mit Hilfe der Vernunft bewältigt worden seien. Man glaubte auch leidenschaftlich an internationale Zusammenarbeit und hatte schon das Vorbild der Prime Meridian Conference zu feiern. Doch auf dem Sterbebett mussten dann viele die Schlachtberichte aus dem Ersten Weltkrieg lesen.

Fleming bildet eine Brücke zwischen zwei Welten. Er kam 1827 zur Welt, im Todesjahr von Samuel Taylor Coleridge. Als er 1845 nach Kanada auswanderte, gab es dort landesweit insgesamt bloß zwanzig Kilometer Eisenbahnlinien. Er selbst baute Tausende an weiteren Strecken hinzu. Er starb siebzig Jahre später bei seiner Tochter in Halifax, an jenem Tag des Jahres 1915, dem Geburtsjahr Frank Sinatras, als Truppen des Commonwealth bei Gallipoli ein wahres Inferno erlebten.

Welche Zeit haben wir? 3

Durch die Eröffnung der Boston and Albany Railroad wurden er und sein schlichtes Boston aus dem 18. Jahrhundert faktisch, wenn nicht emotional, mit einem Schlag auseinander gerissen – für immer entzweit; dann tauchten erste Cunard-Dampfschiffe in der Bucht auf, und telegraphische Mitteilungen trugen die Meldung von Baltimore nach Washington, dass man Henry Clay und James K. Polk soeben zu Präsidentschaftskandidaten nominiert hatte. Das ereignete sich im Mai 1844. Damals war er sechs Jahre alt. Die neue Welt lag gebrauchsfertig vor ihm; von der alten bekam er nur noch Splitter zu sehen.

Henry Adams, »The Education«

Bevor die Erde in vierundzwanzig Zeitzonen unterteilt wurde, bevor jeder neue Tag um Mitternacht am Nullmeridian von Greenwich begann, und bevor eine Internationale Datumsgrenze den Kalender im Gleichgewicht hielt, besaß eine jede Siedlung, die auf Zeiten achtete, ihre eigene offizielle Uhr. Dabei orientierte man sich am Mittag, jenem schattenfreien Moment des Sonnenchronometers, in dem exakt der Zenit erreicht zu sein scheint. Doch die Sonne bewegt oder genauer, die Erde dreht sich weiter – in der am dichtesten besiedelten Zone Nordamerikas mit einem Tempo von rund tausend Stundenkilometern. Stellen wir uns Orte als Knoten auf einer unendlich langen Schnur vor, so läuft alle achtzehn Kilometer eine Sonnenminute ab; alle dreihundert Meter, um die Präzision noch weiter zu treiben, entsprächen einer Sonnensekunde. Um es auf die heutigen Verhältnisse zu übertragen, bildete jede Ortschaft ihr eigenes Greenwich. Die Nachbargemeinden hielten eifersüchtig und mit allem Ingrimm bedrohter Identität an der je eigenen Zeit fest und würden notfalls alle anderen beschuldigen, in einer verkehrten Zeit zu leben.

Dank der verbindlichen Festlegung des örtlichen Sonnenmittags konnten öffentliche und private Uhren stets die genaue Zeit anzeigen; als Signal ließ man einen »Zeitball«[14] vom höchsten Kirchturm fallen, läutete die Glocken des Feuerwehrhauses oder feuerte im Hafen eine Kanone ab. Die Zeit stimmte, man hatte unbestreitbar Punkt zwölf Uhr mittags, aber hier und da bestand ein großes Dilemma, das die Welt bis zur Prime Meridian Conference von 1884 plagte: *Der Mittag galt nur für die jeweilige Gemeinde und innerhalb der betreffenden achtzehn Kilometer.*

Quer über den gesamten Kontinent entstand also in jeder Breitenzone – sagen wir von New York bis San Francisco – alle achtzehn Kilometer, sooft die Sonne wieder einen Längengrad überschritt, ein neuer Mittag, an dem man den Zeitball abwarf und die Glocken läutete. Draußen im Delaware-Tal, hundert Kilometer westlich von New York City, war es genau 11.55 Uhr, wenn am Hafen von Manhattan die Sirenen ertönten. Und wenn in Manhattan der Zeitball fiel, hatte man in Newark, New Jersey, direkt auf der anderen Seite des Hudson River, erst 11.59 Uhr.

Solange die Menschen in ihren Städten und Dörfern oder auf ihren Farmen blieben und der Transport allein mittels Segelschiffen, Flussbooten, Barken, Pferdefuhrwerken oder Ochsenkarren erfolgte, spielten rivalisierende Zeitstandards im Grunde keine Rolle. Niemand konnte schnell, das heißt an einem Tag, geschweige denn in einer Stunde, weit genug reisen, um durcheinander zu kommen. Zwar wünschten die Menschen damals wie heute die Gewissheit der Präzision, waren es allerdings nicht gewohnt, über den eigenen Horizont hinaus zu blicken. Als im 19. Jahrhunderts die Technik des »Magnetismus« (der Elektrizität) aufkam, konnte man telegraphisch genaue Zeitzeichen von der nächsten Sternwarte direkt zum Zeitball schicken. Der erste dergestalt »magnetisch angezeigte« Zeitball wurde 1842 in Toronto installiert. Im Jahr 1868 verkoppelte man beim Naval Observatory in Washington das Zeichen direkt mit einem Elektromotor, sodass der Zeitball automatisch mit absoluter Präzision fiel. Automatismen wie dieser brachten zwar mehr Komfort, lösten aber nicht das Grundproblem, denn es gab nach wie vor zu viele Zeiten. Hätten die Eisenbahnen und der Telegraph – kurz, das *Tempo* – nicht das System der lokalen Zeitnotierung gesprengt und die Sonne als ein zu träges Metronom auf der Strecke gelassen, so wäre die Zeitrevolution vielleicht erst nach der nächsten durchgreifenden Umwälzung gekommen, nämlich der Ausbreitung des elektrischen Stromnetzes.[15]

Das offizielle Festhalten am Sonnenmittag weist aus rechtlicher, gewerblicher und fernmeldetechnischer Sicht im Grunde zwei tiefgreifende, unvermeidliche Mängel auf. Der eine ergibt sich aus der Erdrotation, der andere aus der Neigung der Erdachse. Wie wir bereits gesehen haben, bringt erstere eine Vielzahl von Mittagen und ebenso Mitternächten mit sich. Der Erdumfang von gut vierzigtausend Kilometern entspricht annähernd zweitausend Sonnenminuten – und gestützt auf die aberwitzige Präzision solcher Minuten oder gar Sekunden theoretisch unendlich viele rechtmäßige »Sonnentage«. Der New Yorker »Tag« begänne und endete fünf Minuten vor dem Philadelphias, eine Minute vor dem Newarks, zwölf Minuten nach dem Bostons … und so fort. New Yorks Ninth Avenue wäre Sekundenbruchteile »früher dran« als die Tenth, also beide könnten je einen eigenen Tag beanspruchen. Wo soll das enden? Wäre die Oakland Bay Bridge im 19. Jahrhundert entstanden, so hätte Oaklands Seite einen Vorsprung von dreißig Sekunden vor der San Franciscos gehabt. Wenigstens dreht sich die Erde ziemlich stetig und konstant, und wenn man bereit ist, sich mit der daraus resultierenden nervtötenden Vielfalt abzufinden, so sind die Verhältnisse auch ganz gut berechenbar.

Die Neigung der Erdachse bringt jedoch eine gewisse Abweichung ins Spiel. Von der Äquatorzone abgesehen, verschiebt sich der Mittag tagtäglich um einige Sekunden oder Minuten noch vorne respektive hinten, ebenso der Sonnenaufgang und Sonnenuntergang. Im Norden Europas sind die täglichen Differenzen besonders stark ausgeprägt. In einer Welt der natürlichen Rhythmen, über denen Priester oder andere ernannte respektive erblich auserkorene Deuter wachen, sind Unregelmäßigkeiten der Sonne lediglich das sichtbare Wirken Gottes. So markiert etwa für die Hindu der Sonnenaufgang oder für die Juden und Muslime der Sonnenuntergang, und nicht die Mitternacht des Abendländers, am jeweiligen Ort den Beginn des natürlichen oder religiös-zeremoniellen Tages. Nur in einer Welt der Verträge, Löhne und Fahrpläne gelten natürliche Schwankungen als störend. Doch fragt sich beispielsweise, an wessen Mitternacht – des Kunden oder der Unternehmenszentrale – eine Versicherungspolice ablaufen oder ein neues Gesetz in Kraft treten soll. Geburten und Sterbefälle, die um Mitternacht eines Monats- oder Jahresletzten eintreten, könnten in den amtlichen Urkunden oder Registern auf unterschiedliche Daten fallen, je nachdem, ob die Bücher einige Kilometer östlich oder westlich vom Ort des ursprünglichen Ereignisses geführt werden.

Bereits die Griechen, Römer, Juden, Araber, zweifellos auch die Ägypter, Maya, Chinesen und Druiden, orientierten ihre Zeitmessung – zumindest bei wolkenlosem Himmel – an verschiedenen Varianten der Sonnenuhr, doch ihre Methoden, wie erfindungsreich sie auch gewesen sein mögen, genügten den Anforderungen weder der Präzision *noch* der Berechenbarkeit, welche die in technischer Hinsicht viel anspruchsvolleren Europäer und Amerikaner stellten. Kurz, die Naturzeit eignete sich gut für religiöse Riten, taugt aber nicht für den Betrieb einer Eisenbahn. Und der Schienenverkehr, dessen Systeme im 19. Jahrhundert als Wegbereiter des Fernhandels ständig expandierten, ist genau dasjenige Phänomen, um das es bei der Standardzeit in allererster Linie ging.

Das wahre Problem bei den antiken Methoden der Zeitrechnung lag nicht nur in den unvermeidlichen wetter- und klimabedingten Schwierigkeiten, sondern eine Vielzahl sogenannter Ortszeiten bedeutete, dass keine davon eine mühelose Umrechnung erlaubte. In der Stadt A konnte man nicht die Ortszeiten von B, C und D kennen, was allerdings keinerlei Probleme bereitet hatte, bis zwischen den Städtchen regelmäßig preiswerte, bequeme Schnellzüge zu verkehren begannen. Die Sonnenzeit rechnet aus sich heraus nichts um und kann daher auch nicht als Maßstab dienen. Zu viele Systeme, so stellten Bahnreisende fest, waren schlimmer als gar keines. Offizielle Zeiten schossen wild ins Kraut, während die Natur bloß einen Albtraum endloser Wucherungen bot; zur Jahrhundertmitte galten in Nordamerika hundertvierundvierzig amtliche Zeiten und anscheinend dachte gar niemand daran, Ordnung in das Chaos zu bringen.

In einem Aufsatz von 1890 mit dem Titel »Unsere altmodischen Methoden der Zeitrechnung«, einem historischen Rückblick auf die Theorie der Standardzeit und den damals siegreichen Kampf um ihre Durchsetzung, verwahrte sich Sandford Fleming ausdrücklich gegen einen Begriff, den ich hier recht locker verwende, nämlich »Ortszeit«. Ihm erschien die entsprechende Vorstellung allein schon deshalb fragwürdig, weil sie das verbreitete Missverständnis förderte, es gebe tatsächlich mehrere Zeiten. Wenn ich diesen bequemen, aber ungenauen Begriff verwende, bedenken Sie also bitte stets den folgenden Einwand:

> »Ortszeit« ist ein gängiges, aber vollkommen abwegiges Konzept, denn in Wirklichkeit gibt es nichts dergleichen. Der Begriff »Ortszeit« beruht auf der Annahme, dass diese sich mit der Länge verändert und jeder Meridian eine klar definierte Eigenzeit hat. Gehen wir dieser Theorie weiter nach. Nehmen wir hundert oder tausend verschiedene Meridiane: Sie alle laufen in zwei Schnittpunkten zusammen, den Polen, einem auf jeder Erdhalbkugel, sodass wir bei jedem Pol hundert oder tausend unterschiedliche »Ortszeiten« haben könnten. Mehr müssen wir nicht sagen, um die Unmöglichkeit und Absurdität der Theorie aufzuweisen, derzufolge sich in der Natur eine Vielzahl von »Ortszeiten« findet. Es gibt nur eine Zeit. Sie ist die Realität mit unendlicher Vergangenheit und Zukunft, und ihre Haupteigenschaft ist die Stetigkeit. Man könnte sie mit einer endlosen Kette vergleichen, deren Glieder alle unablösbar ineinander greifen, während das Ganze in einer unabänderlichen Ordnung fortschreitet. Zeitabschnitte folgen ununterbrochen wie Glieder einer geschlossenen Kette aufeinander, besitzen nicht gleichzeitig ein eigenständiges Wesen, sondern haben lediglich teil an der Einheit der Zeit. Diese bleibt unberührt von der Materie, dem Raum oder Entfernungen. Sie ist universell und ihrem Wesen nach nicht örtlich begrenzt. Sie bildet eine absolute Größe, ist sich überall im Universum gleich – sogar mit der beachtlichen Eigenschaft, dass man sie hübsch genau messen kann.

Dieser Vorbehalt eignet sich bestens als Einführung in Flemings streng technische Denkweise, sechs Jahre nachdem die Standardzeit dank der Prime Meridian Conference weltweit installiert worden war. Die Zeit bildete eine Einheit mit vielen Facetten (mindestens vierundzwanzig), und er widersprach heftig der Vorstellung, dass irgendein Anwärter, darunter Greenwich, eine bevorzugte Sonderzeit besaß. Genau deshalb kämpfte er so hartnäckig für die Durchsetzung eines »universellen«, beziehungsweise »kosmischen« oder »terrestrischen« Tages, der ungeachtet aller geografischen Determinanten neben den bekannten vierundzwanzig Zeitzonen gelten sollte.

> »Kraft der Umstände«, fuhr Fleming fort, »müssen wir heute beim Problem der Zeitmessung zu einer globalen, umfassenden Sichtweise gelangen. Wir dürfen unseren Blick nicht auf einen begrenzten Horizont, ein Land oder einen Kontinent verengen. Die von den Völkern beider Hemisphären zu bewältigende Aufgabe besteht darin, ein auf unanfechtbaren Daten und soliden Prinzipien beruhendes Messverfahren für den einen universellen, allen gemeinsamen Zeitverlauf zu finden, dem auch spätere Generationen einmal gerne zustimmen werden.«

Diese Bemerkungen resümieren die Differenzen zwischen Fleming und den amerikanischen Pionieren der Standardzeit. Er arbeitete im universellen Maßstab, sie dagegen in einem nationalen. Wenn ich, als Autor, das nächste Mal den Ausdruck »Ortszeit« verwende, so verstehen Sie ihn bitte in Anführungszeichen gesetzt und schicken stillschweigend »sogenannte« voraus: mit freundlicher Genehmigung von Sandford Fleming.

Mitte der vierziger Jahre des 19. Jahrhundert suchte Henry David Thoreau Zuflucht vor der quälenden Trostlosigkeit des städtischen und gesellschaftlichen Lebens, als er sich nach Walden Pond zurückzog. Wie viele klassische Texte, darunter das Schlusskapitel, »Virgin and the Dynamo«, aus Henry Adams‹ *Education*, lässt sich *Walden* von wohlwollenden Lesern als eine Reflexion nicht nur der Gesellschaft, sondern auch der Zeitabhängigkeit deuten, insbesondere der (damals schon) spürbaren schwankenden Standards. Armeen von Arbeitern gerieten allmählich unter das Regiment der Zeit, der mechanischen Uhr. »Tatsächlich«, schrieb Thoreau, »hat der arbeitende Mensch Tag für Tag keine Muße zu einer wahren Ganzheit; er kann die Zeit nicht aufbringen, die menschlichen Beziehungen zu den Menschen zu unterhalten; seine Arbeit würde auf dem Markt im Werte sinken, und er hat keine Zeit, etwas anderes zu sein als eine Maschine.«

Er hat keine Zeit: gewiss eine neuartige und beunruhigende Entwicklung. Leo Marx, der große Exeget Thoreaus, behauptet in *The Machine in the Garden*, die Funktion der Uhr sei in Thoreaus Auffassung des Kapitalismus deshalb maßgeblich, »weil sie den Industrieapparat mit dem Bewusstsein verknüpft. Der arbeitende Mensch wird insofern zu einer Maschine, als sich sein ganzes Leben immer nahtloser in ein unpersönliches, scheinbar autonomes System einfügen muss«. Das trifft sicherlich zu, doch gibt es noch einen weiteren Brennpunkt. Thoreau beunruhigten jene garstigen neuen Ungeheuer, die Mitte des Jahrhunderts im zeitlichen Wildwuchs der westlichen Kultur lauerten. Der Mensch ohne eigenen Rhythmus war kein Ganzes, sondern ein seelenloses Maschinenwesen. Ähnlich wie seine Vorläufer aus der englischen Romantik fand Thoreau Trost in den großartig beständigen Formationen der Natur, in klassischen Texten und östlichen Religionen. Er sah sich gefangen zwischen der rapiden Ausbreitung der Eisenbahn, welche die Welt ganz nach dem eigenen Bilde ummodelte, und der gesellschaftlichen Hilflosigkeit gegenüber dem Phänomen. Die Eisenbahn kannte keine zeitlichen Grenzen, sondern der Mensch musste sich ihren Erfordernissen beugen. Thoreaus Ängste stammten zumindest teilweise aus dem Übergriff der Industrie auf das, was wir heute das raumzeitliche Kontinuum nennen würden. Die Zeit lag in der Luft.

Außerdem durchdrangen Züge die Nacht mit dem Kreischen und Rattern ihrer Räderwerke, schafften Massen von Zimmerleuten und Eissammlern ins Land und verdüsterten den winterlichen Himmel mit tiefschwarzen Rauchwolken. Kaum verwunderlich also, wenn Thoreau bissig unkte,

»dass nur wenige fahren, die übrigen aber überfahren wurden«. *Walden* ist ein Bekenntnis zur Individualität: die amerikanische Version (und fast totale Umkehrung) des »an den Ketten rüttelnden« *Kommunistischen Manifests* von Marx und Engels und nicht zufällig zur gleichen Zeit wie dieses entstanden, im Revolutionsjahr 1848, als Frankreich verfiel und Großbritannien aufblühte. Letzteres standardisierte sogar als weltweit erstes Land die Zeit in seinem gesamten Staatsgebiet und stimmte sie auf das Zeichen des Royal Greenwich Observatory ab. Irland jedoch hinkte um zwanzig Minuten hinterher. In besagtem Jahr erschien auch *Dombey and Son*, worin Charles Dickens die Eisenbahn fast buchstäblich auf dem Rücken des armen, verzweifelten, psychisch ruinierten Mr. Dombey fahren lässt und anmerkt: »Sogar die Uhren richteten sich nach der Eisenbahnzeit, so als habe die Sonne selber aufgegeben.« Allerdings sah Dickens in der Kraft der Bahnen und des rohen Menschenwerks etwas potentiell Stärkendes, zumindest für jene, die wie Mr. Dombey im Innersten für ihre Botschaft empfänglich waren.

Damals ging die Zeit also ihre dauerhafte Verbindung mit Handel und Industrie, mit Fahrplänen, mit Beerdigungsinstituten, mit Depression und Angst ein.[16]

»Zwar wussten schon die ersten Siedler ganz gut über öffentliche und private Uhren Bescheid«, schreibt der amerikanische Historiker Michael O'Malley in *Keeping Watch: a History of American Time*, »aber sie sahen in mechanischen Chronometern lediglich Zeitsymbole und nicht die Sache selbst.« Mitte des 19. Jahrhunderts begann sich die Natur der Zeit zu ändern: Sie galt jetzt nicht mehr als eine gottgegebene moralische Bilanz menschlicher Torheiten, sondern als ein neuer Faktor in der nüchternen Welt des Gewerbes, der Pünktlichkeit und der Zuverlässigkeit. Es ist ein Unterschied ums Ganze: Bewilligt Gott uns eine gewisse Zeitspanne, um uns moralisch aufzurichten? Oder nehmen wir sie uns um des wirtschaftlichen und persönlichen Vorankommens willen?

In einem ganz anderen Sinne sind Emersons Essays, Thoreaus *Walden*, Hawthornes Tagebücher und Melvilles Erzählungen ergreifende Abgesänge auf ein dahinschwindendes Amerika. Thoreau fütterte seine Einbildungskraft in den Monaten des selbstverhängten Exils mit der profanen Seefahrttradition Neuenglands. Auch während seiner beiden Jahre in Walden Pond war dieser geistige Weltreisende niemals von der westlichen oder gar Weltkultur abgeschnitten. Er las die hinduistische Erlösungslehre der *Bhagavadgita*, dachte über griechische und lateinische Klassiker nach und malte sich Reisen in die fernsten Winkel der Erde aus, nur um sie sogleich wieder zu verwerfen. Er wusste die ganze Weltgeschichte fast buchstäblich hinter sich; sie war, um es vereinfacht auszudrücken, seine Trösterin und Freundin. Den wahren Schrecken bildeten die mit der Eisenbahn eröffneten Aussichten, denn diese warf bereits den dunklen Schatten der großen Fahrt nach Westen in das Dunkel noch unbesiedelter Gebiete, wodurch Neuengland auch um seine angestammte Führungsrolle gebracht werden sollte. Mitte des 19. Jahrhunderts war Portland in Maine noch größer als die damals gerade entstehenden Metropolen Atlanta oder Houston. Erstmals in der Geschichte erschien es wirtschaftlich abschreckend – oder zumindest als eine ungewisse Aussicht für künftiges Wachstum –, nicht Ödland, sondern Meer im Rücken zu haben. Die Eisenbahnen breiteten sich ringsum aus, und nur die Ozeane wiesen sie in ihre Schranken. Das überreich vorhandene billige, fruchtbare, unbesiedelte Land verhieß für die Zukunft mehr als ein geschützter Hafen, saubere Dörfer, geordnete Sozialstrukturen, eine ehrwürdige Tradition, Bücher und geistige Gaben.

Die Lektüre der amerikanischen Transzendentalisten könnte einen in der Tat zu der Annahme verleiten, die von der Industriellen Revolution aus England vertriebene Romantik habe in Neuengland eine neue Heimat gefunden. Großbritannien hatte sich den technischen Wandel so begierig und so erfolgreich zu eigen gemacht, dass fast alle wunderbaren Erfindungen des frühen 19. Jahrhunderts – die chemischen Farbstoffe, die Eisenbahn, der Telegraph, der Hochofen – von dort ausgingen. In England begannen die fünfziger Jahre 1851 mit der Eröffnung der Weltausstellung unter der Schirmherrschaft des fortschrittlichsten und wissenschaftlich gebildetsten von allen königlichen Gönnern, Prinz Albert. Die bei der Weltausstellung im Glaspalast erzielten Gewinne reinvestierte man sofort in den Bau und Betrieb technischer Hochschulen. Das war die britische Antwort auf den allgemeinen Ruf nach einer Revolution: mehr Industrie, mehr Wissenschaft, mehr Forschung, breitere technische Ausbildung der Mittelschichten, gelehrte Vorträge in Arbeitervereinen. So endete die Dekade mit der Publikation des einflussreichsten Buches des ganzen 19. Jahrhunderts, Charles Darwins *Über den Ursprung der Arten*, das sofort zu einem Bestseller wurde. Doch sollte man nicht außer Acht lassen, dass Großbritannien dieses Jahrzehnt nicht nur mit der Weltausstellung, sondern auch damit begann, die Zeit zu vereinheitlichen und eine alles belebende Normalzeit einzuführen.

Wer in jenem historischen Augenblick in die Zukunft der beiden großen englischsprachigen Kulturen schaute, der hätte den Briten mit einem Unterton unerschütterlicher Vernünftigkeit die wissenschaftliche, materielle und wirtschaftliche Vorherrschaft prophezeit. Den Amerikanern hätte die gleiche Prognose den Weg in eine verträumte Landwirtschaft mit freundlich mystischen und solipsistischen Tendenzen vorausgesagt. Angesichts des offenkundigen Hanges ihrer Volksseele fällt auf, dass der Pragmatismus, jene uramerikanische Philosophie, die Gültigkeitsprüfung an der Lebenserfahrung, kaum vierzig Jahre später in Neuengland aufkam. Irgendetwas Umwälzendes muss dazwischengetreten sein, um Amerika vom neuenglischen Modell abzubringen und in Richtung von Schwerindustrie, Technik, Entwicklung neuer Führungskonzepte, Ehrgeiz und Erfolg zu drängen.

Einen gewaltigen Einfluss übte der Goldrausch (1848/49) aus, der das Augenmerk ganz auf Kalifornien und darauf lenkte, schnellstmöglich dorthin zu gelangen, bevor die Schatztruhen ausgeplündert waren. Zweifellos geriet Neuengland dadurch ins Hintertreffen. Man kann sich kaum einen größeren Kontrast zu dessen soliden demokratischen Traditionen vorstellen als den Abschaum, der aus jenen primitiven, auf die Schnelle gebildeten Siedlungen in den Ausläufern der Sierra oder im Hafen von San Francisco und Oakland hervorging. Daraus erwuchsen alle asozialen, antiintellektuellen, vulgären, gewaltsamen und rein materialistisch orientierten Triebkräfte, die de Tocqueville in seinen düstersten Augenblicken ebenso wie die Gründungseliten Amerikas sehr zu Recht fürchtete.

Im folgenden Jahrzehnt übernahm Neuengland zwar die moralische Führung in den Debatten über die Bekämpfung der Sklaverei, aber der Bürgerkrieg (1861–1865) schlug wie ein Schwert tief ins Gewebe seiner Kultur ein und isolierte die Region fast als einzige vom Kriegsgeschehen, oder wenigstens einer direkten Beteiligung daran. Der Krieg brachte Amerika in einem vorher und nachher nicht gekannten Maße Tod und Verderben, zudem echte, um nicht zu sagen: existentielle Probleme der Versündigung und Erlösung im Alltag, statt bloß in romantischen Schattenreichen. Der Krieg erschloss den mittleren Westen, entfesselte die Industrie und brachte eine neue Riege autodidaktisch gebildeter, praktisch und materialistisch denkender Heißsporne ans Ruder, von denen manche sehr an den Maschinenmenschen aus Thoreaus Albtraum erinnerten. Der neue Typus trug die Eisenbahn nicht bloß auf dem Rücken, er schien sie sich vollends einverleibt zu haben. Wie dem auch sei, jedenfalls hatte die Generation der in Harvard ausgebildeten Unitarier abgedankt.

Während jener zwanzig Jahre, in denen Amerika seine Identität überprüfte (1850–1870), erfreute sich England einer ungefährdeten Hegemonie über die Welt. Zwar lauerten ab 1860 allerorten »schlafende Riesen« – namentlich Russland, Deutschland und Japan, während das Schicksal des chronisch »kranken Mannes am Bosporus«, des Osmanischen Reiches, das noch Reste des Balkans, den Nahen Osten und einen Großteil Nordafrikas kontrollierte, nach wie vor ungewiss schien –, aber der größte schlafende Riese war Amerika, das sich gerade erst zu regen begann.

Ab 1869 wurde den Vereinigten Staaten mit der Erschließung des Kontinents durch die Eisenbahn und die rasche Besiedelung des ehemals unzugänglichen Westens der innere Rhythmus, das überkommene Gefühl für die Ordnung des Raumes und der Zeit, dessen prägende Motoren das Pferd und das von der Sonne gebleichte Segel gewesen waren, ein für alle Mal zerrissen. Jetzt ließen sich fünftausend Kilometer – im Jahr 1848 noch eine sechsmonatige Reise um das Kap Horn zu den Goldminen Kaliforniens – binnen fünf Tagen in einem bequemen Einzelabteil zurücklegen. Siedlungen entlang der Bahnstrecke, wie Omaha oder Denver, wurden praktisch über Nacht zu Großstädten. Die Einwohnerzahl Chicagos vervierfachte sich, und alles nur wegen der Eisenbahn. Die Verbindung verschiedener Netzwerke, besonders der Eisenbahn und des Telegraphenwesens – beide waren fast synonym, denn ohne telegraphische Signale lief bei den Bahnen nichts – erforderte Übereinstimmung und Konvertierbarkeit sowie eine Angleichung der mannigfachen Zeitmaßstäbe. Nicht zufällig kam der erste Vorschlag für eine Standardzeit mit dem Ziel, die vielfältigen, unüberschaubaren Eisenbahnfahrpläne zu vereinfachen, von Charles Dowd, einem Professor aus Saratoga Springs, New York, im Jahre 1869.

Da sich Nordamerika von Neufundland fünf Sonnenstunden bis hinüber zum Pazifik und vier weitere bis zur Spitze der Inselkette der Aleuten erstreckt, lässt es Hunderte tragfähiger Zeitstandards zu. Doch die Uhrzeit war schon kompliziert genug gewesen, als sich die Mehrzahl der Amerikaner an der Ostküste drängten und Standards aushandeln mussten, die selten weiter als eine halbe Stunde auseinander lagen. Die Übertragung jener Probleme auf den ganzen Kontinent reichte aus, um echten Überdruss zu erzeugen. Das Land war einfach zu groß, seine Bevölkerung zu zahlreich, als dass man der Zeit noch viel Bedeutung beigemessen hätte. Um ihre Führungsstrukturen zu koordinieren, benutzen Armeen eine eigene Militärzeit, kommunizieren die Fluggesellschaften heute im einheitlichen Weltsystem namens »Zulu« miteinander. Doch im Neuland des 19. Jahrhunderts kam es für Cowboys nicht darauf an, wie spät es gerade auf dem Viehtrieb war, oder wann man zu einem Drink in Dodge City eintraf – wenn aber Desperados planten, einen Postzug auszurauben oder eine Bank zu überfallen, sobald die Löhne einige Orte entfernt ankamen, war zumindest eine grobe Zeitkalkulation unerlässlich.

Flemings Ankunft als Achtzehnjähriger in dem wenig verheißungsvollen Dorf Peterborough, Ontario, wo noch Baumstrünke auf der Hauptstraße herumlagen, ähnelt dem Eintreffen seines Vorbildes Benjamin Franklin ein Jahrhundert zuvor in Philadelphia: Keine Stellung, keine Eltern, lediglich ein kräftiges Rückgrat, ein kühner Geist und der Arbeitswille, die Bereitschaft, jede ehrbare Tätigkeit anzunehmen, die etwas abwarf. Er und sein Bruder waren mit nichts anderem als dem Glücksbringer-Sovereign und der

Adresse eines gewissen Dr. Hutchison, eines Hausfreundes aus Kirkcaldy, gekommen. Als er nach ein paar Wochen immer noch keinen Arbeitsplatz gefunden hatte, riet ihm der einflussreiche Presbyterianerbischof John Strachan: »Geh wieder zurück nach Schottland, mein Junge. Hier hast du als Ingenieur keine Zukunft. Alle großen Projekte dieses Landes sind inzwischen vollendet.« Man könnte Flemings Leben als eine einzige ehrerbietige Widerlegung dieser Ansicht auffassen.

Dank der Anleitung Benjamin Franklins hatte Fleming höchstwahrscheinlich keine Sekunde ohne tiefe Selbstbezichtigungen verstreichen lassen. Von den frühesten Tagebüchern schon als Zehnjähriger an ist sein Selbstbild im allgemeinen ein ernstes, verbunden mit der Erwartung, dass sich investierte Mühe lohnen muss. Mußestunden in der Kindheit und frühen Jugend hatte er mit Schach, Zeichnen, Wandern und Träumen von Erfindungen ausgefüllt. An einem typischen Tag im April 1843 entwarf der damals Sechzehnjährige ein geplantes Denkmal für Adam Smith. Danach ersann er – mit einem Modell, das eines Sir Walter Scott oder Robert Louis Stevenson würdig gewesen wäre – die »schöne Übung, den Grundriss eines alten Schlosses zu zeichnen, um anschließend die Mauern hinzuzufügen und dem mutmaßlichen Vorbild anzugleichen, zum Beispiel Seafield, Peathead oder Macduff's mit Höhlen. Eine der Höhlen im Wemyss gäbe ein schönes Motiv ab, um eine Räuberbande zu malen«. Den Nachmittag benutzte er, um Odells Kurzschriftalphabet zu lernen, studierte später das Rezept für Ölpapier und ein weiteres für Schalenhärtung. Er skizzierte eine Kirche, entwarf einen Rollschuh und schrieb zuletzt eine Stelle aus *Poor Richard's Almanac* ab: »Aber liebst du eigentlich das Leben? So verschwende keine Zeit, denn aus diesem Stoff ist unser Leben gemacht. Wie viel länger als nötig schlafen wir und vergessen, dass der Fuchs im Schlaf keine Gans fängt und dass wir im Grab noch lange genug schlafen können. Trägheit erschwert, Fleiß dagegen erleichtert alles; und wer spät aufsteht, der muss den ganzen Tag über traben, ohne sein Ziel bis abends zu erreichen, wogegen der Faule so langsam kriecht, dass die Armut ihn bald eingeholt hat.« Bevor Sandford ans Schlafengehen dachte, beschrieb er noch ein Zeichengerät, um Porträts nach dem Scherenschnittverfahren anzufertigen, und entwarf dann ein Pumpensystem, um, wie er schrieb, Schiffe auf See nach dem Prinzip der Wasserturbine anzutreiben.

Körperlich kräftig, lebte er voll drauf los, wobei Katerstimmungen und Selbstgeißelungen am Morgen danach zu seinem jugendlichen Alltag gehörten und ihn niemals wirklich verließen.[17]

Mit sechzehn, in Thomas Edisons Geburtsjahr 1843, machte Sandford eigene Pläne für eine Batterie. Zwei Jahre später trug er in sein Tagebuch ein:

> Seit geraumer Zeit denke ich darüber nach, wie man die Kohlenleuchter der Magnetbatterie praktisch nutzen könnte. Dafür benötige ich zwar nur ein einziges Experiment, das mich jedoch teuer zu stehen käme, falls ich keine starke Batterie finde, und ich glaube nicht, dass es hier in Kanda so etwas gibt. Ich müsste ausprobieren, ob man aus einem Satz Drähte mehr als einen Leuchter formen kann, indem man die Anschlüsse unterbricht und Kohlespitzen dazwischen klemmt. Wenn das der Fall wäre, hätten wir einen guten, billigen Ersatz für Gas, was viel besseres Licht ergäbe und sich mindestens ebenso leicht für die Straßen- oder Kirchenbeleuchtung einsetzen ließe, indem man einfach eine Leitung wie die in der Telegraphie gebräuchlichen in bestimmten Abständen mit Kohlegeräten bestücken würde.

Wagniskapital war eine in Kanada und Schottland damals noch kaum entwickelte Geldquelle, sodass der beschriebene Prototyp niemals gebaut wurde.

Und wie sah es 1848 in Sandford Flemings Kanada aus?

Es war ein grobschlächtiges Land. Montreal bildete das Macht-, Kultur- und Gewerbezentrum, Quebec City faktisch die Hauptstadt, und alle beide gaben sich »englisch«. Toronto litt fast ein Jahrhundert lang unter seinem ungleichen Wettbewerb mit Montreal.[18] Damals war Fleming ein junger Mann von einundzwanzig, fleißig damit beschäftigt, sich eine Existenz aufzubauen, Stadt- und Hafenskizzen anzufertigen, seine Landkarten zu verkaufen, die Eltern nachkommen zu lassen und auf einer Farm bei Lakeview anzusiedeln. Die Ereignisse der Außenwelt interessierten ihn kaum. Am 20. März 1848 schrieb er lapidar ins Tagebuch:»Heute morgen traf die Nachricht von der Revolution in Frankreich hier in Peterboro ein.« Schluss, fertig, aus.

Was Fleming im April 1849 in Montreal erwartete, war allerdings keine Revolution – sondern etwas, das der Stimmung jener Zeit und jenes Ortes mehr entsprach: ein konservativer, ja sogar konterrevolutionärer Aufruhr. Drei Monate nach seinem zweiundzwanzigsten Geburtstag hatte er sich auf den Weg in die Metropole gemacht, um dort die Vermesserprüfung abzulegen, und kam genau an dem Abend an, als das Parlamentsgebäude in Flammen aufging. Er und drei weitere junge Passanten stürmten ins Foyer, um das Porträt Königin Viktorias zu retten.[19] 1850, mit dreiundzwanzig, gründete Fleming, beflügelt durch zwei anregende Jahre als Mitglied eines Debattierklubs von Toronto,[20] zusammen mit einem Freund das Canadian Institute. Bei der konstituierenden Versammlung blieben die beiden unter sich. Anstatt jedoch ihren Traum aufzugeben, wählten sie einen Vorstand: Passmore zum Präsidenten, Fleming zum Schatzmeister. Eine Woche später hielt dieser vor wenigen Zuhörern einen Vortrag; in der Woche darauf ein Referat zum Thema »Die Entstehung und Pflege des Hafens von Toronto«; und fortan begann das Publikumsinteresse zu wachsen.

Als ein guter schottischer Presbyterianer war Fleming an Neujahr gewöhnlich ganz und gar erfüllt von hoch gesteckten guten Vorsätzen, die er vielleicht mit etwas zitternder Hand nach einem Tag der heftigen Ausschweifungen beim »guten Rutsch« festhielt. 1853 bot er als fünfundzwanzigjähriger strebsamer Jüngling einen gewissen Einblick in sein tätiges Leben sowie einen Ausblick auf die Zukunft:

> Man kann nichts zurückholen, was auch nur einen Moment vergangen ist – doch jede Handlung wird gleichsam für immerdar im Protokoll der Zeit vermerkt. Ich bedauere nicht, dass ich so viel Zeit und Mühe in die Gründung und den weiteren Aufbau des Canadian Institute investiert habe (wiewohl ich anderes zutiefst bereue), weil ich meine, dass es dazu angetan ist, meiner Wahlheimat viel Gutes zu tun; um das neue Jahr zu beginnen, habe ich nunmehr beschlossen, ihm tausend Pfund zu vermachen – wenn meine sterblichen Überreste zur Mutter Erde zurückkehren werden – und die jährlich erzielten Zinsen aufzuwenden, um den Zweck der Gesellschaft zu fördern. Zu diesem Behufe habe ich bereits Maßnahmen ergriffen, um mein Leben ausreichend zu versichern, und nun möge der oberste Gebieter über alle Dinge dieses demütige Geschöpf in die Lage versetzen, Zeit seines Lebens keine Gelegenheit ungenutzt zu lassen, um das Vorhaben so fröhlich und wohlgemut voranzubringen, wie es jetzt begonnen wird.

Das Problem, vor dem Fleming und andere wahlkanadische Visionäre standen, sooft sie neue Techniken, aber auch den Föderalismus mit der parlamentarischen Demokratie, aus Europa und den Vereinigten Staaten einführen wollten, lag im Fehlen eines geeigneten Forums.[21] Solch ein Forum für soziale und wissenschaftliche Ideen zu schaffen, stand als Absicht hinter der Gründung des Canadian Institute. Die politische Debatte zu fördern, naturwissenschaftliche Entdeckungen weithin bekannt zu machen, den versprengten Kolonien mehr Repräsentation zu ermöglichen und ihre Abhängigkeit von Großbritannien zu min-

Welche Zeit haben wir?

dern, blieb eine ständige Herausforderung. Da sehr wenige Menschen über ein sehr großes Gebiet verteilt lebten, in zu viele rivalisierende Zuständigkeitsbereiche zersplittert waren, einander durch Religion, Sprache und kulturelle Traditionen noch weiter entfremdet wurden, konnten sie sich nicht wirkungsvoll zu gemeinsamen Aktionen zusammenschließen, um ihre Unstetigkeit und Selbstblockade zu überwinden. Fleming stand zwar als Progressiver oder Visionär keineswegs alleine da, aber seine Bemühungen scheiterten dennoch oft am viel zu klein gewählten Maßstab.

Trotzdem hielt Fleming durch. In den sechziger Jahren tat er mehr als fast jeder andere, um den Aufbau einer Konföderation der getrennten britischen Kolonien politisch zu unterstützen, und hatte damit Erfolg. In den siebziger und frühen achtziger Jahren bereitete Fleming die weltweite Einführung der Standardzeit vor und erntete 1884 die Früchte. Später warb er mit großem persönlichen Einsatz und gehörigem Mut für ein zwangloses Bündnis der Übersee-Dominionen gegen die britischen Fernmeldemonopole, und in der Folge gelang es ihm, das weltweite unterseeische Kabel zu verlegen.

Im Jahr 1851 ließ Joseph Howe, der damalige Eisenbahnminister der rund Tausend Meilen östlich von Toronto gelegenen Kolonie Neuschottland, eine Prophezeiung vom Stapel, die heute in ihrer Genauigkeit fast unheimlich klingt. Fleming hörte davon und notierte sie sich zur späteren Verwendung. Er und Howe sollten einander erst dreizehn Jahre später begegnen, als dessen unübersehbare Führungsstärke letzteren an die Spitze der Parlamentarier Neuschottlands gestellt hatte. Im Jahr 1867 führte Howe sein Land dann als einer der »Konföderationsväter« in die neu gebildete Kanadische Union. In diesem Sinne könnte man Sandford Fleming als den »Patenonkel« dieser Konföderation bezeichnen:

Denken Sie etwa, wir würden auch nur an der Westgrenze Kanadas Halt machen, geschweige denn an der Pazifikküste? Vancouver Island, mit seinen gewaltigen Kohlevorkommen, liegt ja noch jenseits davon; die schönen Pazifikinseln und der wachsende Überseehandel ebenfalls; das dicht besiedelte China und der reiche Osten liegen jenseits; die Segelschiffe unserer Kindeskinder werden genauso selbstverständlich unter der Sonne des Südens kreuzen, wie sie heute den wütenden Nordstürmen trotzen. Doch die oben erwähnten Küstenprovinzen bilden lediglich die atlantische Frontlinie jener grenzenlosen, fruchtbaren Region – die Ufer, an denen sie ihre Geschäfte abwickeln und vor denen ihre reichen Handelsflotten ankern sollen. Ich glaube, dass viele in diesem Saal noch erleben werden, wie Dampflokomotiven ihre Pfeifen auf den Pässen der Rocky Mountains ertönen lassen und die Strecke von Halifax quer hinüber bis an den Pazifik in nur fünf bis sechs Tagen bewältigen.

Herr Fleming und die Zeit 4

Seit etwa fünfzig Jahren drängt sich die neugeborene Zeit, diese neue Natur, dieses Kind aus der Ehe zwischen Wissenschaft und Tatsachen, täglich und stündlich unserer Wahrnehmung auf und bewirkt Wunder, die unsere ganze Lebensweise von Grund auf verändern.
Thomas H. Huxley, »The Progress of Science« (1887)

Im Mai 1863 lief der damals sechsunddreißigjährige Sandford Fleming – bärtig und wie immer mit einem Gehrock bekleidet – an Bord des im nördlichen Atlantik zwischen Quebec City und Glasgow verkehrenden Dampfschiffes *United Kingdom* über das gut achtzig Meter lange Deck, drei Mal täglich zwanzig Runden für die Verdauung, dabei Zigarren rauchend und aufgeräumt plaudernd; sei es mit dem Kapitän, Besatzungsmitgliedern oder freundlichen Passagieren. Damals lag die lange Nacht auf dem irischen Provinzbahnhof noch dreizehn Jahre vor ihm. Die Canadian Pacific Railroad gab es allenfalls als vagen Traum, jedoch nicht einmal als eine konkrete Phantasie.

Flemings frühe Vorhaben als Landvermesser, Bauingenieur, Kartenstecher oder Organisator politischer Projekte wie dem Canadian Institute sind alle planmäßig gelungen. Er hat auch bereits eine Bahnlinie angelegt, die fünfzig Kilometer lange der Northern. Nach wie vor lebt er in Toronto. Ottawa, die künftige Hauptstadt eines gewaltigen Dominions und der Ort, mit dem man Fleming am häufigsten identifiziert, ist 1863 kaum mehr als ein Kanalanleger und heißt By-Town, so genannt nach ihrem Gründer

Oberst By. In Ottawa, dem Fleming später einen Park und ein tropisches Arboretum stiftet, wird er sich auch ein Herrenhaus im Adam-Stil bauen. Doch das liegt ebenfalls noch in der fernen Zukunft. 1863 existiert das gewaltige Dominion noch gar nicht. Ein Großteil davon – der von der Arktis bis zur amerikanischen Grenze und von Manitoba bis zu den Rocky Mountains reichende Nordwesten – war 1676 seitens der britischen Krone an die Hudson's Bay Company abgetreten worden, und dieses Unternehmen verfügt nach wie vor darüber. Die Ostküste besteht aus drei eifersüchtig auf Abgrenzung bedachten britischen Kolonien: Neuschottland, Neubraunschweig und Prince Edward Island, die je einen gewählten Premier, eigene Gesetze und Briefmarken haben; vier sogar, wenn man die arme Verwandte Neufundland auch noch mit einbezieht.

Zwar existierte seinerzeit noch kein Staat und keine Hauptstadt, aber 1863, und besonders 1864, waren entscheidende Reifejahre für Sandford Fleming und für die noch etwas vage Idee eines neuen Kanada. In jenem Jahr sollte Fleming mehr als dreißigtausend Kilometer für das große Ziel der kanadischen Einheit herumreisen, teils vergleichsweise luxuriös, größtenteils jedoch in Tagesetappen von hundert Kilometern auf Pferdeschlitten durch die Schneewüsten Quebecs und Neubraunschweigs.

Die Hälfte seines Lebens hatte er nun in Kanada verbracht, war seit acht Jahren verheiratet, Vater von vier Kindern – insgesamt wurden es sieben –, genoss einen guten Ruf als Landvermesser, Ingenieur und politisch sehr engagierter, tatkräftiger, idealistisch denkender junger Mann. Zudem hatte er begonnen, Verpflichtungen auf sich zu nehmen, die sein Leben in den nächsten fünfzig Jahren prägen sollten. Ab 1863 öffnete sich ihm ein Weg, das Schottische und das Kanadische in ihm wieder zusammenzufügen. Seine Reise nach Schottland, England (London) und Irland machte ihn zu einer öffentlichen Figur, zu einem Visionär; ein Jahr später folgte er seiner Vision. Es war seine erste Rückkehr in die alte Heimat. Dreiundvierzig weitere Reisen dorthin sollten noch folgen.

Der Ausflug begann in einer vertrauten Stimmung, da Fleming sich von allen Aspekten der Natur und der Industrie moralisch inspirieren ließ und auf elegische Weise an seiner Wehmut und Trauer erbaute. Als er auf dem Weg nach Quebec City die Victoria Bridge von Montreal unterquerte und dann die Takelage der *United Kingdom* erblickte, schrieb er in sein Tagebuch, das als sittliche Unterweisung für seine Kinder gedacht war:

> Wie wenige denken heute bei der Durchfahrt noch an jene Männer, die sie einst erbauten, also die Planer, Maurer und Techniker; oder an jene sorgenvollen Tage, in denen Hodges stündlich das Eis erwartete, um die Gerüste unter den mittleren Tunnels entfernen zu können; wer denkt heute noch im Traum an die Heere von Facharbeitern, die den breiten Atlantik überquerten, nur um ein Nationalmonument für die Kanadier zu errichten, ein Bauwerk, das erheblich nützlicher ist als die Pyramiden, auch wenn es keine sechs Prozent abwirft – und wer fragt heute schon danach, wie viel Zinsen die bringen?

Der Ingenieurberuf, für Fleming immer eine Quelle großen Stolzes und oft tiefer Verzweiflung, bildet die Brücke zwischen Wissenschaft und Gesellschaft. Der Ingenieur berechnet die Kosten des Wandels, versteht sich auf Obligationen und Zinssätze, das politisch Mögliche, das sozial Nützliche. Er liest sozusagen die Zukunft.

Fleming illustrierte seine Tagebucheinträge, indem er Wale, Mitpassagiere, das vor den Grand Banks treibende Wrack eines Fischkutters und die Schornsteine weit entfernter Dampfschiffe skizzierte.[22] Die vielfältigen Persönlichkeiten des Sandford Fleming konnten darüber allesamt Gestalt annehmen: Ingenieur, Visionär, Kanadier, Schotte, Patriot, Organisator und loyaler Bürger des britischen Empire.

Fleming befand sich auf einer Mission, denn er trug eine Eingabe an das Londoner Kolonialamt bei sich. Die (überwiegend) wagemutigen schottischen Siedler in der Red-River-Kolonie des Nordwestterritoriums, nahe dem heutigen Winnipeg, hatten ihn gewählt – schließlich war er einer von ihnen und außerdem ein angesehener Landvermesser und Eisenbahnbauer –, um in London für eine Bahnverbindung nach Oberkanada, Ontario, zu werben, die ihre Isoliertheit abmildern sollte. Den einzigen Zugang zum Red River bildeten der immer zuvorkommende amerikanische Bahnbetrieb von St. Paul oder Flussdampfer »stromabwärts« bis zur kanadischen Grenze.[23] Dort übernahmen dann kanadische Flussdampfer oder Ochsenkarren den Personen- und Gütertransport in die Kolonie. Flüsse durchwatende Büffelherden konnten Dampfschiffe damals noch für ganze Tage zum Anlegen zwingen.

Die Kolonisten hatten geographisch gesehen allen Grund, sich abgeschnitten zu fühlen. Der Kanadische Schild, die geologisch älteste Erdformation – Granitkuppen alter Gebirgszüge, durchzogen von Seen und Sümpfen – bildet eine nachhaltige Sperre für jede Ost-West-Vereinigung. Knapp hundertfünfzig Kilometer östlich der Kolonie einsetzend, wird das Gebiet bald morastig und waldig, geht dann in endlose Weiten mit blankem Granit, mückenverseuchten Seen und modernden Lärchensümpfen über. Im Lauf der Jahre hatten Pelztrapper und *coureurs de bois,* den höher gelegenen, trockeneren Schichten folgend, einige grobe Pfade gelichtet, das wichtigste Transportmittel blieben jedoch Kanus. Die Segmentierung Kanadas im Umkreis des Lake Superior war stark ausgeprägt und scheinbar irreparabel, nichts wie das kleine Ärgernis, das die eher malerische Hügelkette der amerikanischen Appalachen darstellte.

Die geographische Lage und die Isolation, oder Furcht vor Annexion, und – oft blutige – Scharmützel mit den

Métis [24] bildeten weder die einzigen noch auch nur die vorrangigsten Probleme. Im Grunde ließ sich die Kolonie nicht durch eine Bahnlinie mit Oberkanada verbinden, bis die Nordwestterritorien, die nach wie vor zum ursprünglichen Abtretungsgebiet an die Hudson's Bay gehörten, an ein Rechtsgebilde namens Kanada übergingen, doch ein solches existierte damals noch gar nicht. Niederkanada, das von Frankreich dominierte Quebec, hätte einer derart enormen Erweiterung des englischsprachigen Oberkanada auch kaum zugestimmt. Kurz, die Verwundbarkeit, Einsamkeit und Isoliertheit der Kolonisten am Red River spiegelte die Lage von Britisch Nordamerika insgesamt wider. Großbritannien beaufsichtigte das Gebiet nicht mehr, wollte es auch schon gar nicht mehr haben, und war eifrig darauf bedacht, den Kanadiern so viel Selbstbestimmung und Kosten zu übertragen, wie diese nur schultern konnten. Doch auf dem von Amerika beherrschten Kontinent fühlten sich die Kanadier von den Briten als Schutzmacht abhängig. Bloß wollte sich Großbritannien insbesondere weder militärisch noch finanziell engagieren, um die Souveränität Kanadas bei der wachsenden Gefahr einer Annexion durch Amerika zu verteidigen.

Als sich der Bürgerkrieg 1863 entscheidend zuspitzte, begann Amerika die britischen Kolonien bereits als Feindesland und reif für die Annexion zu betrachten. Die stark auf Baumwollimporte angewiesenen und gegenüber der wachsenden Industriemacht des Nordens vielleicht etwas vorsichtigen Briten bekannten sich eindeutig zur Seite der Konföderation. Viele Nordler mutmaßten derweil, die Konföderierten oder ihre Sympathisanten könnten von kanadischen Stellungen aus Überfälle auf Unionstruppen ausführen. Solche Attacken von kanadischem Gebiet aus, so befürchteten Fleming und andere, würden nicht allein die Neutralität verletzen, sondern ließen sich auch als Vorwand für eine präventive Invasion benutzen, zumal von einem ideologisch besessenen Aktivisten wie dem amerikanischen Außenminister William Seward. Flemings englischer Freund J.W. Wood schrieb ihm von London aus: »Es ist das gute Recht des Nordens, ob er nun in der ganzen Kriegsfrage irrt oder nicht, zu verlangen, dass unser Gebiet jedenfalls nicht zur Ausgangsbasis für Angriffe auf eigene Leute wird.«

Seward, der Pionier des Expansionismus,[25] vertrat den Standpunkt, die Vereinigten Staaten seien nicht nur eine Kontinentalmacht, sondern durch ihre Dynamik und das ganze Spektrum ihrer republikanischen Tugenden dazu ausersehen, der Kontinent selbst *zu sein*, was er 1867 durch den Erwerb Alaskas von Russland bestätigte. Er machte auch keinen Hehl aus seinen Plänen für Kanada und mehrere der Karibischen Inseln. Nur wenige Jahre nach Kriegsende, schon unter der Administration Ulysses Grants, schrieb Henry Adams in seinem Buch *Education*: »[Adams] hörte in ungläubiger Erstarrung zu, als Senator Sumner seinen Plan entfaltete, sämtliche Kräfte zu bündeln, um jeden erdenklichen Anspruch Amerikas gegen England durchzusetzen mit dem Ziel, die Abtretung Kanadas an die Vereinigten Staaten zu erzwingen.«

Übrigens gibt es keinerlei Hinweis darauf, dass mehr als eine kleine Minderheit britischer Kolonisten in Nordamerika die Parteinahme des Mutterlandes guthießen: Vierzigtausend Kanadier meldeten sich freiwillig zum Kriegsdienst auf Seiten der Union. Noch vor Jahresende stellte Fleming selbst in Toronto eine siebzig Mann starke Bürgerwehr auf, um eine mögliche Invasion zurückzuschlagen. Glücklicherweise wurden seine und die militärischen Fähigkeiten seiner Truppe nicht auf die Probe gestellt.

Zu den von Fleming in seinem Schiffstagebuch notierten Seltsamkeiten der Reise, die ihn belustigten und die gewiss auch den Kindern besonderen Spaß bereitet haben dürften, gehörte eine ständige Vorverlegung der Mahlzeiten, bedingt durch den strammen Nordostkurs des Schiffes mit Ziel Glasgow. Er errechnete, dass das Mittagessen wegen des Ostkurses jeden Tag, am Hunger gemessen, um eine halbe Stunde früher serviert würde. Immer ganz der Lehrer oder der viktorianische Vater, versuchte er, sich möglichst genau auf die »Echtzeit« seiner Kinder einzustellen, indem er die nordatlantische Zeit mit der Torontos abglich:

> Am Abend unterhielten sich die Passagiere wie üblich mit Lesen, Karten- oder Brettspielen. Ich ging gegen elf Uhr an Deck, um in Gesellschaft des Kapitäns zu rauchen, der ein höchst umsichtiger Mann und ein wenig besorgt ist wegen des aufziehenden Nebels, obwohl es nichts zu befürchten gibt, außer der Kollision mit einem anderen Schiff – ein Zusammenstoß ist jedoch extrem unwahrscheinlich, da wir auch bei Tageslicht und klarem Wetter abseits »der Bänke« selten auch nur irgendeine andere Rauchwolke sehen. Ließ den Kapitän bei einer steifen südlichen Brise an Deck zurück, als das Schiff mit mehr als fünfzehn Stundenkilometern durch das Wasser jagte, und so verging der achtzigste Tag an Bord.
>
> Mittwoch, 20. Mai. Bin gegen sieben Uhr Schiffszeit aufgestanden und habe schon vor dem Frühstück eine Stunde an Deck verbracht. Wir fahren weiter, wie am Abend zuvor, auch mit dem gleichen Südwind. Der Nebel hat sich gelichtet; die Luft ist mild und feucht, der Wind stark, aber nicht kalt. Über Nacht wurden keine Schiffe gesichtet, auch sonst nichts, außer dem blauen, schäumenden Meer so weit das Auge reicht.
>
> Weder gestern noch heute bekamen wir die Sonne zu sehen, da es stark bewölkt ist, aber nach meiner Blindberechnung müsste unsere Position 49'20' Breite zu 39'32' Länge betragen, verglichen mit einer Länge von 79'20' in Toronto. Daraus folgt, dass wir etwa vierzig Grad näher an Greenwich – und damit vierzig Dreihundertsechzigstel oder rund ein Neuntel des Erdumfangs (auf dieser Breite) von Toronto entfernt – sind, sodass unsere Bordzeit der eurigen um ein Neuntel von vierundzwanzig Stunden voraus ist. Wenn also meine Standuhr

dort Mittag schlägt, haben wir hier 14.40 Uhr Schiffszeit. Zwischen gestern und heute Mittag sind wir etwa fünfeinhalb Längengrade ostwärts gefahren, und da jeder Längengrad dem Wert von vierundzwanzig Stunden geteilt durch dreihundertsechzig entspricht, zeitlich formuliert vier Minuten, müssen wir die Schiffsuhr für jeden überquerten Längengrad um ebenso viel vorstellen, das heißt heute fünfeinhalb mal vier, gleich zweiundzwanzig Minuten. Bei dem Tempo wird unser Mittagessen, das um 12 Uhr stattfindet, jeden Tag um etwa zwanzig Minuten vorrücken. Die Entfernung zwischen Quebec und Glasgow beträgt beim gegebenen Kurs des Schiffes rund viertausend Kilometer, und bis heute Nachmittag hatten wir etwa die Hälfte davon geschafft. Bei mittlerweile acht Tagen Verspätung hoffen wir sehr, auf der zweiten Hälfte wieder einen Tag zu gewinnen, und könnten in diesem Fall in etwa einer Woche im Zielhafen einlaufen.

Offenkundig wusste Fleming, wie man die Zeit berechnet, auch wenn sein Verfahren erwartungsgemäß eine seltsame Mischung aus dem Natürlichen und dem Vernünftigen war. Er rechnete mit dem nautischen Tag, der »natürlichen« Zeit auf See, anstatt den »vernünftigen« Sprung in die mittlere (angeglichene) Zeit zu machen. Die Standardisierung stellte einfach noch kein dringlich zu lösendes Problem dar – von den schwankenden Essenszeiten einmal abgesehen.

Nach der Landung in Glasgow stieß Fleming auf einen Schuhputzer, »klein Robert Gordon«, dessen forsch aggressive Art ihm eine Politur bescherte. Anschließend heuerte Fleming den Jungen an, mit ihm einen Rundgang durch Glasgow zu machen:

> Ich lud den kleinen Schuhputzer ein, mit mir zu frühstücken, was er gerne annahm. Er setzte sich mir gegenüber, und wir hielten einen langen Plausch. Er unterstützt seine verwitwete Mutter und verdient zwischen acht und zwölf Schillingen die Woche. Der Knirps verdrückte zwei gekochte Eier, eine Tasse Bohnenkaffee und zwei dicke Butterstullen zu je zehn oder

fünf Pence. Dann führte mich Robert von der Jamaica Street, wo wir gefrühstückt hatten, die Buchanan und Argyle Street entlang zu den Geschäften, und ich ließ ihn an der Börse zurück, wo er seinem Beruf nachgehen wollte. Ich fand in Robert einen aufgeweckten, entschlossenen Jungen, der es im Leben einmal zu etwas bringen will.

Nein, er versprach keine Patenschaft Kanadas, keine Berufsausbildung und kein College-Stipendium für klein Robert Gordon. Fleming ging es einfach um die (»menschliche«, wie Thoreau hätte betonen können) Anerkennung eines ihm selbst sehr ähnlichen Burschen, dessen Stolz, angeborener Fleiß und Sinn für persönliche Verantwortung ihn für die Zukunft empfahl, ganz im Geiste jenes Mannes, den sich Fleming selbst in Robert Gordons Alter zum Mentor auserkoren hatte, nämlich den Schutzpatron aller aus eigener Kraft schöpfenden, unternehmungslustigen jungen Männer mit Initiative, Mut, natürlicher Intelligenz und gepflegten Kontakten, keinen anderen als Benjamin Franklin.

Zum ersten Mal als Erwachsener war er wieder in Großbritannien, und das allererste Mal überhaupt in London. Man kann sich Fleming kaum als provinziell vorstellen, den Mann, der schließlich die ganze Welt ins Visier nehmen sollte, als er sie durch die Standardzeit und das Kabel vereinheitlichte – doch er war es, und die Metropole muss sehr beunruhigend auf ihn gewirkt haben. London, als die Hauptstadt des Empire, bildete auch das Zentrum der Welt. Zwanzig Jahre lang, während England und die Vereinigten Staaten ihre höchst unterschiedlichen politischen und industriellen Revolutionen erlebten, war Kanada isoliert und intellektuell zurückgeblieben, ohne Dynamik und ohne eine eigene Kultur. Flemings brennendes Interesse an London im Alter von sechsunddreißig Jahren erinnert eher an die erste große Liebe eines Schuljungen. Am ersten Tag lief er zwanzig Kilometer und schrieb dann weiter an seine Kinder:

> Ich könnte unmöglich die reiche Architektur der hiesigen Bauwerke und alles schildern, was ich beim Schlendern durch die Straßen Londons sehe; bin vollkommen überwältigt von dem Bemühen, das alles in mich aufzunehmen, und müsste endlos weiterschreiben, um über jegliches zu berichten, was mir zu Augen kommt oder was ich an Eindrücken in meinem Geist vorfinde; alles ist in einem großartigen Maßstab: Entfernungen, Wohlstand, Prunk, Armut und Verbrechen, und alles weiter entwickelt als in vielleicht jedem anderen Teil der Erde... wir sahen zu allen Seiten hin ein Meer von Gebäuden, die in dunstiger Ferne versanken, sodass dem Auge fast nichts blieb, um darauf auszuruhen, außer Schornsteinspitzen und Kirchtürmen im Osten das Zentrum und im Westen [*sic*] St. Paul's Cathedral.

Und wie stark muss es einen an die eher schlichte schottisch-kanadische Küche gewöhnten jungen – wenn auch schon sechsunddreißigjährigen – Hinterwäldler aus den Kolonien beeindruckt haben, ein großes viktorianisches Festmahl serviert zu bekommen, wie es am 10. Juni 1863 beim Civil Engineers Annual Dinner geschah? Immerhin würdigte er das Erlebnis hoch genug, um sich die Speisekarte aufzuheben. Man tafelte von 18.30 bis 23.30 Uhr, und danach offenbar noch weiter. Die Speisekarte liest sich wie ein Auszug aus *Tom Jones* und weckt alte Bilder vom Lachsfang, der Büffeljagd, von Taubenfallen und Großwildsafaris.

Das war London auf seiner vollen imperialen Höhe. Man kann sich die Spiegel und Lüster, die Scharen von Kellnern, den in der Luft hängenden Zigarrenrauch bildhaft vorstellen. Schatzkanzler Gladstone, nach ihm der Oberbürgermeister, dann der Earl of Caithness und, wie Fleming es ausdrückte, »eine angeheiterte Hoheit irgendeiner Art vom Kontinent«, hielten Tischreden.

Erster Gang

Erbsensuppe   Ochsenschwanzsuppe   Kalbskopfsuppe
Lachs   Merlan   Steinbutt
Gegrillter Lachs mit pikanter Sauce
Heringskönig à la Hollandaise   Seebarbe en Papillote
Côtelettes de Saumon à l'Indienne
Geschmorte Aale   Forelle   Schollen à la Normandie
Weißfisch

Zweiter Gang

Entrées
Fricandeau de Veau à l'Oiselle   Kari d'Homard au Riz
Côtelettes d'Agneau aux Épinards
Côtelettes aux Concombres
Ris de Vaux aux Tomates
Poulet à la Marengo   Suprême de Volaille

———

Lammvorderviertel   Hammelrücken
Geröstete Kapaune aux   Geschmorte Hühnchen
Champignons   à la Financière
Speckbohnen
Yorker Schinken   Côte de Boeuf à la Jardinière   Ochsenzungen
Geröstete Hähnchen   Kalbsolivenpastete
Taubenpastete   Gekochte Hühnchen
Spargel   Blumenkohl   Salate   Neue Kartoffeln

Dritter Gang

Wachteln   Junghasen   Perlhühnchen   Entchen   Gänschen
Französische Bohnen   Pilze   Grüne Erbsen
Garnelen   Hummersalat
Kabinettpudding   St.-Clair-Pudding
Kuchen   Grütze   Cremes   Baisers
Charlottes de Fraises   Richmond Maids of Honor
Feingebäck Torten
Omelettes aux Confitures   Orangenbeignets   Kastanienpudding
Weine und Liqueure
Sherry   Madeira   Hock   Champagner   Moussierender Hock & Moselle
Alter Port   Château Lafitte
Curaçao   Marascino   Eau de Vie   Usquebaugh
Dessertkaffee

Am 1. Juli, jenem Datum, das vier Jahre später die Geburt der Kanadischen Konföderation kennzeichnen sollte, fuhr Fleming mit der *Great Eastern* von Liverpool aus zunächst in Richtung New York, wobei die amerikanischen Passagiere am 4. Juli 1863 zu ihrem Nationalfeiertag spontan ein kleines Fest organisierten. Man stichelte Fleming, er solle an der Spitze einer Deck-Parade die amerikanische Flagge tragen, wozu er sich auch bereitfand, doch nur sofern ein Amerikaner in gleicher Weise den Union Jack ehren würde. Der darin einwilligende Patriot, ein gebürtiger Ire namens William Dawson, wurde später Bürgermeister von St. Paul in Minnesota und Fleming ein lebenslanger Freund.[26]

Die Rückreise von Liverpool bis zur ersten Landkennung in Nordamerika, Cape Race (Neufundland), dauerte nur acht Tage – also ein Sechstel der Zeit seiner ersten Überfahrt von 1845. Als das Schiff jedoch südwärts in Richtung New York weiterfuhr, setzte dichter Nebel ein, wie es vor den Grand Banks und an der Küste Neuenglands oft geschah, sodass man bis zum Hafen von New York wegen vorsichtigen Navigierens nochmals zehn Tage brauchte. Die Stadt feierte gerade den kurz zuvor gemeldeten Sieg der Unionsstreitkräfte bei Vicksburg, ein Ereignis, das die verschiedenen Ausländer an Bord leicht befremdete.

Fleming war für die Reise zum »Schiffshistoriker« ernannt worden, ein Brauch der damaligen Zeit, um die Überfahrt auf witzige und reizvolle Weise aufzubereiten und den Bericht dann in der Lokalpresse zu veröffentlichen. Er saß noch an seiner Niederschrift, als das Schiff am Sund von Long Island anlegte, ebenso als die Lotsenmannschaft an Bord kam und die Erfolgsmeldung der Unionisten verbreitete; in der Version Flemings hieß es, »dass General Lee bei seiner Invasion der Staaten nördlich des Potomac das Schlimmste von allem abbekam«. Die Passagiere versammelten sich an Deck, um den Kapitän zu beglückwünschen und sein Schiff zu lobpreisen. Herr Fleming, immer ganz Ingenieur, ermittelte, dass der Dampfer dreihundert Tonnen Kohle verbraucht hatte und daher jetzt einen Meter höher im Wasser lag als beim Auslaufen in Liverpool. Sodann überreichte er seinen Artikel, der am nächsten Tag unter der Schlagzeile »Neue Kanada-Passage vorgeschlagen« in der Kolumne Marine Affairs des *New York Herald* erschien. Der Text ist auf seine Weise ein ebenso bemerkenswertes Stück Prophetie wie John Howes Rede von 1851, worin er mit keinem anderen Rückhalt als dem Atlantischen Ozean schon die Pazifik-Eisenbahnlinie vorausgesagt hatte.

Flemings Vorschlag stand dem Geiste nach seinen beiden großen Zukunftsprojekten, der Standardzeit und dem weltweiten Kabel, näher als irgendeiner der bis dahin schon vollbrachten Leistungen.

> Vor zwanzig Jahren galten fünf bis sieben Wochen als eine zumutbare Dauer für die Überquerung des Atlantiks, und obwohl durch die Mitwirkung von Wissenschaft, Eisen und Dampfkraft schon vieles erreicht wurde, um Ozeanfahrten ihren Schrecken zu nehmen, lässt sich mühelos einsehen, dass noch erheblich mehr geleistet werden muss, bevor ein echter Linienverkehr zwischen Europa und Amerika ins Leben gerufen werden kann.
>
> Wir brauchen weitere *Great Easterns* und müssen die Zeit an Bord auf die geringstmögliche Anzahl von Tagen absenken. Die Hälfte der Zeit, die wir mit diesem prächtigen Schiff fuhren, entfiel auf langwierige Küstenmanöver, und ich kann nicht glauben, dass den Reedern mehr daran liegt, uns auf See zu halten, als uns selbst daran, auf dem Festland zu verbleiben. Ich spreche hier nicht für mich persönlich, da ich Seereisen eher liebe, zumindest wenn die Zeit es zulässt, sondern für die Mehrzahl der Passagiere, denn es scheint klar auf der Hand zu liegen, dass sich Ozeanreisen letzten Endes auf den kürzest möglichen Zeitraum beschränken sollten.
>
> Als großer Buhmann gilt von jeher die lange Dauer der See-

reisen und die Seekrankheit, die sie bisher unweigerlich begleitet hat. Nun würde sich aber die Fahrtzeit halbieren, wenn es außerdem eine geeignete Landverbindung zwischen der Ostküste Neufundlands und den Eisenbahnlinien Amerikas gäbe. Dabei kann die Seekrankheit an Bord der *Great Eastern* kaum Fuß fassen. Ich meine, der Schiffsarzt möchte berichten, dass unter den ungefähr fünfzehnhundert Seelen an Bord weniger Krankheiten auftraten als durchschnittlich in einem Städtchen der gleichen Einwohnerzahl.

Nun beträgt die Entfernung zwischen Irland und Neufundland weniger als dreitausend Kilometer, die bei einem Tempo von fünfundzwanzig Stundenkilometern in etwa viereinhalb Tagen zurückgelegt würden. Die *Great Eastern* bewältigt diese Strecke mühelos in fünfdreiviertel Tagen, und berücksichtigt man, was sie noch zulegen könnte, so bin ich sicher, dass ein Rahmen von fünf Tagen für die Überquerung des Ozeans durchaus reichlich bemessen wäre. Was nun die Anbindung St. Johns oder eines ähnlich guten Hafens an der Atlantikküste Neufundlands an das Eisenbahnnetz im Landesinneren angeht, so zeigt ein Blick auf die Karte, dass der direkteste Weg wäre, Neufundland mit einer knapp vierhundert Kilometer langen Bahnlinie bis an den Golf von St. Lawrence zu durchqueren, dort eine Dampffähre nach Gaspé einzurichten – etwa mit der dreifachen Strecke der Fähre zwischen Holyhead und Dublin – und von da aus die Grand Trunk Railway bis ins Innere der Vereinigten Staaten, nach New York und nach Kanada zu verlängern. Um diese Route zu schaffen, wären etwa sechshundert Kilometer Trassen zu verlegen, daneben benötigte man eine ausreichende Anzahl von Ozeandampfern im Stil der *Great Eastern* und starke Dampffährschiffe, um den Golf von St. Lawrence zu allen Jahreszeiten überqueren zu können.

Betrachten wir kurz, was durch einen solchen Linienverkehr im bezeichneten Maßstabe gewonnen wäre. Die Reise von New York nach London ließe sich in rund siebeneinhalb Tagen bewältigen, die von Chicago nach London in acht, wobei die Ozeanpassage nur noch fünf Tage dauern und man mit Dampfern wie diesen jede andere Linie zumindest des Personenverkehrs völlig in den Schatten stellen würde. Wenn ein solcher

Passagierservice entstünde, hätten die gebotene Bequemlichkeit, Kürze und Behaglichkeit der Reise zur Folge, nicht nur den Verkehr auf die kürzeste Strecke zwischen den beiden Kontinenten zu konzentrieren, sondern auch das Fahrgastaufkommen stark zu erhöhen. Damit würde die Passage in der Tat zur großen Brücke zwischen Alter und Neuer Welt, und wahrscheinlich könnten die erwähnten Vorteile der Reise den Verkehr so kräftig steigern, dass binnen weniger Jahre eine tägliche Verbindung von *Great Easterns* ins Leben gerufen und der Atlantik gleichsam mit einer »Kette« dampfgetriebener schwimmender Luxushotels überzogen würde.

Sandford Fleming war in eine ganz neue Phase eingetreten. Er hatte die Petition in Sachen Red River ausgehändigt, und sie war mit Respekt aufgenommen worden, allerdings auch mit der zu erwartenden Empfehlung, die Kanadier sollten ihre Eisenbahn mit dem Segen und der Zustimmung Londons doch bitte selbst planen. Bei seinen britischen und amerikanischen Kollegen hatte er nicht nur Anerkennung gefunden, sondern auch eine beglückende Vision von der Zukunft Kanadas als ein echter und ernst zu nehmender Mitspieler in der nordamerikanischen Szene. Selbstverständlich gab es damals noch gar kein Kanada. Der Kontrast zwischen den vom Bürgerkrieg zerrütteten Vereinigten Staaten, dem in der vollen Blüte seines Empire stehenden Großbritannien und dem »Gesindel« Ober- und Niederkanadas war nie zuvor stärker ausgeprägt gewesen.

Im Herbst und Winter 1863/64 sah sich Fleming beauftragt, das Land östlich und südlich von Quebec City, die Kolonien Neubraunschweig und Neuschottland, zu kartographieren: Man könnte sagen, sofern alles gut ging, eine »Machbarkeitsstudie« für den Bau der lange überfälligen Intercolonial Railroad von Quebec City nach Halifax durchzuführen. Eine solche Linie würde die Seehäfen

Halifax und St. Port in Neubraunschweig nicht nur mit den Flusshäfen Quebec und Montreal verbinden, sondern auch mit der Grand Trunk Railway nach Toronto und weiter ins Landesinnere.

Wegen Grenzstreitigkeiten zwischen den Vereinigten Staaten und den britischen Kolonien galten die früheren britischen Landkarten nur noch bedingt. So stand ein Großteil des Gebietes, das ursprünglich für britische Erschließungen vermessen worden war, darunter der ganze Norden Maines, inzwischen unter amerikanischer Verwaltung. Fleming meinte, die Vereinigten Staaten hätten weder beabsichtigt, den Norden Maines zu fordern, noch erwartet, ihn zu je bekommen; andernfalls jedoch würde sich ihr Anspruch zweifellos auf fehlerhaftes Kartenmaterial stützen. Hätte England standgehalten und solide kartographische Beweise vorgelegt, so wäre der Norden Maines in britischer Hand geblieben und die Passage zwischen Quebec City und Saint John hätte vergleichsweise direkt verlaufen können. Wegen des aus seiner Sicht sträflich dummen Verhaltens Londons musste er nun einen großen Bogen um den Norden Maines schlagen, was die Trasse um Hunderte von Kilometern verlängern und die Baukosten um Millionen von Dollar erhöhen würde.

Fleming spannte selten Amerikaner ein, um die Trägheit Londons nach Kräften auszunutzen. So hatte das Londoner Kolonialamt immerhin den relativ geringen Schaden der Abtretung Maines gegen die möglicherweise ausufernden Kosten seiner Verteidigung abgewogen. Wenn Fleming im Lauf der Jahre immer klarer für die Treue zum Empire eintrat, gestützt auf die gemeinsame Geschichte, Kultur und Regierungsform, so tat er dies jedenfalls noch stärker für das weltweite Netzwerk der miteinander verbundenen Staaten der Krone, das bald den offiziellen Namen British Commonwealth tragen sollte.

Immer das Multitalent, wie wir heute sagen würden, vermaß Fleming nicht nur die Hügel und Wälder Neubraunschweigs für den Bau einer Bahnlinie, sondern verband diesen Auftrag mit dem Eintreten für die politische Sache der kolonialen Einigung: ein Groß-Kanada zu schaffen, Ober- und Niederkanada mit den Küstenkolonien zu verschmelzen und die enormen Besitzungen der Hudson's Bay Company im Herzen des Kontinents zu annektieren. Da die Vereinigten Staaten eine ständige Bedrohung blieben, so erkannte er neben anderen, musste man, um die vielen weit verstreuten Teile Britisch Nordamerikas zu retten, vor allem ein einheitliches Gefüge schaffen, wie sehr das auch den einzelnen Kolonialpremiers, die dadurch ihre Ämter zu verlieren drohten, gegen den Strich gehen mochte.

Am 1. September 1864 verband sich Flemings berufliche Aufgabenstellung als Landvermesser bei der Konföderationstagung in Charlottetown, Prince Edward Island, mit einer politischen Mission. Von der Insel brachte er den Protokollführer der Konferenz J. W. Wood mit zurück nach Quebec, einen jungen Engländer, dessen erhaltener Briefwechsel ein bewegender Bericht über eine fast symbolische Phase der kanadischen Staatsbildung ist. Der in Gesellschaft von Sandford Fleming verbrachte Sommer – ob in den Wäldern, auf Kutschen und zu Pferde, in Kanus oder zu Fuß in abgelegenen Dörfern, respektive in den geschmackvollen Häusern ihrer Honoratioren – sollte Wood für den Rest seines Lebens als eine traumschöne Erinnerung begleiten.

Auf einer gewissen Ebene handeln die Briefe von Flemings gutem Organisationstalent, mit dem er die politische Grundlage schuf, um die führenden Köpfe der Kolonie unter einen Hut zu bringen; auf einer anderen Ebene klang in Woods Rückblick nach vierzig Jahren noch an, dass jene Sommerwochen von 1864 eine wahrhaft gesegnete Zeit waren, in der er, J. W. Wood, sich einen wenn auch bescheidenen Zugang zu einem bedeutsamen Kapitel der britischen, wohlgemerkt niemals kanadischen, Geschichte eröffnete: Er war bei der Zeugung, wenn auch nicht ganz der Geburt, einer Nation zugegen. Man kann sich Wood und Fleming schwerlich *nicht* als Figuren auf einem kolossalen Landschaftsgemälde vorstellen, zwei junge Männer zu Pferde, die auf schlammigen Pfaden durch einen dunklen Wald reiten, neben sich einen Fluss voller Lachse, in der Ferne tiefrote Hügel, und in der Nähe steigt aus dem Kamin einer Hütte Rauch auf.

Durch Woods Briefe erfahren wir auch, wie sehr Fleming von einer überaus widersinnigen, bizarren Idee[27] angetan war, die man eher dem irischen Überschwang ihres Urhebers D'Arcy McGee als einem Abfall Flemings von seiner schottischer Skepsis zuschreiben sollte.

Da historisch verbürgte, offizielle Protokolle über die Beratungen von Charlottetown nicht vorliegen, ist es einigermaßen überraschend, aus Woods Briefen zu erfahren, was für phantasievolle – oder auch nur schlicht enthusiastische – Ideen damals zum Teil vorgetragen wurden. So hatte zum Beispiel der überzeugendste Fürsprecher der Konföderation, Flemings enger Freund D'Arcy McGee, ernsthaft angeregt, all die verschiedenen Kolonien Britisch Nordamerikas unter einem Prinzen aus der königlichen Familie Englands und einer Tochter (sofern vorhanden) des französischen Königshauses zu vereinigen. Wood zufolge pflichtete Fleming selbst dem Plan vollen Herzens bei:

> [Der Vorschlag] hätte den glücklichsten Einfluss auf das Schicksal der nordamerikanischen Provinzen, und die französische Bevölkerung würde ihn als ein großes Kompliment aufnehmen. Eine solche Loyalitätsbekundung könnte, indem sie sich mit ihrer derzeitigen Treue zu England verbände, die noch schwelenden Erinnerungen an das Land ihrer Herkunft überlagern. [...] Zumindest spräche sie nachdrücklich jene Regungen an, für die das französische Temperament so über-

aus anfällig ist, und würde damit ungeheuer das Gefühl für die gemeinsame Heimat mit gemeinsamen Interessen stärken, die es um jeden Preis zu fördern und auszubauen gilt.

Obwohl uns kein Maß der Unkenntnis zwischen den beiden Gründungsnationen Kanadas überraschen sollte, kann es nur ganz entfernt als wahrscheinlich gelten, dass Frankokanadier, die damals schon seit hundert Jahren keinen französischen Obrigkeiten mehr gehorchten – Relikte einer vorrevolutionären Kultur, katholische Ketzer (Jansenisten), erzogen nach einem Dogma, welches das nachrevolutionäre Frankreich als reines Teufelswerk verdammte –, einen Thronanwärter aus dem Königshaus Galliens geduldet hätte.

Wood kehrte alsbald nach England zurück, und dann trieb ihn »die Strömung seines Schicksals«, wie er sich ausdrückte, für die folgenden vier Jahrzehnte nach Indien, wo er in Bombay das Unternehmen Baroda & Western aufbaute. Während der beiden Jahre bis zur Bildung der Konföderation fand er häufig Anlass, über die Unmöglichkeit, ja sogar Sinnlosigkeit des kanadischen Projekts nachzudenken. Ab und zu äußerte er umstürzlerische Motive und bat seinen alten Freund, ihm das ja nicht anzukreiden. Im Jahr 1866 schrieb Wood von Bombay aus:

> Auch wenn ich gewöhnlich nicht annehme, dass es sehr bedeutungsvoll für England oder die Welt als Ganzes ist, ob jenes großartige Land, das heute unsere nordamerikanischen Territorien darstellt, ganz im britischen Interesse erschlossen wird oder nicht: Solange man es doch im Dienste der Menschheit erschließt, kann ich, der als Außenstehender daraufblickt (und ich befürchte, Sie mögen sagen, als ein missgünstiger, obwohl das nicht stimmen würde), mir für unsere nordamerikanischen Provinzen ein erheblich schlimmeres Schicksal vorstellen als deren Eingliederung in die Vereinigten Staaten, wobei ich zu der Annahme neige, dass es früher oder später dazu kommen wird. Die USA werden mit der Zeit das ganze Land

haben wollen, zumindest diese und ähnliche Fragen nach einer Weile wieder hitzig erörtern; und obwohl England selbstverständlich, auch durch sein Ehrgefühl dazu gehalten, im Kriegsfall auf Seiten der Kolonien kämpfen würde, kann ich, es tut mir Leid, nicht einsehen, dass sich ein solches Risiko für die Kolonien oder für England lohnen würde. [...] Und blickt man auf die weitere Entwicklung des noch unerschlossenen Landes, so erscheint es mir im Interesse der Menschheit vergleichsweise unerheblich, ob der Ausbau nun von einem Volk namens Engländer oder Amerikaner besorgt wird.

Solange die Kanadier ihre Aussichten für eine Konföderation nicht durch kleinliche Eifersüchteleien oder dynastische Phantasien selbst zunichte machten, konnte man fest darauf zählen, dass die Vereinigten Staaten alle rechtlich zulässigen Barrieren, im Vorfeld einer Invasion, aufbauen würden, um diese zu vereiteln.[28] Der wirtschaftliche und diplomatische Druck Amerikas erwies sich in vieler Hinsicht als schädlich für das Ziel der Annexion. Er zwang nämlich zur Bildung einer Konföderation und beschleunigte außerdem den Bau der Canadian Pacific Railroad.

Als US-Außenminister Seward 1867 den Russen Alaska abkaufte, geschah das in erster Linie, um die Einigung Kanadas zu hintertreiben und zu verhindern, dass die Briten ihre pazifische Küstenlinie noch weiter ausdehnen konnten. Der vielfach belächelte Kauf Alaskas (»Sewards Dummheit«, »Sewards Eiskiste«) bildete keinen Selbstzweck, sondern einen strategischen Baustein für die spätere Amerikanisierung der ganzen nordamerikanischen Landmasse.[29] Senator Sumner, der Vorsitzende des Ausschusses für Äussere Angelegenheiten, bezeichnete den Erwerb Alaskas später als »einen klaren, sichtbaren Schritt zur Besetzung des gesamten nordamerikanischen Kontinents«. Kurz vor der Beendigung seiner politischen Tätigkeit verhandelte Seward 1869 noch mit Dänemark über den Kauf der Jungferninseln, die schließlich unter Anwendung von etwas Druck 1917 erworben wurden, und Grönlands.

Es mag heute bizarr erscheinen, aber die Beziehungen zwischen Kanada und den Vereinigten Staaten litten unter jahrzehntelang getriebenem rhetorischem Missbrauch, unter Momenten, in denen Kanadas historische Furcht vor der Annexion mindestens genauso stark war wie der Groll Amerikas allein schon bei der Vorstellung, eine fremde Grenzmacht neben sich dulden zu müssen. Während der gesamten siebziger und achtziger Jahre, solange der Expansionismus ein lebendiges Anliegen blieb, konnte man fest damit rechnen, dass regierungstreue Zeitungen wie die *Chicago Tribune* die Temperatur stets kurz vor dem Siedepunkt halten würden, sollte Kanada weiterhin blind für das Unumgängliche bleiben:

> Wenn je ernsthafte Misshelligkeiten zwischen den Vereinigten Staaten und Großbritannien aufkämen, so würde es nicht lange dauern, bis starke amerikanische Verbände die Grenze überschritten, und die Annexion würde so schnell erfolgen, dass es dem Marquis [de Lorne, als Generalgouverneur] darüber gewiss schwindelig würde.

Und später erneut:

> Wir sind bei den Kanadiern vieles hinzunehmen bereit, was unter keinen Umständen geduldet würde, wenn wir es direkt mit den Briten selbst zu tun hätten. Heute teilen sich die Vereinigten Staaten und Kanada die Großen Seen und den St.-Lawrence-Fluss. Wir lassen zu, dass unsere Grenze auf einer Länge von fünftausend Kilometern mit Zollämtern übersät ist, an denen sie den amerikanischen Personen- und Güterverkehr inquisitorischen Kontrollen unterziehen, ertragen es, dass sie unseren Grenzverlauf stören, fügen uns geduldig in viele Ärgernisse, weil wir meinen, dass sie schwach sind und es kleinlich wäre, uns über sie zu ärgern. Sollte sich allerdings »die Majestät« des United Empire selbst zwischen die beiden Län-

der stellen, so könnten die Vereinigten Staaten durchaus beschließen, dass unsere Nation einschreiten und den britischen Löwen einmal kräftig am Schwanz packen sollte.

Flemings Werdegang als Manager offenbart einen weiteren recht merkwürdigen Charakterzug. Nicht nur in seiner Eigenschaft als Ingenieur, sondern in allen seinen Lebenslagen bis zur Standardzeit-Bewegung blieb er erstaunlich zurückhaltend, man könnte auch sagen: ein Vorreiter wider Willen. So überließ er anderen die Führungsrolle und Anerkennung – vielleicht ja deshalb, weil er eben mit Leib und Seele Ingenieur war und darin eine tragische Berufung sah. Als Chefingenieur delegierte er Verantwortung an Poliere, die ihn später anfeindeten. Als er 1850 das Canadian Institute mitgründete, bevorzugte er das Amt des Kassenwartes vor jenem des Präsidenten. Bei Flemings erster Inspektionsreise westwärts für die Canadian Pacific Railway im Jahr 1872 ernannte er seinen besten Freund, Reverend George Grant, zum Expeditionschronisten, woraus dessen klassischer Bericht *Ocean to Ocean* hervorging; als er um Unterstützung für die Konföderation warb, führte J.W. Wood die Korrespondenz und D'Arcy McGee hielt die Reden. Bei der Prime Meridian Conference – die in vieler Hinsicht Flemings Konferenz war – musste er sich als Repräsentant des noch nicht existierenden Staates Kanada gleich einem Satelliten an die britische Delegation »dranhängen«. Am Ende seines Lebens schrieb er sogar keine Autobiografie, sondern diktierte seinem Freund Lawrence Burpee eine Art Bilanz mit dem Titel *Empire-Builder*.

Die Pflichten des Ingenieurs stellte Fleming oft als eine Art säkulare Religion dar, deren Regeln nicht weniger streng seien als der Hippokratische Eid. In seinen Augen eignete dem Ingenieurswesen etwas Edles, je beinahe Tragisches. Im Jahr 1863 rühmte er seinen Beruf fast im Geiste des Predigers Jesaja: »Es gehört zu den Missgeschicken jenes Standes, dem anzugehören ich stolz bin, dass es unser Los ist, zu machen, ohne zu genießen: Kaum haben wir eine unebene Stelle geglättet, da müssen wir auch schon wieder zu einem neuen Gebiet weiterziehen und es anderen überlassen, das von uns Geleistete zu nutzen.« Und bis 1876 hatten sich seine demütigen Ansichten nur noch vertieft:

> Ingenieure sind, wie Sie alle wissen, in der Regel nicht gerade Sprachgenies. Andernfalls würden sie wahrscheinlich danach streben, ihre Lorbeeren in einem anderen Feld zu verdienen. [...] Als Schweiger, die wir nun einmal sind, stünde uns eine solche Ambition schlecht zu Gesichte: Wir können weder auf Gewinn oder staatliche Ämter hoffen, noch Ruhm in der Presse oder auf der Kanzel anstreben, sollten uns vor allem von der Politik fernhalten. Ingenieure müssen in einer ganz eigenen Sphäre wirken, eher Taten als Worte sprechen lassen, sich mehr um die Materie als um den Menschen kümmern; die Natur in ihrer Wildheit bereitet ihnen Schwierigkeiten, die es zu überwinden gilt. Ihre Lebensaufgabe besteht darin, gegen diese Schwierigkeiten anzukämpfen und so Wege zu ebnen, damit andere diese beschreiten können. *Dabei ist es ihr Sonderrecht, zwischen den beiden großen Kräften zu stehen, dem Kapital und der Arbeit, und wenn sie immer gerecht zwischen Unternehmern und Beschäftigten vermitteln, dürfen sie hoffen, sich den Respekt sowohl der Vorgesetzten als auch der Untergebenen zu verdienen.*[30]

Diese Worte erwiesen sich nicht allein deshalb als prophetisch, weil sie an ein Klagelied erinnern. Fast wie mit einem Blick in die eigene Zukunft hatte Fleming darin ein Urteil über den Zustand Kanadas und seine eigene Rolle beim Bau der Canadian Pacific Railway gefällt.

Die unwegsamen Sumpfmoore zwischen dem Lake Superior und der Grenze Manitobas stellten sich als regelrechte Binnenmeere aus einem gallertartigem Torf dar, die tonnenweise Kieselsand schluckten, ganze Güterzugladungen, ohne dass man sie je hätte auffüllen können. In einem

Areal lagen sieben Trasseschichten eine über der anderen versenkt. Ein fünfhundert Kilometer langer Abschnitt in den Sümpfen Ontarios konnte genauso viel Personal und Geld erfordern – allein an der Sektion des Lake Superior arbeiteten neuntausend Mann – wie das Sechsfache einer Steppentrasse. Es gab kein Drehbuch, keine gesicherten technischen Vorgaben, auf die man sich hätte stützen können. Die Spreng-, Auffüll- und Brückenbauarbeiten am Kanadischen Schild kosteten mehr als siebenhunderttausend Dollar je Meile. Die wirtschaftlich sinnvollste Lösung, nämlich die Strecken zwischen Chicago und dem nördlichen Minnesota mitzunutzen, war selbstverständlich aus politischen Gründen nicht durchsetzbar.

Der Schlussakt in der Ingenieurslaufbahn Sandford Flemings war geprägt durch sein Unvermögen, sich für eine passende Strecke durch die Rocky Mountains zu entscheiden – nämlich entweder über den nördlichen (westlich des heutigen Edmonton verlaufenden) Yellowhead- oder den südlichen Kicking-Horse-Pass. Weil Fleming dieses Problem nicht zu lösen vermochte, vergeudete er viele Jahre mit Prüfungen, zweiten und dritten Optionen und schließlich einer erneuten persönlichen Vermessung. Seine Unentschlossenheit hatte zur Folge, dass Bau- und Planungsmannschaften bezahlt und unterhalten werden mussten, oft aber während der eisigsten Wintermonate untätig auf dem Kontinent herumsaßen. In dieser anstrengenden, lohn- und personalintensiven Sparte des Eisenbahnbaus war es schwierig, die Mannschaften beisammenzuhalten, besonders wenn der Chef selbst ratlos in Ottawa und London umherzuirren schien. Einige Mitarbeiter schieden aus, andere beschwerten sich bei Fleming oder gleich direkt beim Parlament; wieder andere verdingten sich einfach kurzerhand beim amerikanischen Straßenbau.

Das Jahrzehnt der Zeit, 1875 bis 1885

Um 1875 brachte die Durchsetzung der menschlichen Vernunft gegenüber den Abläufen der Natur bei allen Künsten und Wissenschaften vielfältige Entdeckungen und Erfindungen hervor, was bekanntlich das viktorianische Vertrauen in die Annahme begründete, der Mensch sei jetzt nicht mehr nur passiver Rezipient eines ihm verordneten »natürlichen« Universums. Nun konnte er die ganze Natur erforschen und gestalten. Die Fähigkeit, sich fernmündlich zu verständigen und Licht ins Dunkel zu bringen, den Atlantik überquerende Luxusdampfer, transkontinentale Eisenbahnen sowie eine neuartige persönliche Druckerpresse namens Schreibmaschine veränderten die Welt in einer erregend, für einige sogar alarmierend ungewohnten Weise. Doch die abgetragene Hülle der Zeit, jene schwere, von der Tradition und Natur übergestülpte Zwangsjacke, hemmte den Fortschritt. Jedenfalls veränderten Gesellschaften sich schneller, als sie imstande waren, die Zeit zu messen.

Bevor Eisenbahnen begannen, jeden »zivilisierten« Winkel der Erdkugel – wie die Viktorianer es stolz ausdrückten – in ihr Netz einzubinden, hatte die Sonne den natürlichen Rhythmus festgelegt. Zwischen zwei um hundertsechzig Kilometer voneinander entfernten Städten lagen zeitlich gesehen knapp acht Minuten; wenn nun Züge hundertsechzig Kilometer in weniger als zwei Stunden zurücklegen konnten: Welche von beiden gebot dann über die »amtliche« Zeit? Was sollte man als Standard ausgeben? Die

Züge selbst mochten sogar von einer achthundert Kilometer entfernten Ortschaft kommen. Wem also »gehörte« die Zeit – den Städten entlang der Strecke, den Fahrgästen oder etwa der Eisenbahngesellschaft?

Die Last hatten allein die Fahrgäste zu tragen, denn die Zeit gehörte offenbar den Veranstaltern. Wenn sie auf größeren Bahnhöfen umsteigen und dabei die Linie wechseln mussten, forschten amerikanische Zugreisende die an einer Wand hinter dem Fahrkartenschalter angebrachten Uhren aus, auf denen man die jeweiligen Zeitstandards der miteinander konkurrierenden »Strecken« ablesen konnte. Auf den Uhren stand indes nicht: »New York«, »Chicago«, »New Orleans« oder »Cincinnatti«, sondern: »Erie & Lackawanna«, »New York Central«, »Baltimore & Ohio«. Jede der Einzelzeiten gab den Standard des einschlägigen Unternehmenssitzes wieder. So hielt die Pennsylvania Railroad entlang ihrer gesamten Route an der Zeit von Philadelphia fest, die New York Central hingegen an der »Vanderbilt-Zeit« der Grand Central Station. Wollte ein Passagier wissen, wann er ankommen würde, so musste er den Zeitstandard der betreffenden Bahnlinie kennen und ihn bei Abfahrt und Ankunft richtig in die jeweilige Ortszeit umrechnen.

Wenn zum Beispiel ein Geschäftsmann aus Philadelphia um 1870 einen Termin in Buffalo hatte und im damaligen Pittsburg umstieg, so musste er selbstverständlich die Abfahrtszeit nach der Ortszeit Philadelphias kennen (wie es noch heute der Fall ist) – sofern der Zug nicht aus Washington oder New York kam: Dann fuhr er nämlich zu den Ortszeiten jener Bahnhöfe ab, was einige Minuten vor oder nach der Ortszeit Philadelphias bedeutete. Jeder musste sich also selbst darum kümmern, die genaue Abweichung zu ermitteln. Anschließend trat man dann in eine Grauzone recht unübersichtlicher Zeiten ein.

Das um fünf Längengrade westlich von Philadelphia

gelegene Pittsburg vertraute auf die Sonnenuhr, und in seinen Meridian trat die Sonne zwanzig Minuten später ein als in den von Philadelphia. Jener Zug, den man in Pittsburg bestieg, um nach Buffalo zu fahren, kam jedoch aus Columbus, Ohio, das nur drei Grad westlich von Pittsburg liegt, übersetzt: zwölf Minuten vor der Pittsburger Ortszeit respektive zweiunddreißig Minuten vor der Philadelphias. Kamen Züge aus Philadelphia nach dortiger Zeit um 17 Uhr in Pittsburg an, so erreichten sie ihr Ziel nach Ortszeit bereits um 16.40 Uhr (was allerdings nur dann eine Rolle spielte, wenn man dort ausstieg, um in der Stadt zu verweilen), während der Zug aus Columbus zwölf Minuten früher, um 16.28 Uhr dortiger Zeit einträfe. Und wenn man schließlich in Buffalo einführe (ohne seinen Zug verpasst zu haben), so schlügen einem die drei amtlichen Zeiten dieser Stadt entgegen, beruhend auf den drei sie anfahrenden Eisenbahngesellschaften: philosophisch betrachtet eine Absurdität, die Professor Charles Dowd bereits 1869 zu einem ersten ernsthaften Versuch einer Normierung der Zeit veranlasst hatte. In den Augen Dowds führten die Zeitkonflikte zu einer unerträglichen Situation. Die Fahrgäste wurden auf eine heute gar nicht mehr vorstellbare Weise für die Zeit und für jede ablaufende Minute übersensibilisiert. Bei vielen Zeitgenossen löste das an tiefe Seelenpein grenzende Ängste aus.

Daher erscheint es uns heute kaum verwunderlich, wenn ein Kind der britischen Normalzeit wie Oscar Wilde – der diese zugleich heiteren Gemütes verachtete – zum Leben in Amerika bemerkte, die Menschen seien hauptsächlich damit beschäftigt, »Zügen hinterherzulaufen«. Ebenso wenig mag es uns erstaunen, dass Sandford Fleming davor warnte, einen unzutreffenden Begriff wie »Ortszeit« auch nur in den Mund zu nehmen.

All die verschiedenen Ortszeiten von Pittsburg, Buffalo und Philadelphia traten in ein und demselben kosmischen

Augenblick auf. Doch über wessen »Jetzt« sprechen wir dabei eigentlich? Das hängt ganz davon ab, was »jetzt« bedeuten sollte, denn das »Jetzt« setzte sich aus drei, sechs, fünfzig, ja unendlich vielen getrennten Zeiten zusammen, die durchweg amtlich galten und genau waren. Heute sind jene besagten drei Zeiten alle in der östlichen Zone unter einen Hut gebracht, doch für den Herrn von damals blieben sie bis zur Eisenbahnstandardisierung für Nordamerika von 1883 – also nur ein Jahr vor der Weltkonferenz – rechtmäßig streng voneinander geschieden. Damit oblag es allein dem Reisenden – der die knapp zwanzig Kilometer dicke »Seifenblase« der Ortszeit anstach – und nicht dem Veranstalter, die fällige Anpassung vorzunehmen.

Der arme Fahrgast merkte es selbstverständlich noch nicht, aber seine Nöte hatten hinter den Kulissen bereits heftige Debatten entfacht. Eisenbahner, Astronomen, Grundlagenforscher, Diplomaten, sie alle warben für je eigene Modelle der Zeit und neue Methoden, diese zu messen. Jedenfalls waren Reformen gefragt, und nun bot sich eine gute Gelegenheit, den Restbestand an Ehrfurcht vor einer »natürlichen« Geisteshaltung wegzufegen. Die Standardzeit wurde aufgrund der gegen sie mobilisierten Opposition religiöser Denker, landwirtschaftlicher Traditionalisten und auch selbstgefälliger Bahnverweigerer zu einem populären Symbol für Fortschritt und Vernünftigkeit.

Doch die Fahrgäste selbst verlangten etwas Simpleres. Auf die Ingenieurszunft, die Eisenbahnbranche, die Post und das Fernmeldewesen prasselten Vorschläge hernieder. Die American Metrological Society, die American Society of Civil Engineers, die American Railroad Association: Sie alle hielten »Zeitkonferenzen« ab, um die Anregungen ihrer Mitglieder zu prüfen, mit dem Ziel, Vorschläge zu unterbreiten, die Öffentlichkeit zu besänftigen und politischen Interventionen vorzubeugen. Einige der Anregungen, die sie sichteten und sogar erörterten, waren ganz pfiffig; andere, wie jener des beharrlichen Professors Dowd, sogar weit vorausschauend. Doch die Eisenbahnbranche fürchtete staatliche Eingriffe für den Fall, dass dieVerärgerung der Öffentlichkeit überschäumte und politische Maßnahmen erzwang, da sie weder ihre satten Profite noch ihre unternehmerische Unabhängkeit geschmälert sehen wollte.

Im Lauf des Jahrzehnts der Zeit wurden die Widersprüche zwischen der neuen Technik und der alten Zeitrechnung zunächst störend und lästig, dann aufreibend und schließlich sogar gefährlich. Allein in jene Dekade fielen, um nur die nahe liegendsten Beispiele zu nennen, die Erfindung des Telefons, des elektrischen Lichtes, der Schreibmaschine, des Filmes und der fotografischen Verschlussblende. Selbst militärische Missgeschicke ließen sich unter den geeigneten Umständen ins Nützliche ummünzen. Als das aufstrebende Preußen 1871 Frankreich schlug, stürzte es eine stolze Kultur in tiefe Verzweiflung, erzwang dadurch allerdings zugleich eine Selbstprüfung und den Umbau der Gesellschaft. Aus dieser »glücklichen« Niederlage keimte so etwas wie der Entschluss, die Institutionen von Grund auf zu erneuern und eine neue zentrale, »vernünftige« Staatsgewalt zu schaffen, um den Ballast des »natürlichen« Denkens ein für alle Mal abzuwerfen. Frankreich baute einen modernen Industriestaat auf und setzte Energien frei, die Paris zum Synonym für Kunst, Kultur, Entdeckerfreude und Revolution werden ließen, nachdem Baron Georges-Eugène Haussmann noch unter dem autokratischen Regime Napoleons III., nämlich bis Anfang 1870, die mittelalterliche Metropole radikal umgestaltet und muffige, verfallende Viertel durch breite, doppelreihig bepflanzte Boulevards ersetzt hatte.

In den Vereinigten Staaten vermochten Pullmans luxuriöse Wagen den Fahrgästen auf der Reise vom Atlantik bis zum Pazifik dank des technisch anspruchsvollen Drehgestells (»Bogie«) mehr Komfort zu bieten als die meisten Amerikaner von zu Hause kannten. Prachtvolle Dampfschiffe überquerten den Atlantik in wenig mehr als einer Woche, was den Veteranen der Segelära fast vorkam wie »in Nullkommanichts«. Beginnend in Belgien, dann aber rasch nach Deutschland und Frankreich übergreifend, boten Georges Nagelmackers *Wagons-Lits,* mit dem importierten Drehgestell, ab etwa 1883 ein Frühstück bestehend aus eisgekühltem Champagner, Austern und Kaviar; später folgte im sagenhaften, zwischen Paris und Istanbul verkehrenden Orient-Express ein komplettes Menü im Stil eines Pariser Fünf-Sterne-Luxus-Gourmetrestaurants, übrigens auch mit der gleichen Kleiderordnung.

Gegen Ende des Jahrzehnts waren gewöhnliche Menschen schon zu Übermenschen geworden, führten Ferngespräche, verbannten die Dunkelheit, tranken Sekt, Wein oder Bier eisgekühlt und rasten durch archaische Landschaften – die mit Büffeln übersäten Prärien, den mittelalterlich anmutenden Balkan –, ohne sich um die örtliche Zeit oder die äußeren Verhältnisse zu scheren. So nahm unsere moderne Welt im Guten wie im Schlechten allmählich Gestalt an.[31]

Neue Forschungsbereiche machten sich Eadweard Muybridges Technik der Verschlussblende zunutze, die kurze Belichtungszeiten bis zu einer fünfhundertstel Sekunde erlaubte, um sie auf das menschliche Verhalten selbst anzuwenden. Soziologie und Psychologie zersplitterten die Zeit in Handlungsrahmen und zeigten – in Mikroanalysen –, wie üblich das Irrationale und wie bizarr dagegen das »Normale« daherkam. Der Einzelne musste lernen, wie fremd ihm die eigenen Motive sind, Gesellschaften galten nun als Strukturen im Bannkreis von Vorurteilen, Aberglaube und Unvernunft. Frederick W. Taylor führte in amerikanischen Fabriken das »wissenschaftliche Management« ein und benutzte die Stoppuhr anstelle der Verschlussblendenkamera, um die »natürlichen« Gewohnheiten arbeitender Männer und Frauen in gut analysierbare Mikrosegmente zu unterteilen, mit dem alleinigen Ziel, die Produktivität zu steigern, indem man natürliche Routinebewegungen durch rationelle Methoden ersetzte. In der Malerei brach der Impressionismus mit der sorgfältig geplanten Perspektive und Schattengebung, der gestellten Pose und dem anekdotenhaften Porträt des Salons, um stattdessen helle, reine, ungebrochene Farbtupfen zu bevorzugen, das malerische Gegenstück der Verschlussblendenfotografie. Der Impressionismus kreiste ebenso sehr um die Zeit wie um das Licht. Alles drehte sich um die Zeit.

Die Signatur der Moderne bildete in allen Künsten, besonders aber in der Literatur und Dichtung, ihre Leidenschaft für das Experimentieren mit Zeit. Zwar vollzog sich der Umbruch bei den Schriftstellern erst später, wie es der reflektierenden, erzählenden Natur ihrer Gattung entspricht, aber sobald sie sich der Zeit gewachsen fühlten, befreit von den »natürlichen« Sequenzen und imstande, das brave Nacheinander zu durchbrechen, näherten sich ihre Werke immer mehr direkt dem abgehackten Bewusstseinsstrom an. Die Zeitverzerrung wurde zum sichersten Mittel, um Verstörtheit und Dringlichkeit auszudrücken, der Leser selbst zur aktiven Mitwirkung angeregt. Ihn aus der Ruhe zu bringen, galt nicht nur als ein instinktiver politischer Akt, sondern als ein geeignetes ästhetisches Verfahren, um das nackte, allen überflüssigen viktorianischen Dekors entkleidete Bewusstsein in den Blick zu nehmen. So ahmte die konventionelle Erzählweise faktisch den unbewussten Mechanismus der Verdrängung nach.

Alle diese Neuerungen und Erfindungen resultierten aus dem veränderten Verhältnis zur Zeit, das wir Modernität nennen, oder trugen zu seiner Entwicklung bei. Es ist ziemlich einfach, die Auswirkungen der Zeitenwende nachzuvollziehen, ein wenig schwerer jedoch, ihren Anfängen auf die Spur zu kommen. Die großen vor allen anderen aufzuzählenden Ereignisse hatten bescheidene Ursachen: Wie bereits erwähnt, Ross Winans' Erfindung des Drehgestells; George Pullmans – bei dem vorhandenen Gleisbett und den gegebenen Spurweiten fast übertriebenen – Entwurf des schweren Leichenzuges für Abraham Lincoln; George Nagelmackers Eingebung des *Wagon-Lit*[32]; Vincent van Goghs Besuch bei einer Ausstellung japanischer Holzschnitte in Antwerpen, deren reine Farbgebung und räumliche Verkürzung ihn betörten. Zahllose Künstler sahen Eadweard Muybridges Serie von Phasenfotografien eines galoppierenden Pferdes;[33] weitere Maler leiteten aus Étienne-Jules Mareys bewegten Bildern die Lehre von der Nachwirkung des empfangenen Lichteindrucks ab. Offenkundig gab es Dutzende solcher Anfänge, und für jeden einzelnen ließe sich mit Fug und Recht argumentieren, dass gerade er der Urmoment bei der Geburt eines neuen Bewusstseins war.

Wesentlich ist ihnen allen jedoch die Notwendigkeit eines Katalysators, eines fördernden, aber selbst nicht einbezogenen Mittlers, und den bildeten meiner Ansicht nach jene Voraussetzungen, die ich als die Standardisierung der Zeit bezeichnet habe: ihre Anpassung an die neuen Geschwindigkeiten, ihre gerechte Verteilung sowie die Ablösung der Natur durch Vernunft, der Religion durch Humanismus. Als Geburtsstätten des neuen Bewusstseins drängen sich aus nahe liegenden Gründen London, Berlin, Wien und selbstverständlich Paris auf.

An einem der unscheinbareren Winkel der Erde betritt Sandford Fleming, jetzt älter und gesetzter, mit einem Staat und vielen Projekten im Rücken, die Weltbühne.

Ende Juni 1876 entstieg eines strahlenden Nachmittags vor dem irischen Landbahnhof Bandoran, an der Hauptstrecke Londonderry-Belfast, ein Herr mit schon leicht schütterem Haar und einem grau melierten, etwas strohigen Bart, in einen steifen Gehrock gekleidet, bereits drei Stunden vor der planmäßigen Ankunft des 17-Uhr-35-Zuges nach Londonderry einer Taxi-Kutsche: mit seinem internationalen Reisegepäck offenkundig ein bedeutender Mann, ein vornehmer Besucher. Vielleicht nutzte er die Wartezeit, um ein Buch oder eine Zeitung zu lesen, denn er gehörte nicht zu den Menschen, die irgendwo bloß untätig herumsitzen. Doch als die Ankunftszeit nahte, blieb der Bahnhof unheilverkündend still, was für so einen Marktflecken an der Hauptstrecke wahrhaft ungewöhnlich erschien. Um 17.35 Uhr tat sich überhaupt nichts. Fleming prüfte erneut seinen *Irish Railroad Travellers'* Guide, nahm er doch alle Dinge peinlich genau. Ein Versehen lag eindeutig nicht vor. Vielleicht erkundigte er sich anschließend nach dem Bahnhofsvorsteher oder suchte die Tafel mit den Abfahrtszeiten. Auf dieser stand jedenfalls: Londonderry 5.35 a.m. Sandford Fleming, Chefingenieur der Canadian Pacific Railway, war für die Nacht auf dem Bahnhof von Bandoran gefangen und würde am Morgen den Anschluss zu seiner Fährverbindung nach England verpassen. Das wurmte ihn, und in diesen langen Stunden nahm allmählich ein Plan in ihm Gestalt an.

Im Jahr 1876 stand Fleming mit neunundvierzig »schon ziemlich nahe am Meridian«, wie er an seinem Geburtstag geschrieben hatte, und lebte jetzt in Ottawa, der nagelneuen, aufstrebenden Hauptstadt seiner noch nicht ganz fertigen Nation. Sein Kampf für die Standardzeit, der in jener Nacht mit einem Druckfehler begann, sollte das ganze Jahrzehnt der Zeit füllen, ja sogar prägen. Andere führende Persönlichkeiten der Standardzeit-Bewegung, die Fleming bald kennenlernen, mit denen er korrespondieren und später zusammenarbeiten sollte, waren von Beruf wissenschaftliche und Marineastronomen, Pädagogen oder für die Fahrplangestaltung zuständige Eisenbahnmanager.

Fleming war zwar eher praktisch als akademisch, dabei allerdings theoretischer veranlagt als fast alle Streckenverwalter. Er war der staatlich beauftragte Chefingenieur für die beiden großen Eisenbahnbauvorhaben Kanadas, die »Intercolonial« von Quebec nach Halifax und den »nationalen Traum«, die Trasse der Canadian Pacific von Toronto nach Britisch Kolumbien. Die Canadian Pacific Railway war im 19. Jahrhundert das größte Finanzunternehmen des Landes, bei dessen interner Politik stets das Überleben der ganzen Nation auf dem Spiel stand.

Bis zu Flemings erstem Referat, das nur vier Monate nach seinem Missgeschick von Bandoran folgte, waren die meisten Vorschläge für eine Zeitreform von Insidern der amerikanischen Eisenbahnbranche gekommen – oder an diese gerichtet worden – und bezogen sich ausschließlich auf Verbesserungen der nordamerikanischen Fahrplangestaltung. Niemand kannte sich mit Zügen besser aus als Sandford Fleming, doch seine Modelle behandelten die Bedürfnisse der Bahnen von Anfang an nur als zweitrangig gegenüber einer umfassenden Neuordnung der Zeit selbst. Nicht nur das, er kümmerte sich auch nicht einmal sonderlich um Nordamerika. Fleming war ein Theoretiker der Weltzeit. Bis zu jener Nacht in Irland hatte die Zeit ihm nicht mehr bedeutet als den meisten geschäftigen Viktorianern. Seine Briefe und Tagebücher geben keinerlei Hinweis darauf, ob er vor seinem Zwangsaufenthalt auf einem irischen Bahnhof je gründlich über die Schwierigkeiten der Sonnenzeit und Möglichkeiten, sie zu beheben, nachgedacht hatte. Wie die meisten viktorianischen Globetrotter musste er sich wohl einfach durchschlagen und bei seinen jährlichen Überfahrten nach Großbritannien auf See oder bei seinen Vermessungsmissionen im kanadischen Busch jeweils grobe Anpassungen vornehmen.

Der verfehlte Zug kostete Fleming zwar sechzehn Stunden und bereitete ihm, wie er sich ausdrückte, »kolossalen

Ärger«, erwies sich aber als das glücklichste Missgeschick seines alles in allem ohnehin sehr glücklichen Lebens. Wäre der Vorfall ein oder zwei Jahre früher gekommen, so hätte er vielleicht zu wenig mehr als einem erbosten Brief oder einer schnippischen Tagebuchnotiz geführt. Doch im Juni 1876 hatte Fleming gerade eine einjährige gesundheitlich bedingte »Zwangspause« von der Canadian Pacific Railway und war ein Mann mit ungewohnt viel Muße. Und als er so das Problem durchdachte, kam er zu dem Schluss, dass der Fehler mehr war als bloß ein unbedeutender Lapsus: Er markierte eine Falltür, unter der ein industrielles Schattenreich von Trugschlüssen und Fehlplanungen lauerte. Ihn zu korrigieren, war kein simpler editorischer Nachtrag, sondern vielmehr ein abstraktes technisches Projekt. Also lieferten die verschwendeten sechzehn Stunden ein kleines Beispiel dafür, was die Menschheit täglich durch das Festhalten an einer überholten Zeitnotierung verlor. Einfache Druckfehler ließen sich gewiss niemals ausschließen oder vermeiden, doch dieser besondere Irrtum war *nicht* zu beheben, wenigstens nicht unter den herrschenden Verhältnissen. Das ganze Notationssystem erschien untauglich; ihm allein war der teuflische Druckfehler bei der lateinischen Abkürzung (a.m. bzw. p.m.) zuzuschreiben. Wieso mussten moderne Gesellschaften noch mit *ante-meridiem* und *post-meridiem* arbeiten und ihre Tage in zweimal zwölf Stunden unterteilen? Waren wir wirklich so dumm, nicht weiter als bis zwölf zählen zu können?

Im Jahr 1876 befand sich Fleming selbst in einer prekären Lage, die er vielleicht gar nicht ganz erfasste und sich jedenfalls nicht eingestand. Einige Monate zuvor hatte er beim Parlament seine Beurlaubung um ein volles Jahr beantragt – was auch bewilligt wurde – und sich dabei auf einen »fast tödlichen« Unfall berufen, nach dem er monatelang an Krücken gegangen sei. Besagter Unfall, von dem Fleming sich nun erholen musste, liegt zwar nach wie vor im Dunkeln, doch eine schwere, fünf Jahre zuvor bei einem Vermessungsauftrag erlittene Verletzung trug ihm Leber- und Darmschäden, eine Behandlung mit Opiaten und zwei Wochen Krankenlager ein. Keine der Blessuren wird jedoch in seiner (Auto-)Biografie *Empire-Builder* erwähnt.

Seine Franklinsche Weltanschauung hätte niemals Selbstzweifel, Zögerlichkeiten oder morbide Eigenbröteleien zugelassen. Doch im Alter von neunundvierzig Jahren stand der immer aufstrebende und immer viel beschäftigte bemerkenswerteste Kanadier seiner Zeit zwei Jahre vor dem Ende seiner Beamtenlaufbahn, und besagte »Zwangspause« sollte weitere vierzig Jahre andauern. Flemings Tagebücher sind hilfreiche Quellen, die Reisen, Einnahmen und Ausgaben, Geburten der Kinder, den Tod von Freunden und Verwandten dokumentieren, sich aber kaum je in Selbstanalysen ergehen. Die Krankheit, nach der er die Pause beantragte, scheint nichts Organisches gewesen zu sein, sondern eher eine Art seelische Krise, ein Verlust an Selbstvertrauen und damit die vielleicht tiefste Kränkung, die einem Mann wie Fleming widerfahren konnte.

Der Auftrag für die Canadian Pacific Railway glitt Fleming aus den Händen, zumal es sich dabei um ein größeres Unterfangen handelte, als irgendein Einzelkämpfer unter den vom Parlament auferlegten Bedingungen hätte bewältigen können, insbesondere wenn dieser leitende Ingenieur gleichzeitig noch mit der früher angefangenen, kleineren Intercolonial befasst war. Als Beamter unterstand Fleming den gewählten Funktionären, hatte also nur nominell das Sagen; die Geldmittel stammten vom Parlament. Sein für die damalige Zeit durchaus großzügiges Gehalt entsprach dem eines Staatsdieners – und das in der Ära der Eisenbahnbarone, der Cornelius Vanderbilts und James J. Hills. Da Kanada selbst 1876 noch kaum neun Jahre zählte, mussten die Linien der parlamentarischen Autorität erst klar gezogen werden, und der Hass unter den Parteien schuf praktisch laufend chaotische Verhältnisse. Ganz abgesehen von dem Druck, unter dem Fleming ohnehin schon stand, hatte Alexander Mackenzie als Vorsitzender der Liberalen den Parteiführern im fernen Britisch Kolumbien binnen zehn Jahren nach Zustandekommen der Konföderation den Bau einer transkontinentalen kanadischen Eisenbahnlinie versprochen – wenn auch unter der Drohung, sie würden das Abkommen aufkündigen und auf eigene Faust weitermachen oder schlimmer noch, sich den Vereinigten Staaten anschließen.

Die beiden Gründungsparteien Kanadas, Liberale und Konservative, mit ihren Vorsitzenden Alexander Mackenzie und John A. Macdonald stritten sich über jede von Fleming avisierte Planungsmaßnahme. Der gelernte Steinmetz Mackenzie ließe sich mit Fug und Recht als granithart und spröde bezeichnen. Seine Wählerschaft fand er unter den Kleinbauern Ontarios. Macdonald besaß die Unterstützung der englischen Geschäftswelt Montreals, der herrschenden Schicht und des von der Krone eingesetzten Generalgouverneurs. Er konnte, wenn er gerade nicht zu tief ins Glas geschaut hatte, ein charmanter, tüchtiger Parteiführer sein. Fleming indes war es weder gewohnt, sich von irgendeinem ahnungslosen Außenstehenden hineinreden zu lassen, noch seine Entwürfe so auszurichten, dass sie einer Gemeinde von Wählern und mächtigen Förderern genehm waren. Aus der Sicht eines Politikers musste sich als intuitiv richtige Strategie anbieten, treue Anhänger durch das Versprechen einer Bahnlinie bei der Stange zu halten. Was auf dem Papier wie eine geringfügige Ausgabe erscheinen mochte, erwies sich für Fleming als eine Last, die es im Lauf von fünfzig Jahren abzutragen galt. So waren immer wieder noch ungeprüfte Streckenabschnitte und Flussübergänge zu vermessen, neue Mannschaften anzuheuern und weitere Vorkehrungen gegen den immer lauernden Winter zu treffen, Maßnahmen, deren Kosten leicht in die Millionen gehen konnten. Die Genehmigung rein politisch motivierter Anträge entgegen seinem sachkundigen Urteil verletzte Flemings Berufsehre als Bauingenieur.

Bei all den internen Querelen blieb möglicherweise eine simple persönliche Erwägung auf der Strecke. Fleming war auch nur ein Mensch und sollte binnen zehn Jahren etwas vollenden, wofür ganze Scharen von Spezialisten in den Vereinigten Staaten beinahe fünfundsechzig benötigten. Kanada hatte 1872, als die Vermessungsarbeiten endlich begannen – bezogen insbesondere auf die tauglichsten Gebirgspässe im Inneren Britisch Kolumbiens, den am besten als Endstation für eine Bahnlinie geeigneten Hafen an der Pazifikküste ebenso wie Kosten und Strategien, die Sümpfe des Kanadischen Schildes aufzufüllen und zu überqueren –, kaum fundierte Kenntnisse vom eigenen fernen Westen.[34] Fleming führte also die Vermessungen durch, kampierte sommers wie winters im Freien, zog Trapper und Indianer zu Rate, wobei er sich fortwährend Notizen über Wetter, Wasser, Bodenbeschaffenheit, Flora und Fauna machte. Er war nicht nur Landvermesser, Naturkundler, Scout, Meteorologe und Geologe in einem, sondern gleichzeitig auch noch der führende Bauingenieur seines Landes.

Jetzt, da Fleming sich aus gesundheitlichen Gründen fern von Ottawa aufhielt, betreuten nicht immer kompetente, dafür aber gleichbleibend ehrgeizige Vorarbeiter beide Bahnprojekte auch in technischer Hinsicht. Im Parlament kamen Zweifel an Flemings Eignung, ja sogar Redlichkeit auf, und seine treuesten Freunde und Anhänger stellten fest, dass sie politisch verwundbar waren. Er selbst war zwar persönlich mit John A. Macdonald befreundet, rühmte sich aber, als Bauingenieur weder jemals an Wahlen beteiligt noch öffentlich zu einer Partei bekannt zu haben. Sein Eigensinn bewirkte allerdings, dass er zunehmend entbehrlich wurde.

Das Malheur mit dem Zug geschah demnach, als Fleming viel Muße und ungewohnte Distanz zu den strittigen technischen Problemen hatte, sodass er ungestört über theoretische Neuerungen nachdenken konnte, und das führte alsbald zu einer spontanen Lösung – einer Vierundzwanzig-Stunden-Uhr, auf der sich 5.35 p.m. in 17.35h verwandeln würde –, doch in den folgenden Wochen vollzog sich noch etwas viel Bedeutenderes: Das Modell der Zeitzonen in ihrer Beziehung zu den Längengraden begann Gestalt anzunehmen. Vier Monate später, wieder zurück in Toronto, bei einer Konferenz des inzwischen wohletablierten Canadian Institute, hielt Fleming sein erstes Referat zum Zeitproblem, in dem er eine »terrestrische, nicht-lokale« Zeitmessung vorstellte.

Von den Seiten dieses ersten Referates schlägt einem noch heute die Hitze seiner Aufwallung entgegen, mit der Fleming sich jener Nacht in Bandoran erinnerte. »Das waren die ersten Erfahrungen eines Besuchers aus einem fernen Land mit dem Vereinigten Königreich«, schrieb er, »wo namenloser Wohlstand und hohe Begabung jahrelang darauf verwendet wurden, das Eisenbahnnetz zu planen, aufzubauen und zu vervollkommnen!« Sein ursprünglicher Vorschlag war allerdings bei weitem zu kompliziert, da er die Standard-Zeitzonen in eine einheitliche Weltzeit einband, Länge und Zeit miteinander verknüpfte und selbstverständlich auch schon die Vierundzwanzig-Stunden-Uhr forderte. Flemings zentrale Schwierigkeit bestand jedoch darin, keinen Nullmeridian vorgeben zu können, also keinen festen Bezugspunkt für die weltumspannenden Zeitzonen zu besitzen. Dass er sich weigerte, den darauf bezogenen Anspruch Greenwichs hinzunehmen, hat etwas fast Verqueres, denn er wollte keine »nationalen Empfindlichkeiten« verletzen, was nur ein euphemistischer Ausdruck für den Widerstand Frankreichs war. Dessen Sperrigkeit zog selbstverständlich Komplikationen nach sich, denen Fleming recht geschickt begegnete. So schlug er statt eines Nullmeridians einen imaginären »Chronometer« im Erdmittelpunkt vor, ein Zifferblatt als spezielles Messgerät, das Zeit automatisch in Länge übersetzen sollte und umgekehrt.

Flemings Chronometer erinnert ein wenig an eines der ersten mathematischen Probleme, mit denen er sich herumschlug, als er 1848 für die Prüfung im Fach Vermessungswesen lernte: Er variiert nämlich in gewissem Sinne das bekannte Paradox von der Quadratur des Kreises. Das Problem lautet: *Bringen Sie die Seiten eines Vierseits mit dem Umfang eines Kreises zur Deckung*. Anders formuliert: Könnte die einem Kreis einbeschriebene Gesamtfläche eines Vierseits überhaupt mit jener des Kreises identisch sein?[35] Beim Austüfteln seines unterirdischen Chronometers schuf Fleming eine rein zeitbezogene Variante des gleichen Paradoxes: Wie unterteilt man den universellen Tag in räumliche Segmente, ohne willkürlich einen Nullmeridian festzulegen.

Dies war genau Flemings Denkgewohnheit: das deduktive, apriorische Rückschließen von einem universellen Grundsatz oder einer allgemeingültigen Theorie auf den jeweiligen Einzelfall, von der raumgreifenden Prämisse auf den Kehricht bloßer Details. Im 19. Jahrhundert galten beide Varianten des Folgerns, das deduktive und das induktive, das apriorische und das aposteriorische, als zulässig und fruchtbar. Heute misstrauen wir hingegen eher den antizipatorischen Sprüngen, welche eine deduktive Logik manchmal vollführen kann.

Flemings Referat über die »terrestrische Zeit« war seinerzeit für die gewerbliche Nutzung noch viel zu schwierig. Bei Anfängern hätte es sogar verlangt, die alten Zifferblätter mit Masken zu überkleben.[36] Sein Plan war ein äußerer

Kranz mit vierundzwanzig römischen Ziffern für die Zeitzonen und ein innerer mit genauso vielen Buchstaben – ohne J und Z – für die Stunden, ergänzt um einen innersten Ring mit lateinischen Zahlen für die Minuten. Damit hätte man die Uhrzeit zum Beispiel in der Form M15.22 ablesen können, was heute etwas enervierend wirkt, doch sein Entwurf sprach ein Problem an, das wir faszinierend finden mögen: Weshalb Greenwich oder irgendein anderer Nullmeridian?, so mögen wir uns fragen. Landvermesser oder Schiffskapitäne müssen sich vielleicht auf geographisch exakte Linien beziehen – aber wie soll man sich virtuelle Meridiane räumlich vorstellen? Zwischen der Fähigkeit moderner mit Cäsiumionen arbeitender Uhren, eine Sekunde in milliardenstel Bruchteile zu untergliedern, und dem Verfahren, wie vor hundertfünfzig Jahren einen Kreidestrich zu ziehen und dann einen Startschuss abzugeben, besteht ein eklatanter Widerspruch.

Die Natur kommt uns auf unerwartete Weise entgegen, wenn wir einen rund vierzigtausend Kilometer langen Erdumfang auf glatte Vierundzwanzig-Stunden-Tage beziehen, denn so misst jede der vierundzwanzig Zeitzonen knapp zweitausend Kilometer mittlerer Länge beziehungsweise fünfzehn Grad. Zwar bietet sich das an – aber müssen vernünftige Menschen dem unbedingt folgen? In gewisser Hinsicht lassen wir uns vielleicht von einer ungeheuren Koinzidenz täuschen. Doch wissen wir ja schon, dass Fleming die Zeit als ein Kontinuum ansah, und so erscheint es nur natürlich, wenn er intuitiv ihr Fließen ehrte und es nicht durch einen willkürlich einschneidenden Nullmeridian unterbrechen wollte. Gibt es eine Möglichkeit, die Zeit von den Zwängen eines beliebig festgelegten, gewerblichen Motiven folgenden Anfanges freizuhalten? Lässt sich die Zeit völlig von Geographie, Geschichte und Nationalität trennen? Von jenem Moment an, und besonders nach seinem zweiten, etwas eingängigeren Referat des Jahres 1878, in dem er die unterirdische Uhr aufgab und einen überraschend neuen Nullmeridian vorschlug, stand Fleming im Brennpunkt einer weltweiten Zeitreform.

Die Vielzahl der Ortszeiten und ihre Vereinheitlichung zum »kosmischen« Moment bildeten das Leitmotiv für Flemings früheste Modelle. Im Idealfall, so meinte er, sollten sich alle Erdenbürger nach derselben Zeit richten, sollten durch eine einheitliche Methode der Zeitrechnung immer und überall wissen, wie spät es ist. Zeitzonen, dachte er, eigneten sich zwar gut für lokale Zwecke, aber Fahrpläne und Fernmeldeanlagen mussten auf einer universellen Zeit beruhen.

Flemings erster Vorschlag klang leicht futuristisch, zeigte sowohl, dass er von der Praxis aus dachte und gelernter Landvermesser war, als auch seine ganze Aufgeschlossenheit für Abstraktionen. Im ersten Rausch der Begeisterung übertrug er sogar einen Eisenbahnfahrplan in seine neue Zeitsprache, ohne allerdings das Ergebnis jemals bei der Zeitkonferenz der Railroad Association einzureichen. Nordamerikanische Bahnreisende würden noch sieben Jahre lang die Konkordanzen der rivalisierenden Fahrpläne in William F. Allens *The Railroad Travelers' Official Guide*[37] zu Rate ziehen müssen und schlicht darauf hoffen, sich nicht verguckt und keine bösen Druckfehler für korrekt genommen zu haben.

Ab ungefähr 1870 wurde es zunehmend schwierig, außerhalb der eigenen Ortschaft die Uhrzeit zu kennen oder nachzuvollziehen, wobei die Verwirrung im gleichen Maße stieg wie die Zahl der Bahnreisenden. Damals war die Mehrzahl der Menschen noch in der Lage, die Zeit ihren Bedürfnissen unterzuordnen. Besser ließ sich die nachbarschaftliche Gemeinschaft kaum wahren. Jedes Nest Amerikas, das etwas auf sich hielt, hatte Anspruch auf eine eigene Zeitung, eigene Baseball- oder Cricketmannschaft und eigene individuelle Zeit. Die Mehrheit sah daher kaum ein Bedürfnis, vom herkömmlichen Sonnen-Mittag abzugehen, doch, und darauf kam es entscheidend an, eine einflussreiche Minderheit von Bahnreisenden und Fernsprechteilnehmern sah dies anders: Sie nahm stetig zu, und letzten Endes marschiert eine Gesellschaft im Tempo ihrer »schnellsten« Mitglieder.

Im Jahre 1881 schlug die altehrwürdige *Atlantic Monthly*, das literarische und intellektuelle Gewissen Bostons, eine leichte Ketzerei vor: Ganz Neuengland sollte die Zeit von New York City übernehmen. Die Bostoner Ortszeit – oder, genauer, jener Teil der Weltzeit, der entlang dem Meridian Bostons galt – ging der New York Citys um zwölf Minuten voraus, was genügte, um in Städten wie Hartfort, Connecticut, oder im westlichen Massachusetts, wo zwei Standards aufeinanderprallten, ein mittleres Chaos anzurichten. Die *Atlantic* machte vielleicht erstmals jene geheimen Debatten publik, die verschiedene Berufsverbände seit langem umtrieben:

> Neben Erwägungen der Wirtschaftlichkeit gibt es weitere, am Wohle unseres Landes orientierte Gründe dafür, den New Yorker Standard oder ein praktisch auf Greenwich bezogenes Pendant zu übernehmen. Die öffentliche Meinung neigt immer deutlicher zu dem Vorschlag, die Vereinigten Staaten in insgesamt fünf Sektoren zu unterteilen, sodass die Zeit eines jeden dieser Gürtel um eine volle Stunde von den Nachbarn abweicht, die Minuten auf einer Breite von Portland bis San Francisco übereinstimmen und die Ortszeit jeweils um nicht mehr als eine halbe Stunde von der geltenden Normalzeit differiert …
>
> Um die einzelnen Sektorenzeiten leicht einprägsam zu benennen, würde der in Neufundland, Neubraunschweig und Neuschottland benutzte Standard Eastern Time heißen; so ergäben sich die Zeitzonen *Eastern, Atlantic, Valley, Mountain und Pacific* – wobei letztere auch die Pazifikschleife, Britisch Kolumbien und Vancouver's Island mit umfasste.

Hinter diesen sehr vernünftigen Überlegungen verbarg sich ein anderer Sachverhalt: Boston, das längst nicht mehr Trendsetter für die amerikanische Öffentlichkeit war, konnte seinen Einfluss nur im Verbund mit den anderen Zentren der Ostküste weiter ausüben. Die Dynamik des Landes lebte von neueren Städten im Süden und Westen, wo sich die Eisenbahnen in alle Richtungen ausbreiten konnten, um die Märkte zu bedienen und den dortigen Bedarf zu decken. Die alten Seehäfen waren dagegen zu eingeengt.»Die Einführung eines solchen Standards hätte alle auf einem lokalpatriotischen Klammern an der Ortszeit beruhenden Einwände zerstreut und es den Städten Boston, New York, Philadelphia und Baltimore erlaubt, speziell für gewerbliche Belange eine gemeinsame Zeit zu wahren.« Es war also höchste Zeit für das alte Amerika, seine Stärken auszubauen und die narzisstischen Differenzen zu überwinden. Die Zeitreform lag der Eisenbahnbranche sehr am Herzen, da man verständlicherweise dem Publikum dienen und gefährliche Reibereien zwischen konkurrierenden Zeitstandards vermeiden, zugleich indes auch mögliche staatliche Interventionen abwehren wollte. Zeitbezogene Auflagen konnten ja zulässig sein, doch wehret den Anfängen! Wohin mochten sie einmal führen? Allens *Official Guide* kündigte zunehmend Verbesserungen beim Umfang und der Benutzerfreundlichkeit an. Allmählich begann die Zahl der Ortszeiten im Umfeld der größeren Handelszentren, sogar ohne Neuerungen der Industrie, aus schierer wirtschaftlicher Notwendigkeit zu schrumpfen. Connecticut gab die Bostoner Zeit auf und übernahm dafür landesweit die Ortszeit von New York City. Im Dreiländereck rings um die Metropole begann sich ein zeitlich geprägtes »Chicagoland« herauszubilden. Die Zahl der amtlichen Zeiten sank auf hundert, dann auf achtzig, und schließlich auf vierundvierzig, womit die Dynamik vorerst zum Erliegen kam. Zwar baute sich weiterer Druck auf, aber zumindest in öffentlich sichtbarer Form waren keine Fortschritte mehr zu erzielen.

England besaß 1880 schon seit gut drei Jahrzehnten eine Normalzeit. Weshalb also konnte Amerika nicht einfach seine Kleinkrämerei aufgeben und eine verbindliche Regelung einführen? Eine ganze Reihe von Wissenschaftlern empfahlen, Gottes Werk weiterzuführen und den Kontinent in zwei Zeithälften zu unterteilen, deren Grenze genau durch das Mississippi-Tal verlaufen sollte. Auch in Großbritannien war die Zeitreform von den Eisenbahnen ausgegangen, als die Great Western einseitig alle Ortszeiten aus dem Fahrplan strich und ihre Strecken verbindlich auf das Zeitsignal des Greenwich Observatory einstellte. Andere Betriebe hatten sich anschließen müssen, und ab 1852 war Greenwich ausnahmslos als parlamentarische Norm anerkannt. Großbritannien kam vor allen anderen Industrieländern in den Genuss der Standardisierung, mit überwältigenden technischen, wirtschaftlichen, ja sogar kulturellen Auswirkungen. Weshalb also nicht auch Amerika? Die Antwort lag selbstverständlich in der ganz anderen Größenordnung.

Europa konnte kaum als Testfall für eine Normalzeit taugen. In Amerika galt England als klein und beengt, da die Entfernung vom äußersten Ostanglien bis zum westlichsten Zipfel Cornwalls nur etwa der solaren Differenz zwischen den amerikanischen Großstädten Boston und Pittsburgh entsprach. In der Tat reichen die britischen Inseln, von Ostanglien bis hinüber zur irischen Westküste, nicht einmal an die Entfernung zwischen New York und Chicago heran. Wo jedoch Metropolen nicht um Minuten, sondern um Stunden auseinanderliegen, da gehen praktische wie auch politische Erwägungen über die einfache Zweckmäßigkeit parlamentarischer Entscheidungen.

Wenn man bedenkt, wie unmöglich es heute bei fast allen akuten wissenschaftlichen oder politischen Problemen erscheint, einen allgemeinen Konsens zu erzielen, so zeugt die Tatsache, dass man sich am Ende in einer zivilisierten Debatte auf eine weltweit geltende Standardzeit einigen konnte, die weder gewaltige Summen noch ein einziges Menschenleben kostete, für einen sehr stark ausgeprägten Kooperationswillen.

Die Weltstandardzeit begann mit der kreativen Umdeutung eines technischen Versehens, und sie nahm eine weitere Wendung, allerdings nicht unbedingt zum Besseren, als Fleming zwei Jahre später, 1878, einer Einladung der British Association for the Advancement of Science folgte, bei deren Kongress in Dublin sein zweites, stark vereinfachtes Referat zum Problem der Zeit zu halten. Bei der Premiere im Canadian Institute hatte der Vortrag eine kleine Sensation ausgelöst und den Marquis de Lorne[38] als Generalgouverneur für Kanada veranlasst, Kopien an den Königlichen Astronomen Sir George Airy und an das Londoner Kolonialamt zu schicken, um den Text übersetzen und an die weltweit führenden Astronomen verteilen zu lassen. Leider gab Airy seine Empfehlungen direkt an den Kronrat weiter, denn genau darin lag später das Problem.

Für einen Mann aus den Kolonien ist es niemals einfach, das Machtzentrum zu erobern, zumal ihm stets die richtigen Titel und Beziehungen fehlen, doch sollte er deshalb nicht unter zusätzlichen Kränkungen zu leiden haben. 1878 schied Fleming endgültig bei der Canadian Pacific Railway aus. Nun gründete man ein halbstaatliches neues Unternehmen, womit das Parlament sich faktisch der Oberaufsicht entledigte, und als dessen Chef sollte der Amerikaner William Cornelius Van Horne die Linie fertig stellen. Damit war Fleming so gut wie arbeitslos und sollte das bis an sein Lebensende bleiben, sieht man einmal von seiner als Aushängeschild übernommenen Kanzlerschaft und von verschiedenen Direktorenstellen ab. Man kann für die Ernsthaftigkeit seines Glaubens an das britische System und die mannigfachen Eitelkeiten des viktorianischen Vordenkers großes Mitgefühl haben. Jedenfalls konnte Fleming, auch wenn er von Natur aus kein rachsüchtiger Mensch war, die Zumutungen der beiden Dubliner Wochen, als er darauf wartete, sein Referat halten zu dürfen, Zeit seines sehr langen Lebens weder vergessen noch vergeben.

Am letzten Tag der Konferenz schrieb er von seinem Dubliner Hotelzimmer aus:

Ich lebe in Kanada und kann die Vorteile des Verbandes nur genießen, sofern ich unter großem Zeitaufwand lange Strecken reise. Trotzdem habe ich mich entschlossen, nach Dublin zu kommen, und ein Referat vorbereitet, dessen Inhalt meiner Ansicht nach eindeutig unter die erklärten Ziele des Verbandes fällt; habe mich strikt an die Regeln gehalten, die im Verhaltenskodex für Referenten formuliert sind; habe schon vor Ende Juli eine offizielle Einladung erhalten und wurde dann darüber unterrichtet, dass mein Referat für die Sektion A vorgesehen sei.

Ich bin am 14. des Monats in Dublin angekommen, ausgestattet mit Instrumenten und Skizzen, deren Herstellung mir erhebliche Kosten und Mühen verursachte, und habe sogleich eine Notiz an den Sekretär der Sektion A gerichtet, um ihn davon zu unterrichten, dass ich bereit war, mein Referat jederzeit nach Belieben zu halten. Als ich am Morgen des 15. vorsprach, erklärte man mir, ich würde zur gegebenen Stunde benachrichtigt.

Als ich dann jedoch nichts mehr hörte, sprach ich am 17. erneut vor. Nun unterrichtete man mich, dass der Konvent beschlossen habe, mein Referat am 21. (heute) ins Programm zu nehmen.

Am 20. erhielt ich einen Vermerk, mein Referat stünde auf der Liste für diesen Tag (gestern), und bei Durchsicht der Liste fand ich es ganz am Schluss, sodass insgesamt noch etwa ein Dutzend Redner vor mir sprechen sollten. Ich nahm bis zuletzt an der Sitzung teil, ohne dass man mir eine Möglichkeit geboten hätte, mein Referat zu halten; auf Nachfragen erfuhr ich, dass diese Sektion nicht erneut zusammen kommen würde.

In der Liste der heutigen Referenten ist mein Name nicht aufgeführt, und soviel ich weiß, war dies der letzte Tag des Kongresses.

Ich beabsichtige nicht, auf das von mir vorbereitete Referat weiter einzugehen als zu betonen, dass mir sehr viel daran gelegen hätte, seine Thematik mittels der British Association publik zu machen. Im übrigen möchte ich lediglich die nackten Tatsachen im Hinblick auf zwei fruchtlose Anläufe erwähnen und Sie darauf hinweisen, wie schwer es einem absoluten Neuling gemacht wurde, überhaupt Gehör zu finden. Ich will Sie nicht weiter mit meinen Ausführungen behelligen, muss aber mein tiefes Bedauern darüber äußern, dass es mir überhaupt nötig erschien, Ihnen meine Empfindungen zur Kenntnis zu bringen.

Wenn Fleming richtig wütend war, wählte er im allgemeinen eher einen verletzten Ton, als die Konfrontation zu suchen. Der Dämpfer von Dublin war dagegen eine Kränkung der Art, die er nicht verzeihen konnte. Anspielungen darauf durchziehen alle seine Schriften, sooft er auf das Problem der Standardzeit zu sprechen kommt. Es waren zwei schlimme Jahre: die parlamentarische Untersuchung, Kritik in der Presse, Cartoons, Verlust des Postens bei der Canadian Pacific Railway.[39]

Fleming spekulierte zwar niemals offen über die Gründe für seine Abwahl von der Sektion, aber tief in den Akten gibt es Belege dafür, dass Airy selbst – genau der Mann, der die Standardzeit fast dreißig Jahre zuvor in Großbritannien durchgesetzt hatte – seinen Auftritt hintertrieb. Welches auch dessen Motive gewesen sein mögen – altersbedingte Eifersucht[40] oder vielleicht gar die Sorge, das Observatory könne seine einträgliche Monopolstellung beim Vertrieb der Greenwichkarten verlieren –, jedenfalls zog er bis zu seiner Pensionierung zwei Jahre später sämtliche Referate

Flemings wie folgt ins Lächerliche:

> Die Ausführungen im ersten Teil von Flemings Text erscheinen mir völlig wertlos. Was nun zweitens die Notwendigkeit eines Nullmeridians angeht, so wird kein praktisch denkender Mensch dergleichen wollen. Wenn überhaupt ein Anfangsmeridian in Betracht käme, dann nur der Greenwichs, stützt sich die Navigation weltweit doch nahezu ausnahmslos auf Berechnungen, die von ihm ausgehen. Fast die gesamte Ortung beruht auf dem *Nautical Almanach*, der sich auf die Messungen Greenwichs und den dortigen Meridian bezieht – und von dem meines Wissens jährlich immerhin mehr als zweiunddreißigtausend Exemplare verkauft werden. Doch als Direktor des Greenwich Observatory weise ich die Vorstellung, darauf irgendeinen Anspruch gründen zu wollen, rundheraus zurück! Soll Greenwich sein Bestes tun, um seine hohe Stellung bei der Verwaltung der Längengrade zu wahren, und sollen auch die *Nautical Almanachs* ihr Bestes tun: Auf diese Weise können wir mit vereinten Kräften weitermachen, ohne vor etwas völlig Fiktivem wie einem Nullmeridian zu Kreuze kriechen zu müssen.

In seiner Schlussfolgerung schlägt Airy den spöttischen, überparteilichen Ton an, zu dem Astronomen oft neigen.[41] Airys Empfehlung an den Kronrat lautete, von »Neuerungen« oder »sozialen Usancen« aller Art abzusehen nach dem Grundsatz, dass staatliche Eingriffe am Ende schädlicher wirken könnten als die in Flemings Referat aufgeführten bekannten Unannehmlichkeiten. Er schloss mit einer eindeutig herablassenden Formulierung, nämlich Fleming und das Canadian Institute sollten ihr Anliegen besser bei den Hafenbehörden von London, Liverpool und Glasgow vortragen.

Warum diese Einstellung bei einem Mann, der es 1852 zur Regel erhoben hatte, den täglichen Abwurf des Zeitballes an das Zeichen von Greenwich zu binden? Immerhin hatte ja Airy selbst Großbritannien die Normalzeit mit allen ihren Segnungen beschert. Wollte er lediglich seinen Platz in der Geschichte verteidigen, eifersüchtig auf den Jüngeren, den Ausländer mit weiterreichenden Ideen? Oder verspürte Airy den oft nach langer Amtszeit auftretenden Widerwillen, etwas zu fördern oder anzuerkennen, was vielleicht nur ein Modefimmel war? Trieb ihn vielleicht gar etwas Berechnendes, wie zum Beispiel die Furcht, Greenwich könne nach Flemings Neuerungen seine einträgliche Vormachtstellung in der Welt verlieren? Wie dem auch sei, man sollte auch nicht vergessen, dass Großbritannien vor allem dank der Bemühungen Airys vor den Gefahren und Verwerfungen verschont blieb, die von den haltlos um sich greifenden Zeitstandards Nordamerikas und der übrigen Welt ausgingen. Man stand darüber.

Es gibt sogar ein noch überzeugenderes Argument. In seinem Referat von 1878 schlug Fleming zwar einen Nullmeridian vor, der sollte jedoch nicht durch Greenwich verlaufen. Im Kolonialamt war man also nur zu glücklich, den Vorschlag nicht unterstützen, ja nicht einmal dazu Stellung beziehen zu müssen. Airys Nachfolger, ein klarer Verfechter der Standardzeit, konnte sich dessen unglückseliges Verhalten indes gar nicht erklären.

Die Praxis der Zeit

> Die Zeit lag in der Luft.
> E. T. D. Myers, Präsident der American
> Railroad Association (1904)

Vor fünfzig Jahren benutzten wenig begüterte Menschen das Telefon nur für Ortsgespräche. Schlimme Nachrichten trafen meist mit Telegrammen ein. Die »Kabel« bildeten einen handgreiflichen Respekt vor Zeit und Raum aus: Entfernung bedeutete Schrecken, angeliefert in einem braunen Umschlag. Je größer die Entfernung, desto stärker die Gewissheit, desto tiefer die Tragödie. Die Rückantwort dauerte qualvolle Stunden. Ich weiß noch, wie ich im tiefsten Süden in Kleinstadtbüros der Western Union neben hohen Tischen stand und zusah, als meine Mutter nach Wörtern suchte oder neue Wendungen ersann, um ein paar Groschen zu sparen oder die Botschaft auf das reinste Empfinden zu beschränken.

Als ich 1947 in Leesburg, Florida, sieben Jahre alt war, erzählte uns unsere direkte Nachbarin, die alle Abend für Abend auf ihrer Terrasse versammelten Kinder des Viertels nur »Big Mama« nannten, oft von ihrer Jugend und Ehe noch *vor* dem Bürgerkrieg. Hier schien die Zeit in der traditionell südstaatlichen Weise in Geschichten und in der Stimme einer Überlebenden regelrecht »verkörpert« zu sein. Das war mein großer Augenblick, ähnlich wie der Dans auf dem »Buchsberg«.

Mit der Big Mama im Ohr klang mir die Stimme William Faulkners, als ich später studierte, fast schon vertraut. Und lange nach dem Studium stieß ich auf Walt Whitmans Gedicht »Die Nacht, in der ich den Sternkundigen hörte«:

> Ich ging so allein für mich hin
> durch die zauberhaft dunstige Nachtluft und schaute
> von *Zeit zu Zeit* in vollkommener Stille zu den Sternen auf.[42]

Wie Whitmannesk, dass das in jener Nacht auf die Erde (*auf ihn!*) fallende Sternenlicht so neu war wie der Abend und zugleich unvordenklich alt. Sein Privileg war die Gratwanderung zwischen dem Neuen und dem Alten. Welch ein vollendetes Beispiel für eine »neue« amerikanische Stimme, in der die Eisenbahnen, die Goldfelder, der Krieg anklangen, die frei war von Neuengland, von Zwängen und von der Furcht, seine Vision im Rohzustand zu feiern. Und jetzt kann ich nicht umhin, mich zu fragen, wer eigentlich jener »Sternkundige« gewesen sein könnte. Vielleicht Sir John Herschel, der große alte Mann der englischen Astronomie, der als erster Wissenschaftler des 19. Jahrhunderts bereits 1828 eine Reform des Äquinoktialtages vorgeschlagen hatte? Oder der junge Simon Newcomb, der in Kanada geborene radikale Gegner der Standardzeit, später lange persönlicher Erzfeind Flemings und schließlich Direktor des US Naval Observatory.

Die tiefsten Intuitionen des Dichters werden durch die modernen Naturwissenschaften bekräftigt. Wir *sind* ewig. Unsere Leiber sind die Gerippe toter Sterne, und in der erfüllten Zeit kehren wir zu unseren Schöpfern zurück. Das All erscheint als eine gewaltige manichäische Metapher – als eine superheiße, superdichte Quantenwolke, zeit- und raumlos, gemacht aus der unendlichen Hitze und Dichte, die dem Urknall voranging, verschwistert mit dem allgemeinen Gravitationskollaps des Lichtes und der Materie in die unendliche Schwere des Schwarzen Loches: Einmal gebiert dies das Universum mit allen seinen Geschöpfen, darunter die Zeit; ein anderes Mal entkommt ihm nichts, nicht einmal die Zeit. Beides sind mathematisch unzulässige »Singularitäten«, die Einstein selbst prophezeit, dann aber wieder verworfen hat. Beim Alpha und Omega der Schöpfung würfelt Gott – entgegen der Versicherung Einsteins – in der Tat mit dem Universum.

Sieben Jahre nach jenen Nächten in Florida, um die Mitte der Fünfziger, zogen wir nordwärts nach Pittsburgh um. Da meine Eltern oft bis Mitternacht arbeiteten, ging ich während der Gymnasialzeit drei Mal wöchentlich abends ins Kino. Dort liefen die Filme ununterbrochen – ähnlich wie früher im Aki. Wir kamen an, setzten uns, mampften unser Popcorn und folgten dem Geschehen. Der Moment des Setzens wurde, gleichgültig wie weit der Film schon fortgeschritten war, zu unserem jeweiligen Anfang, unserem Nullmeridian. Wir blieben über das »ENDE« hinaus, denn es war ja nur irgendein Meridian, und wir hatten noch eine Hälfte vor uns, bis *unser* Film, unser »Tag« endete. Wir saßen Werbung, Nachrichten und Vorschauen aus, zumal sie für uns weder Auftakt noch Vorspann, sondern bloß eine Unterbrechung des Hauptfilmes waren. Für uns kamen die Präliminarien in der Mitte. Wir kannten das Ende bereits – und warteten gespannt auf den Anfang. Jeder, der es machte wie wir, erlebte einen anderen Film; jeder ging, sobald *sein* Anfang wiederkehrte und damit sein Ende ankündigte. Auf diese Weise sahen alle in dem Kino den gleichen Film, jedoch zeitversetzt, je nach dem eigenen Einstieg oder, im Sinne dieses Buches, dem eigenen Nullmeridian. Da wir alle unterschiedlich auf die einzelnen Szenen und ihre tiefere Bedeutung vorbereitet waren, lachte ein Teil des Publikums, wenn ein anderer völlig ernst blieb. Einige von uns kicherten sogar bei zärtlichen oder spannenden Szenen.

Gab es nun einen Film, Dutzende oder möglicherweise unendlich viele? Ähnliche Fragen schienen sich bis zur

Prime Meridian Conference im Hinblick auf die Zeit zu stellen.

Jeder Tag kann nur einen Sonnenaufgang und einen Sonnenuntergang haben. Zwar ist die Erdrotation etwas »Natürliches«, Gottgegebenes, aber theoretisch – manchmal auch praktisch – gibt es keine Grenze dafür, aus wie vielen Stunden ein Tag bestehen soll oder, analog, wie viele Minuten wir als eine Stunde betrachten wollen. Es ist etwas »Vernünftiges«, Künstliches. Die traditionelle japanische Zeitmessung verwendete flexible Stunden, die im Sommer länger und im Winter kürzer wurden, um so mit dem Gang der Sonne Schritt zu halten. Die Französische Revolution diktierte in ihrem maßlosen Eifer, ein neues Bewusstsein zu schaffen, hundertminütige Stunden, den Zehn-Stunden-Tag, die Zehn-Tage-Woche und das Jahr mit zwölf Monaten zu je dreißig Tagen. Die Länge der Sekunde, Minute oder Stunde hat gewiss nichts Gottgegebenes, doch ungeachtet seiner Begeisterung für das Dezimalsystem konnte nicht einmal Robespierre etwas an der schlichten Naturtatsache ändern, dass jeder »Tag« eine Erdumdrehung markiert und jedes Jahr eine ganze Umlaufbahn um die Sonne. Und sogar die Französische Revolution vermochte den Sachverhalt nicht abzuschaffen, dass jeder irdische Längengrad den Sonnenaufgang zu einer anderen Ortszeit antrifft. In Anerkennung der Franzosen sollte man jedoch einräumen, dass auch wenn es den Revolutionären nicht gelang, das menschliche Bewusstsein völlig umzumodeln, die große Nation ihren überwältigenden Ehrgeiz nie wirklich aufgab – und damit keineswegs scheiterte. In der modernen Welt fand die französische Leidenschaft für strenge Ordnung endlich den verdienten Lohn. Zwar rechnen wir nicht in hundertminütigen Stunden, haben aber eine Weltstandardzeit Zulu.[43] Und deren Einhaltung wird durch ein von Paris ausgesandtes Signal reguliert.

Weshalb also richten wir uns nach dem Meridian Greenwichs und nicht nach dem von Yokohama, New York oder Buenos Aires? Vor genau dieser Frage stand Sandford Fleming 1878, als er seinen zweiten Vorschlag machte. Den unterirdischen Chronometer seines ersten Referats hatte er längst aufgegeben, ebenso die komplizierten Zifferblätter oder auch die Austauschbarkeit von Zeit und Länge. Was blieb, waren das Konzept eines universellen Tages, die vierundzwanzig Zeitzonen und die Vierundzwanzig-Stunden-Uhr mit seiner Kennzeichnung. Die populäre oder demokratische Antwort auf die Frage nach Greenwich lautete, dass die weltweite Schifffahrt Karten der dortigen Sternwarte benutzte, was den Ort allein aus Gründen der Bequemlichkeit zur ersten Wahl machte. Warum also das Zögern? Fleming war sich durchaus der Tatsache und der damit verbundenen Ängste bewusst, dass die Wahl eines britischen Nullmeridians mit Sicherheit nationale Ressentiments wecken würde, besonders vor dem Hintergrund einer stolzen Tradition, deren *ligne sacrée*, den um neun Minuten und zweiundzwanzig Sekunden vor Greenwich liegenden Pariser Meridian, man würde opfern müssen. Der französische Standpunkt, den Fleming weitgehend unterstützte, lief darauf hinaus, dass ein internationaler Standard auf fundierten wissenschaftlichen und nicht allein gewerblichen Überlegungen beruhen sollte; denn sobald man den bequemen konventionellen Standard preisgäbe, kehrten die astronomischen Probleme in ihrer ganzen Kompliziertheit wieder.

Für die Wahl Greenwichs gab es zwar erdrückende historische, wirtschaftliche und politische Gründe, indes nicht unbedingt ein astronomisches, das heißt naturwissenschaftliches Argument. Kein einzelner Längengrad kann theoretische Priorität vor irgendeinem anderen beanspruchen, zumal die Astronomen selbst sich einer Tradition des erhabenen Desinteresses an weltlichen Dingen rühmen. Faktisch setzten sich sogar viele Astronomen gegen die ganze Standardzeit-Bewegung zur Wehr, um nicht in Umtriebe einbezogen zu werden, die ihnen als rein politisch – und damit ihrer unwürdig – erschienen. Alle in Nord-Süd-Richtung verlaufenden Meridiane sind einander gleichwertig, anders dagegen ihre west-östlichen Gegenstücke, die Breitengrade.[44] Es kann nur *einen* Äquator geben, doch jeder irdische Längengrad, jeder von Pol zu Pol laufende Großbogen, umkreist einmal täglich die Erdachse. Paris, Washington oder Yokohama bilden darin keine Ausnahme, auch nicht gegenüber dem öden Pazifik. Warum also Greenwich vor irgendeinem anderen Ort bevorzugen? Die Antwort konnte nur politischer Natur sein.

Die Sternwarte von Greenwich war in der Tat altehrwürdig und berühmt,[45] allerdings technisch nicht besser ausgerüstet als die nationalen Sternwarten in Rom, Paris, Berlin oder das Naval Observatory in Washington. Ohne wissenschaftliche Argumente für einen bestimmten Meridian konnte keine »neutrale« Entscheidung fallen, denn absolute wissenschaftliche Neutralität, und nicht das kommerziell Populäre, war die unverbrüchliche Forderung der Franzosen, bevor sie sich bereit fänden, an irgendeinem internationalen Kongress teilzunehmen. Das war die große Herausforderung, vor der Sandford Fleming bei seinem zweiten und den anschließenden Referaten stand: Die politischen und gewerblichen Vorteile Greenwichs zu nutzen, sie jedoch zugleich *scheinbar* außer Acht zu lassen. Das Drama der Wahl Greenwichs gegen eine erbitterte Opposition und der Ablehnung eines anspruchsvollen Kompromissvorschlages bildete das Kernstück im Kampf für die Standardzeit. Die endgültige Entscheidung sollte erst 1884 bei der Prime Meridian Conference fallen.

In den fünfzehn Jahren zwischen 1869, als Amerika seine Grenzen schloss, und der Konferenz wurden eine Reihe von Vorschlägen gemacht und erörtert, wie man die Anzahl der Ortszeiten am besten abbauen könnte. 1872 revidierte Professor Charles Dowd, der Rektor des Damenseminars Temple Grove von Saratoga Springs, New York[46], sein ursprüngliches auf dem Washingtoner Meridian beruhendes Modell und entwarf ein in fünf Zeitzonen gegliedertes System für die nordamerikanischen Eisenbahnen, das fast genau dem heute geltenden entsprach. Die Abweichung zwischen seinen Zonen betrug je eine Stunde, da jede einzelne, in Fünfzehn-Grad-Schritten von Greenwich westwärts gerechnet, genau fünfzehn Längengrade einnahm. Auch Professor Peirce hatte, wie die *Atlantic Monthly* meldete, einen ganz ähnlichen Ansatz vorgeschlagen, ebenso Professor Abbe. Die Zeit lag in der Luft, doch bis auf weiteres beschränkten sich alle Konzepte auf eine Nutzung durch die Eisenbahnen Nordamerikas, und sie beruhten auf dem noch nicht bestätigten Meridian Greenwichs.

Dowd, Abbe und Peirce schienen alle drei kurz davor zu stehen, eine Standardzeit für die ganze Welt, anstatt lediglich für die nordamerikanischen Eisenbahnen und deren Fahrgäste anzupeilen. Sie hätten nur die Serie der Zeitzonen in stündlichen Fünfzehn-Grad-Schritten weiterführen, das heißt über die West- und Ostküste Nordamerikas hinausblicken müssen, *et voilà*, schon hätten sie den richtigen Dreh gefunden. Doch aus zwei sehr gewichtigen Gründen hätte sich ihre Lösung 1874 noch gar nicht bewähren können und musste es weitere zehn Jahre dauern, die Schwierigkeiten zu überwinden.

Erstens springt sofort ins Auge, dass sich die fortschrittlichsten amerikanischen Reformvorschläge auf Greenwich bezogen, ohne dass jedoch schon ein weltweiter Konsens darüber vorlag. Zwar benutzten die Kriegs- und die Handelsmarine der Vereinigten Staaten, selbstverständlich auch die Briten und alle ihre Kolonien, die Seekarten aus Greenwich, aber ein Zehntel der Reedereien kauften woanders. Insgesamt gab es damals zehn amtliche Nullmeridiane, alle historisch gerechtfertigt sowie mit Nationalstolz und einem festen Kundenkreis ausgestattet, was die Schifffahrtspläne fast genauso verwirrend und oft auch gefährlich machte wie die der Eisenbahnen. Den Vereinigten Staaten stand es zwar frei, jeden beliebigen Zeitstandard zu wählen, aber dieser hätte jenseits ihres Territoriums und der Industrie, der er dienen sollte, überhaupt keine Rolle gespielt. Und zweitens brauchte sich Nordamerika, so unermesslich groß das Land war, noch nicht um die Probleme des Datumswechsels, das heißt einer Datumsgrenze und ihres möglichen Verlaufes zu kümmern.

Dowds Neuerung von 1872 hatte darin bestanden, mit der amerikanischen Praxis zu brechen, indem er den Meridian Washingtons fallen ließ und stattdessen den Nullmeridian Greenwichs einführte oder einfach übernahm. Der in Yale ausgebildete und dort 1857 zum Jahrgangsbesten gewählte Professor war ursprünglich durch die drei »amtlichen« Uhren auf dem Bahnhof von Buffalo mit den Zeiten Albanys, Columbus' und Buffalos zu seiner Initiative angeregt worden. Mit philosophischem Ingrimm hatte er geschrieben: »Die Wachsamkeit des Reisenden erschien ihm als bloßer Selbstbetrug; Bahnhofsuhren, die in keiner Beziehung, ob zueinander, zu der umliegenden Ortszeit, oder zur Uhrzeit des Fahrgastes standen, sprachen jeder intelligenten Deutung Hohn.« Doch konnte man Dowd leicht als weltfremden Spinner und zerstreuten Professor verunglimpfen,[47] zumal er nicht der Eisenbahnergemeinschaft angehörte. So hörten sich William F. Allen, der Geschäftsführer der American Railroad Association, und andere Funktionäre der größten Linien seine Vorschläge höflich an, um sie dann jedoch ad acta zu legen.

In Nordamerika ging die Revolution der Zeitmessung weder auf tollkühne Theorien noch auf staatliche Eingriffe zurück, sondern ganz altmodisch auf eine innerbetriebliche Maßnahme. Am 8. April 1883 stimmten in St. Louis bei einer Halbjahrestagung der American Railroad Association im Rahmen der General Time Convention fünfzig einflussreiche Unternehmensvertreter für den Antrag ihres Geschäftsführers Allen, die im amerikanischen Bahnverkehr benutzten Zeitstandards von annähernd fünfzig auf insgesamt nur noch vier zu senken. Diese bezeichnete Allen als »Eastern«, »Central«, »Mountain« und »Pacific«, also mit denselben Namen, allerdings nicht Zonen, die auch heute noch gebräuchlich sind. Einige Monate später kam als fünfte »Intercolonial« für die kanadischen Küstenprovinzen hinzu.

Wenn man einmal ganz hautnah erleben wollte, was Zeitverwirrung bedeuten konnte, so bot St. Louis dafür gerade die richtigen Verhältnisse. Die mit einer von vierzehn verschiedenen Bahngesellschaften eintreffenden Delegierten sahen das augenfälligste Beispiel von Zeitverschmelzung, das es landesweit zu bestaunen gab. In St. Louis galten insgesamt sechs amtliche Eisenbahnzeiten. Zwar stellte Allen seine Reformen den Managern als eine reine organisatorische Vereinfachung dar, die Geschichte hat aber gezeigt, dass die Standardisierung der Eisenbahnzeiten über den gesamten Kontinent hinweg weitreichende Folgen für alle Segmente der amerikanischen Gesellschaft hatte. Schon damals rühmte eine Fachzeitschrift diese Maßnahme als »eine der größten wissenschaftlichen Leistungen unseres Jahrhunderts« und »den ersten Schritt auf dem unausweichlichen Weg zur Vereinheitlichung der Weltzeit«. Allens Formel für die Standardisierung der Eisenbahnen Nordamerikas spielte jedoch im Weltzusammenhang überhaupt keine Rolle, teils aus den bereits erwähnten Gründen, hauptsächlich jedoch wegen seiner eigenartigen Vorgehensweise. Allerdings erwies sich die Prognose eines Weltstandards als zutreffend, weitgehend dank der Bemühungen Flemings und seines Washingtoner Freundes

Cleveland Abbe, die das Ihrige elf Monate später dazu beitrugen.

Und was den ersten Teil des überschwänglichen Pressezitats angeht, so bedarf die Reklamation einer derart großen wissenschaftlichen Leistung einer näheren Prüfung: Darwin, Pasteur, Edison, Bell, schön und gut ... aber William F. Allen?

Allen war ein eleganter, damals siebenunddreißigjähriger, in New Jersey geborener Bauingenieur. Sein Vater, ebenfalls Bauingenieur und Armeeoffizier, war im Bürgerkrieg gefallen, ausgerechnet in jenem Jahr, als der gerade erst sechzehnjährige Allen als Vermessungsgehilfe bei Camden & Amboy anfing. Sechs Jahre später wurde dieser zum verantwortlichen Ingenieur der West Jersey ernannt. Der Verwalter der Linie, General W.J. Sewell, blieb ihm später auch als Senator für New Jersey ein wichtiger Förderer. Allens Aufstieg in dieser hektischen, brodelnden Nachkriegszeit der Grenzschließungen und Raubzüge folgte einem bekannten Muster. Nennen wir es das Benjamin-Franklin-Syndrom: Ein gewiefter, ehrgeiziger, autodidaktisch geschulter Halbwaise arbeitet hart von früh bis spät, bewährt sich und gewinnt auf diese Weise einflussreiche Freunde. Der Erfolg stellte sich schnell und unübersehbar ein.

Allens Temperament, sein »angeborener Fleiß«, seine Erfahrenheit und sein Einfluss machten ihn alles in allem zu einem ernst zu nehmenden sowohl Förderer als auch Zertrümmerer fremden Ideengutes. Er kannte die fest gefügten Seilschaften der Bahnverwaltung und wirkte als Puffer zwischen einem ungeduldigen Publikum, das Dutzende rivalisierender, oft unüberschaubarer Zeitstandards zunehmend erregten, und einer rücksichtslosen, brutal profitsüchtigen Branche. Die Eisenbahnen wirkten zugleich als die Haupttriebkraft der Wirtschaft und als Magnet für gierige Freibeuter. Eine große Sorge der Sparte bestand darin, dass ihre Gewinne, Wettbewerbspraktiken und monopolistischen Bestrebungen – im Zusammenhang mit der wachsenden Kritik seitens vieler Fabrikanten, Landwirte und Fahrgäste – staatliche Eingriffe heraufbeschwören würden. Die oft gezogene Parallele zwischen den Eisenbahnen des 19. Jahrhunderts und dem heutigen Computerwesen mit seinen Dot.com-Cowboys erscheint mir nicht völlig fehl am Platze, auch wenn die Gemeinsamkeiten im Grunde anderswo liegen. Die Arroganz solcher Branchen mag ärgerlich sein, doch steht darüber hinaus zu befürchten, dass Killertechniken wie die Eisenbahnen oder Computer einfach ältere Transportmittel respektive Kommunikationsformen auslöschen und das Publikum hilflos auf der Strecke lassen, ohne ihm eine Alternative zu bieten. Die verdrängten Techniken wurden sehr schnell zu bloßen Relikten und musealen Sammlerstücken.

Während des Jahrzehnts der Zeit prüfte Allen in seinen offiziellen Funktionen als Geschäftsführer der Association, Herausgeber des *Railroad Traveler's Official Guide* – einer unverzichtbaren »Machete« des Fahrgastes im Dschungel der Kursbücher – und Mitglied der von Cleveland Abbe geleiteten American Metrological Association Dutzende von Vorschlägen für eine Zeitreform. Obwohl nicht alle abwegig erschienen, hatte man sie durch die Bank zurückweisen müssen. Den Plänen Professor Dowds waren die Eisenbahnmanager allerdings, trotz der zwingenden Argumentation, detaillierten beigefügten Landkarten und der gewissenhaften, jeden einzelnen Bahnhof berücksichtigenden Recherche, geduldig und wohlwollend gefolgt. Als er sie erstmals vortrug, galten seine Lösungen als verfrüht. Ein schweres Zugunglück schien in der Luft zu liegen, aber vorerst war noch nichts passiert.

Allens Zeitzonen deckten sich nicht mit denen Dowds, auch wenn sie zweifellos erheblich von dessen Vorstoß zehrten. Dieser hatte seine Zonen nämlich streng geometrisch angelegt. In gelassener Gleichgültigkeit gegenüber politischen oder gewerblichen Grenzen folgten sie einfach dem Verlauf von Längengraden. Bei Greenwich mit der Zählung beginnend, entsprachen je fünfzehn Grad einer vollen Stunde, sodass Minuten und Sekunden innerhalb der Streifen übereinstimmten. Allens Zonen dagegen erinnerten mit ihrer akribischen Ordnung an einen viktorianischen Salon. Im Grunde bildeten sie einen Kompromiss zwischen den unnachgiebigen Eisenbahngesellschaften und den entnervten Fahrgästen. Allen war ein praktisch denkender, engstirniger Eisenbahner, und seine Zonen dienten mehr den Bahnbehörden, als den Passagieren das Leben leichter zu machen.

Um sein Publikum zu beruhigen, schickte er vorweg: »Es war mein ernsthaftes Bemühen, diese Frage rein im Hinblick auf die praktischen Erfordernisse der Eisenbahnen zu prüfen, nichts Unmögliches zu verlangen und erst recht keine Tatsachen zu schaffen, die im ungünstigsten Fall den Zugverkehr beeinträchtigen oder gegenüber dem heute praktisch bereits erreichten Niveau verschlechtern würden; denn ich möchte ja unter gar keinen Umständen hier den Teufel mit dem Beelzebub austreiben.«

Kurz: Keine wirklich tiefgreifenden Vorschläge. Doch Allen vertrat auch einen Standpunkt, den man, zumindest im Hinblick auf den Primat der Wirtschaft gegenüber der Politik, als durchaus weit reichend ansehen kann. »Als Eisenbahner haben wir mit Staats- oder Landesgrenzen nichts zu tun, sondern müssen uns ganz auf die Erfordernisse und Notwendigkeiten des Zugverkehrs konzentrieren.« Damit lief er indes Gefahr, sich den prüfenden Blicken von Regierungsvertretern auszusetzen, selbst in der freundlichen Atmosphäre des *Laissez faire*, die unter einem ausgesprochen liberalen republikanischen Präsidenten wie dem damals amtierenden Chester A. Arthur prächtig gedeihen konnte. Die Bahnbetriebe durften zwar – ähnlich wie heute die Fluggesellschaften – über ihre Fahrpläne selbst entscheiden, waren dabei aber auf ein nationales Netzwerk von Verkehrskontrollen und ähnlichem angewiesen. Wohlgemerkt, der Passagier stand auch damals schon nur als Zahlemann im Mittelpunkt.

Zu Allens Zeit war die breite Masse daran gewöhnt, dass über Neuerungen, die ihr Leben nachhaltig beeinflussen würden, die Parlamente entschieden oder zumindest debattierten. Im Fall der Zeitreform trafen nun private Bahngesellschaften eine rein »innerbetriebliche« Entscheidung mit weit reichenden öffentlichen Konsequenzen, ohne dem Publikum irgendein Mitspracherecht zu gewähren. Damit stand den Bürgern nun eine grundlegende Umordnung ihres Privatlebens ins Haus, freilich abgestimmt auf die Erfordernisse einer landesweit operierenden Branche, die sich schlicht als Gebieterin über die örtlichen Verhältnisse aufspielte; offenbar waren die Grenzen zwischen unternehmerischer Freiheit und der Autorität des Staates schon fließend. Allen begann unverzüglich, die Streckenverwalter und die Gebietsdirektoren zu bearbeiten. Sieben Monate später traten seine Vorschläge in Kraft, nachdem die Verantwortlichen der Association sie wohlwollend geprüft und ihnen zugestimmt hatten.

> Wir sind keine Wissenschaftler, die sich mit Abstraktionen beschäftigen, sondern praktisch denkende Geschäftsleute, die vor allem machbare Ergebnisse anstreben. Obwohl unser Land so ungeheuer groß ist, haben wir bereits eine gemeinsame Sprache, eine gemeinsame Währung und gemeinsame Normen für Maße und Gewichte; ein auch nur annähernd oder bedingt gemeinsamer Zeitstandard fehlt aber noch. Wenn wir vor knapp zehn Jahren rund siebzig Standards hatten, so sind es heute nurmehr fünfzig. Für diese große Erleichterung wollen wir schon einmal gebührend dankbar sein.

Zwar trat auch Allen mit seinen Vorschlägen für fünf nordamerikanische Zeitzonen gestützt auf den Meridian Greenwichs ein, aber bei der Gestaltung seiner Karten zog er das Bahnnetz zu Rate und ermittelte, wo jeweils Häufungen der gleichen Zeitstandards überwogen. So konstruierte er seine eigenen Zonen, mit denen er die bereits geltenden Eisenbahnnormen möglichst getreu nachahmte, um die veröffentlichten Fahrpläne ja nicht zu beeinträchtigen. Ihre Ränder bildeten notwendigerweise Zickzacklinien, da sie den bestehenden Routen folgten und deren Standards bis an die Endstationen oder zumindest die nächsten größeren Knotenpunkte beibehielten; also nicht automatisch mit dem Überqueren eines unsichtbaren Meridians wechselten. Bei einer Reihe von einträglicheren Hauptstrecken übte er Nachsicht und ließ sie von den Nachbarstandards abweichen. Obwohl Allens Zonen etwas weiter östlich verliefen als die Dowds, ergaben sich in praktischer Hinsicht ganz ähnliche Ergebnisse: Die Unterschiede lagen mehr in den Biographien ihrer Planer als in den geographischen Verhältnissen.

Zum Beispiel reichte Allens östliche Zone von Maine bis nach Detroit und dann südwärts bis Bristol, Tennessee. *Aber...* die Eisenbahnen Ohios und Pennsylvanias, westlich von Pittsburgh, sollten ebenso wie die Georgias dem westlichen – das heißt mittleren – Sektor angehören, fünf weitere Hauptstrecken bis zu ihren östlichen Endstationen in Buffalo, Charlotte, und Salamanca, New York, dem zentralen Zeitstandard unterliegen. Allens kühner Vorschlag begann also, fast genauso kompliziert auszusehen wie das Ausgangsproblem, womit die Lösung beinahe schlimmer erschien als das Problem selbst.

Eine Lösung, auf die Allen nicht kam und die zugegebenermaßen selbst heute noch ein bisschen absurd und gewöhnungsbedürftig wirkt, hätte in dem simplen Trick gelegen, alle Fahrpläne einfach in der Ortszeit zu drucken.

So mochten Züge um 12 Uhr im Osten abfahren, ihr Ziel in der Mittelzone aber noch *vor* der Mittagsstunde erreichen, ähnlich wie es uns heute oft beim Fliegen ergeht. Doch Allen hielt in seinem Plan so lange wie möglich am ursprünglichen Zeitstandard des Zuges fest, nämlich bis zur Endstation oder zu einem wichtigen Knotenpunkt. Da er bei stark befahrenen Strecken Dutzende von Ausnahmen zuließ, ging mit den Reformen ein komplizierter neuer Streckenplan einher.

Dowd und Allen standen für gewisse philosophische Grundorientierungen des 19. Jahrhunderts: Allen zählte die Bäume, Dowd sah den Wald; Allen war ein Tüftler, Dowd ein Vereinheitlicher; Allens Planung beruhte auf dem Alltag der Bahnen, die Dowds zielte auf Erleichterungen für die Fahrgäste; Allen war der pragmatisch ausgerichtete, politisch versierte Mann von Welt, Dowd der Theoretiker und Träumer. Die Autodidakten Amerikas hielten das naturwissenschaftliche und das philosophische, das induktive und das deduktive, das apriorische und das aposteriorische Denken für gleichermaßen zulässige Wege der Problemlösung. Dowd charakterisierte seine Gedanken über die Zeitfrage in einem Brief von 1883 an Sandford Fleming als aposteriorisch; die Flemings hingegen sah er zu Recht als apriorisch an. Und, so möchte ich hinzufügen, Dowd war Neuengländer, ein Kind des Transzendentalismus; Allen jedoch der neue amerikanische Mensch, der Pragmatiker.

Am Sonntag, dem 18. November 1883, wurde die Standardzeit der Eisenbahnlinien[48] frühmorgens in ganz Nordamerika eingeführt. Dieses Datum ging als »der Sonntag mit den zwei Mittagsstunden« in die Geschichte ein, da Städte an den Osträndern der vier »Zeitgürtel« Amerikas ihre Uhren um eine halbe Stunde zurückstellen, also einen zweiten Mittag herbeiführen mussten, um mit jenen an den Westrändern der Gürtel in Einklang zu kommen. Niemand im Lande sollte mehr als eine halbe Stunde »Lebenszeit« gewinnen oder verlieren. Die vorherrschende Technik der Epoche hatte den neuen Zeitstandard durchgesetzt. Oben in Ottawa begrüßte Sandford Fleming den Vorgang als »eine stille Revolution«.

Binnen weniger Tage hatten siebzig Prozent aller Schulen, Gerichte und Kommunalverwaltungen die Eisenbahnzeit als ihren offiziellen behördlichen Standard übernommen. Sehr zu Allens Erleichterung hielt sich die Bundesregierung völlig heraus; faktisch konnte sich der Kongress erst 1918 dazu durchringen, die Standardzeit zu ratifizieren. Erstmals in der Geschichte besaßen Boston und Buffalo, Washington und New York, Savannah und Columbus, Chicago und St. Louis denselben Stunden- und Minutentakt. Dass es in Boston schon tagte, während Wheeling noch im Dunkeln lag, spielte keine Rolle. Ja, was die Sonne verkündete, fiel gar nicht mehr ins Gewicht. Die »natürliche Zeit« war tot. Einige Städtchen wie Bangor, Maine, und Savannah, Georgia, weigerten sich aus christlicher Frömmigkeit oder schlichtem Konservatismus, das Ganze mitzumachen. Eine Großstadt wie Detroit, die am Rand der östlichen und der mittleren Zeitzone lag, blieb unentschlossen und gehörte jahrelang mal der einen, mal der anderen an, bevor sie sich endgültig zum Osten bekannte. Davor mussten die Bewohner Detroits, wenn sie ihre Verabredungen trafen, jedes Mal nachfragen: »Meinst du Sonnen-, Eisenbahn- oder Stadtzeit?«

Die Prime Meridian Conference von 1884, die den weltweiten Zeitstandard festlegte, folgte zwar nur knapp ein Jahr auf jenen »Sonntag mit den zwei Mittagsstunden«, aber bei ihr spielte das mit William Allen assoziierte Modell der Standardzeit, das der Bahnen, überhaupt keine Rolle. Vielmehr beruhten die Diskussionen auf Anregungen wie denen Dowds, aber sein Name blieb unerwähnt, und man hatte ihn auch nicht zu der Konferenz eingeladen.

Im Jahr 1904 veröffentlichte Allen ein Büchlein mit dem Titel *Standard Time in North America, 1883–1903*. Auf den ersten neunzehn Seiten resümiert er seine zentrale Rolle in der Standardzeit-Bewegung – wobei er auch Fleming und Dowd kurz abfällig erwähnt –, doch die sechzig weiteren bestehen lediglich aus Briefen, um die er Eisenbahnerkollegen gebeten hatte, die darin ihm allein das unbestrittene Verdienst zuschreiben, die Standardzeit ersonnen und eingeführt zu haben. »Unter den Lebenden«, betonte einer, »darf kein anderer als Sie beanspruchen, das System der Standardzeit begründet zu haben.« »Mir ist, was unsere Normalzeit angeht, nie etwas von einem Chas. F. Dowd zu Ohren gekommen; allein Ihr Name wurde bei diesem Thema immer wieder genannt«, bekräftigte ein anderer. Dabei gab aus meiner Sicht nur E. T. D. Myers eine sowohl gerechte als auch historisch richtige Erklärung ab: »Die Zeit lag in der Luft.« Sie lag ähnlich »in der Luft«, fuhr er fort, wie hundert Jahre vorher die Freiheit. Für *jene* kleine Revolution gebührt Thomas Jefferson die Ehre – doch (genau wie Allen) haben ihn auf seinem Weg die Strömungen der Geschichte und, nicht zu vergessen, fähige Mitarbeiter vorangetrieben.

Mein Buch will kaum mehr, als Myers' bescheidene, aber weit reichende Einsicht zu veranschaulichen. Die Zeit lag wahrhaftig bei allen menschlichen Bestrebungen in der Luft. Ihre Vereinheitlichung durch die Überwindung der »natürlichen« Zeit bildete eine notwendige Voraussetzung für wissenschaftliche, technische und künstlerische Neuerungen respektive Experimente, und diese trafen alle im »Jahrzehnt der Zeit« zusammen.

Besser begründet erscheint mir Allens Behauptung, die Einführung der Normalzeit habe auch andere Vereinheitlichungsmaßnahmen beschleunigt, zum Beispiel in Themenkomplexen wie Spurweiten, Kupplungen, Sicherheitsnormen, Frachtpreise und Lohnskalen. Bis zur Standardisierung hatte die Baltimore & Ohio als älteste Eisenbahngesellschaft Amerikas seit ihrem Gründungsjahr 1830 die anscheinend sakrosankte Spurweite von Einsfünfzig benutzt, und alle anderen mit Ausnahme der Erie waren ihr gefolgt. Dieses Maß war indes der Standard für Postkutschen gewesen, die wiederum den mittleren Abstand zwischen den gepflasterten Fahrspuren altrömischer Straßen und damit die Achsenbreiten von antiken Streitwagen nachahmten. So kann sich das natürliche Denken über zwei Jahrtausende hinweg fast unverändert am Leben erhalten: Die chinesischen Eisenpflüge lassen grüßen.

Auch wenn Allen nur Ingenieur und kein Philosoph war, sind seine Anliegen den Grundthemen dieses Buches philosophisch verwandt. Die Vereinheitlichung der Zeit stellte eine ausgeklügelte Abstraktion dar, erleichterte in der Praxis aber zugleich den Handelsverkehr und trug auch erheblich dazu bei, das Fernmeldewesen auf die »Echtzeit« abzustimmen. Doch die Standardisierung der Zeit bewirkte sogar noch einen größeren Bewusstseinswandel, nämlich weg von den »natürlichen« Autoritäten und hin zu einem säkularen Rationalismus. So spiegelte sie nicht allein die Bedürfnisse des Bahnverkehrs wider. In seiner Eigenschaft als Chef des amerikanischen Wetterdienstes empfing Cleveland Abbe stündlich Dutzende umfangreicher Meldungen aus zahlreichen Messstationen, die Hunderte, ja sogar Tausende von Kilometern entfernt lagen. In der Ortszeitenwelt der siebziger und frühen achtziger Jahre des 19. Jahrhunderts musste er all die einzelnen Übertragungsdaten in eine einheitliche »Echtzeit« übersetzen, um die Verläufe von Sturmfronten und sonstigen Wetterverhältnissen nachzeichnen zu können. Ohne die Standardzeit wären die »Wahrscheinlichkeiten«, wie er seine Prognosen immer nur nannte, wenig genauer gewesen als ein alter Bauernkalender.

William Allen, Charles Dowd und Sandford Fleming

sind als die Urheber der Standardzeit anerkannt, doch nur Fleming sprach die ganze Welt an. Allens Beitrag ist heute auf einer glänzenden Bronzetafel im Nachbau der großen Bahnhofshalle von Washingtons Union Station gewürdigt; er gilt als der »Planer und Organisator der Normalzeit für die nordamerikanischen Eisenbahnen«. Sir Sandford Fleming erhielt eine historische Gedenktafel auf einem Hügel vor der Stadtbibliothek seines schottischen Geburtsortes Kirkcaldy als »Erfinder der weltweit verbindlichen Standardzeit«. Charles Dowd, der von den Dreien die tragische Figur war, starb 1904 in Saratoga Springs bei einem Eisenbahnunfall und wurde vor Ort in der First Presbyterian Church mit einer Bronzetafel für seine Leistungen als Pädagoge und Erfinder der Standardzeit geehrt. Die Kirche brannte jedoch 1976 bis auf die Grundmauern ab, und von Dowds Denkmal sind nur ein paar Bruchstücke unzerschmolzen erhalten geblieben.

Die Zeit lag in der Luft II

Bemerkungen über Zeit und viktorianische Wissenschaft 7

Flemings Vorträge über die Ufer des Ontario-Sees und die Entstehung des Hafens von Toronto, die er 1850 vor einem spärlichen Publikum im Canadian Institute hielt, standen als bescheidene Beispiele für eine ehrwürdige Tradition – der passionierten Liebhaberei in den Naturwissenschaften –, die das geistige Klima bis Mitte des 19. Jahrhunderts weitgehend prägte. Die freie Forschung verführte den Intellekt, zumal es an Lehrstühlen und Anerkennung fehlte, und bildete spekulatives Neuland. Jules Vernes Abenteuer am Meeresgrund und auf dem Mond galten keineswegs als reine Phantasien. Sie und Professor Lowells »Entdeckung« der Marskanäle zollten einer vorherrschenden öffentlichen Erwartung Tribut. Noch bis zum Ausklang des Jahrhunderts hin glaubten viele unter den Gebildeten an Zusammenhänge zwischen dem Leben auf der Erdkruste und extraterrestrischen Zivilisationen, Meeresbewohnern, ja sogar bisher unentdeckten Habitaten in gemäßigten, unterirdischen Nischen. Die Idee des beseelten Sonnensystems galt in der viktorianischen Ära als ein Gemeinplatz.[49]

Die Naturwissenschaft in der Ära der »Naturzeit«, das heißt vor dem umwälzenden Rationalisierungsschub, der um 1850 einsetzte, zog vor allem die launischen Exzentriker an, die mathematisch Begabten oder die besonders Neugierigen aus anerkannten Fachrichtungen wie der Theologie, dem Ingenieurswesen und der Medizin. Botanik, Geologie, Astronomie, Archäologie, Mythologie, Linguistik: Sie alle wurden durch Autodidakten, Amateure und Steckenpferdreiter gefördert. Sogar der größte Naturwissenschaftler seiner Zeit, Charles Darwin, war Autodidakt, was nichts daran ändert, dass die dreißig Jahre, in denen er über die Resultate seiner jugendlichen Reise auf die Galapagos-Inseln nachdachte, faktisch die Grundlagen der modernen Wissenschaft hervorbrachten: das Scharnier zwischen Natur und Vernunft, zwischen Wissenschaft als Liebhaberei und als Beruf.

Die Amateurforschung im klassischen Sinne – »aus Liebhaberei« – war noch nicht in puren Dilettantismus abgeglitten, was erst ab etwa 1860 geschah.[50] Als Forscher betätigten sich oft Geistliche, manchmal auch Juristen, die schließlich über eine umfassende Bildung verfügten und in Wissenschaft und Religion, oder auch Gesellschaft, offenbar eng miteinander verschlungene Phänomene sahen. Die »Naturreligion«, eine tröstliche Doktrin, geriet weder mit dem intensiven Durchforsten der Schöpfung noch mit der Suche nach ihren Gesetzen in Widerstreit. Die Natur galt als das Angesicht Gottes, und ihre Gesetze bildeten den Schlüssel zum göttlichen Plan. Sie zu kennen begründete die tiefste Anschauung Gottes. Theologen wie Flemings Freund Reverend George Grant konnten jede Woche an sechs Tagen das Handwerk Gottes erforschen und am siebenten dann eine Lobeshymne darauf singen.

Sie führten Tagebücher, skizzierten, kartographierten und malten. An Flemings Vermessungsmission des Jahres 1872 »von Ozean zu Ozean« war nicht nur der Historiker George Grant beteiligt, sondern auch ein Amateurforscher, der frühmorgens immer als erster aufstand und die Klippen bestieg, um feuchte, verrottete Baumstämme zu erkunden, das Innere der Rinden nach Käferlarven abzusuchen und in der Prärie zu botanisieren. Oft genug musste die Gruppe warten, nicht nur weil Regenfälle, Schneestürme und Büffelherden sie behinderten, sondern auch bis der

Naturkundler von seinen nicht genehmigten Sonderausflügen zurückkehrte.

Die »umherstreifenden« Amateure suchten immerfort nach dem Neuen und Interessanten, ob Blumen, Pilze, Insekten oder Vögel. Sie schulten sich aus Verantwortungsbewusstsein. Besonders im Jahrzehnt ab 1850 verschob sich die Naturauffassung des Menschen von der Verehrung und einer gewissen Furcht zu etwas Fürsorglichem, wie wir unter vielen anderen von Thoreau, Dickens und Whitman wissen. Nachdem der Industrialismus unumkehrbar erschien, nahm die Natur darüber hinaus auch wehmütige Züge an. Sie und ihre Gesetze bestimmten die westliche Kultur nun nicht mehr, sondern boten sich als die Quelle allen noch unentdeckten Wissens dar. Wie Fleming, jener apriorische Denker, oder wie Cleveland Abbe, der seinen Posten als wissenschaftlicher Astronom aufgab, um sich der Meteorologie zu verschreiben, hatten die passionierten Amateure, besonders in der anglo-amerikanischen Tradition, oft keine Geduld für aufwendige Laborarbeit und Experimente. Abbe ersuchte seine Eltern, sich gar nicht erst um eine angesehene Lehrerstellung für ihn zu bemühen: Er wolle nicht in einem Klassenraum festhängen und unruhigen Burschen irgendwelche Lektionen eintrichtern. Vielmehr reize es ihn, der Menschheit praktisch zu dienen. Solche Denker machten große spekulative Sprünge, für die es heute gewiss keine Stipendien mehr gäbe. Ihre Thesen waren meist bereits fest verwurzelt; jetzt suchten sie nur noch nach tragfähigen Beweisen dafür.

Viktorianische Geologen versammelten sich an Bergdurchstichen für neue Eisenbahntrassen oder fahndeten Hunderte Kilometer von unseren Warmwassermeeren entfernt nach Überresten vorzeitlicher Seen und versteinerten Meerestieren, die sich in den Kohleschichten nachweisen ließen. Linguistisch ausgebildete Missionare oder Kolonialoffiziere stellten anhand obskurer syntaktischer Ähnlichkeiten vage Verbindungen zwischen lebenden und toten Sprachen her. Unbedeutende Fossilfunde sollten die Kette der Evolution schließen. Auf jeden Charles Piazzi Smyth, diesen Eiferer gegen den *mètre*, der wild entschlossen war, alle Beweise nach theoretischen Vorgaben umzumodeln, kamen Dutzende andere, die ihre Beiträge im Stillen leisteten. Dieselbe Ausgabe des vom Institut publizierten *Canadian Journal*, in der Flemings Karten über den Hafen von Toronto und Dokumente über seine Geschichte und Erhaltung erschienen, enthält auch Bemerkungen eines Anwaltes über Meteore, Studien eines Pfarrers über die Frühgeschichte Roms und Ausführungen eines weiteren Juristen über »neue genera und species von Cystidea aus dem Kalkstein Trentons«. Ein Dr. Craigie und sein Sohn veröffentlichten eine komplette Liste einheimischer Pflanzen, die sie in der Gegend von Hamilton gefunden hatten, nebst den Daten ihrer Erstblüte.[51]

Während Flemings Planungen für die Intercolonial Railroad, 1867 bis 1872, hatte das Parlament ihm vorgeworfen, es sei grobe Verschwendung – und möglicherweise Schwindel –, Eisen- anstatt Holzbrücken zu beantragen. Angesichts der dichten Küstenwälder boten sich Holzkonstruktionen an, da sie unendlich viel schneller zu erbauen und kostengünstiger waren als solche aus Eisen. Doch Fleming verteidigte seine Entscheidung mit so vernünftigen Argumenten wie Haltbarkeit und Feuerbeständigkeit angesichts des starken Funkenfluges der Lokomotiven. Schwerere Brückenpfeiler erforderten jedoch tiefere Aushübe und genauere Bodenanalysen. An der Küste barg der Lehm von Flussufern Risiken für die Brückenpfeiler, da er manchmal fälschlich signalisierte, dass schon Grundgestein erreicht war, was beim Sand Ontarios nicht geschah. In diesem Fall war Flemings Vorsicht als Ingenieur, höhere Kosten und Verzögerungen in Kauf zu nehmen, durchaus berechtigt, anders als später bei der Canadian Pacific Railway. Für einige der Entdeckungen, die Fleming und andere damalige Ingenieure machten sowie ihre Verfahren, sie in die alltägliche Praxis des Eisenbahnbaus einzubeziehen, gab es noch gar keinen Namen, geschweige denn eine Wissenschaft.

Flemings eigene »passionierte Liebhaberei« hielt weit über die Phase seiner jugendlichen Begeisterung hinaus an. Der Moment des Überganges vom Natürlichen zum Vernünftigen lässt sich in der »Bildung« Sandford Flemings selbst dokumentieren, nämlich von jener anderen Seite der Zeitschwelle her, bevor er sich auf die strenge Theoriebildung einließ: als sein Geist die Wissenschaft schon kannte, aber sein Herz noch von Jules Verne träumte.

Genau in diesem Sinne hielt Fleming 1872 vor der Mutual Improvement Society Ottawas einen Vortrag mit dem schlichten Titel »Die Erde«. Heute erscheint dieser uns als ein nüchterner, zuverlässiger Text, in dem alle damals bekannten geologischen, astronomischen und meteorologischen Daten aufgeführt sind: Entfernungen, Temperaturen, Verbindungen. In diesem zitiert er Buckland: »Neben der Erkundung ferner Welten, womit sich die Astronomie befasst, ist das größte, schönste und unter dem Aspekt des persönlichen Interesses bei weitem spannendste Thema der Physik, das den menschlichen Geist einnehmen kann, die Struktur und Entstehungsgeschichte des Planeten, auf dem wir leben.« Wohl abgewogen und elegant, enthält der Vortrag von Anfang bis Ende auch aus heutiger Sicht nichts, was irgendwie antiquiert wirken würde.

Nur als Fleming auf A.v. Humboldts Berechnung der Temperaturen im Erdinneren zu sprechen kam – der Urkern sei hundertsechzig Mal heißer als der Siedepunkt des Eisens, also flüssig; das einzig Feste an dem Planeten sei nur jene Kruste, auf der wir gleichsam schwebten; die Vulkane wirkten als Schlote dieses »schrecklichen Feuers«; Erdbeben würden durch die »ewige Aufwallung« verursacht –, da verließ er plötzlich den Boden der vernünftigen

Wissenschaft und gab sich »natürlichen« Spekulationen hin. Dabei erscheint die Grenze zwischen apriorischem und aposteriorischem Denken, zwischen Nüchternheit und schwärmerischem Überschwang, in der Tat hauchdünn und fließend:

> Auch wenn Humboldt und viele heutige Philosophen diese Theorie vertreten, lehrt sie uns bestenfalls das Fürchten, scheint sie doch aller Vernunft ins Gesicht zu schlagen. Das Konzept einer Grenze zwischen den flüssigen Massen des Erdinneren und der äußeren Erdkruste übersteigt unsere Vorstellungskräfte. Wie lang hielte sich ein Blatt Papier auf einem Kessel mit glühendem Eisen? Doch, dieser Vergleich stimmt, denn die feste Kruste stünde etwa im gleichen Verhältnis zur gesamten Erdkugel wie ein Stück dicke Pappe zu einem Globus mit zwei Metern Durchmesser.
>
> Können wir uns dreißig Milliarden Kubikmeter flüssiger Lohe unter unseren Füßen vorstellen, wobei die Oberfläche unseres Planeten dennoch ruhig, die Seen und Meere kühl und wir selbst mitsamt unseren Wohnstätten unbeeinträchtigt blieben? Zweifellos muss das Innere des Globus aus einem friedlicheren Material gemacht sein…[52]
>
> Aufgrund der zwischen den einander gegenüber liegenden Atlantikküsten zu erkennenden Parallelen ist sehr wahrscheinlich, dass sich der Kontinent in ferner Vergangenheit von der europäisch-afrikanischen Landmasse getrennt und allmählich westwärts verschoben hat. In der Tat könnte es durchaus sein, dass sich der Kontinent, auf dem diese Provinz liegt, noch immer von unserem Mutterland wegbewegt. Die Längendifferenz zwischen dieser Zone und Europa ist nie genau ermittelt worden; zumindest weichen die Messungen der Geographen und Astronomen aus verschiedenen Phasen voneinander ab. [...] Wenn wir die Hälfte der Längendifferenz als Fehlerquote zuließen, so würden wir feststellen, dass selbst bei einem so geringen Tempo vierzigtausend Jahre vollends ausreichen würden, um Amerika von den Küsten der Alten Welt in seine gegenwärtige Position zu tragen.
>
> Vulkanausbrüche und Erdbeben scheinen auf den ersten

Blick gegen diese Wasser-Theorie zu sprechen, und doch lassen sich die Vorgänge durch chemische Reaktionen des Wassers auf galvanische Ströme erklären. Dazu schreibt George Fairhold: »Wir können in dem erschreckenden Phänomen brennender Berge nicht mehr sehen als oberflächliche Pusteln auf der dünnen Haut der Erde.« Heute ist ziemlich allgemein bekannt und anerkannt, dass Wasser einer der maßgeblichen Wirkstoffe bei der Erzeugung vulkanischen Feuers ist und dass sämtliche heute noch aktiven Vulkane nahe den Meeresküsten, aber so gut wie nie tief im Landesinneren großer Kontinente liegen. Wir haben allen Grund, daraus zu schließen, dass die Ursprünge der Vulkantätigkeit kaum tiefer reichen als zwei bis acht Kilometer. Von allen liegt vielleicht der südamerikanische Vulkan Catpaxi am weitesten vom Meer entfernt, allerdings auch er wenig mehr als zweihundert Kilometer vom Pazifik. Dennoch spuckt dieser Vulkan von Zeit zu Zeit nicht nur Schlamm in großen Mengen aus, sondern auch zahllose Fische … Humboldt zufolge speien die meisten Vulkane Amerikas gewaltige Schlamm- und Wassermassen; auf einem der Vulkane von Trinidad fand sich ein weißer Hai, der mitten im Schlick herausgeflogen war: Beweis genug für eine unterirdische Verbindung zum Meer.

Zum Glück für Flemings Ruf beschränkte er sich dann auf die sozialen Aspekte der Technik und der Zeittheorie, wobei seine gelegentlich ausbrechende Begeisterung für apriorische Annahmen nicht so sehr mit der unerbittlichen Exaktheit der harten Naturwissenschaften in Konflikt geriet.

Professor J. C. Adams vom Cambridge Observatory schloss mittels mathematischer Verfahren auf die Existenz des mit bloßem Auge nicht sichtbaren Planeten Neptun, die er aus »Unregelmäßigkeiten« in der Umlaufbahn des Uranus als des fernsten noch derart zu sehenden Planeten errechnete. Spektroskopisten bestimmten anhand der Lichtstrahlung den chemischen Aufbau weit draußen liegender Sterne, ebenso den der Sonne, sooft deren Verfinsterung ihnen Gelegenheit bot, das Lodern ihrer Korona zu fotografieren. Und tatsächlich wurde die Spektroskopie zur strahlendsten unter den viktorianischen Wissenschaften, was sich in Whitmans »Sternkundigem« und darin widerspiegelt, wie Huxley ihr unter den gefeierten großen Leistungen des 19. Jahrhunderts eine Sonderstellung einräumte: Sie bildete die abstrakteste unter den Extrapolationen der Vernunft.

Sonnenfinsternisse führten die Astronomenelite der Welt auf obligatorische und oft recht unbequeme Weise zusammen, wenn sie jeweils am geeigneten Platz ihre Teleskope und Kameras aufstellten, um auf den perfekten Schnappschuss zu warten. Die längste und vollkommenste Sonnenfinsternis des 19. Jahrhunderts gab es im August 1869 unweit des indischen Madras zu beobachten, und sie zog damals weltberühmte Spektroskopisten an, so Jules-César Janssen aus Frankreich oder Lewis Rutherfurd aus den Vereinigten Staaten. Außerdem rief dieses seltene Ereignis die Leiter der nationalen Sternwarten ganz Europas und Lateinamerikas auf den Plan. Für ihre Unterbringung sorgte der Chef der Indien-Armee General Strachey, der seinerseits ein angesehener Naturkundler war. Fünfzehn Jahre danach traten Janssen, Rutherfurd und Strachey in Washington bei der Prime Meridian Conference als Vertreter ihrer jeweiligen Staaten auf. Sandford Fleming nahm als »Satellit« der britischen Delegation daran teil, ähnlich Professor Adams aus Cambridge, der Wegbereiter für J.G. Galle als Entdecker des Neptun, und viele Leiter von nationalen Sternwarten.

Die Sonnenfinsternis von 1869 ließ sich selbstverständlich nicht nur in Indien beobachten; so trieb sie auch einen anderen der späteren Kongressteilnehmer um, nämlich den aus Russland zurückgekehrten Cleveland Abbe, der inzwischen die Sternwarte von Cincinnati leitete. Knapp an Mitteln, schlug er seine Zelte in der Wildnis des Dakota

Territory auf, wo er neugierige Sioux-Indianer dazu ausbildete, ihm bei seinen Messungen zu helfen. Diese schnitten anschließend zur Erinnerung das denkwürdige Datum »August« und »1869« in zwei Sandsteine, die Abbe fortan in der Wetterwarte von Washington aufbewahrte. Jene Souvenirs mochten für ihn den glücklichen Augenblick versinnbildlichen, in dem Natur und Vernunft einmal kurz miteinander in Einklang standen; vielleicht jedoch den, in dem die heimische amerikanische Wissenschaft, die mit einem so großen Defizit begonnen hatte, den Abstand zur britischen überwand.

Kurz nach 1850, als die Telegraphie abgelegene schottische Dörfer erreichte, kam es zu einer weiteren, etwas kuriosen Überlappung des natürlichen und des vernünftigen Denkens: Manche Landbewohner, die in den Ämtern vorsprachen, hatten ihre Zettel mit den Botschaften ganz fest zusammengerollt, da sie sich einbildeten, diese buchstäblich durch die Kupferdrähte pressen zu können. Väter brachten ihre spillerigsten Buben, »wee-est lads«, als potentielle Telegraphen mit in der Hoffnung, sie könnten bloß wegen ihrer Dürrheit angenommen werden, weil sie leicht durch die Drähte schlüpfen würden, um die Botschaften abzuliefern. Doch wie schnell übernahmen sie dann die neue Technik und wie nahtlos erfolgte der Übergang vom Natürlichen zum Vernünftigen! Innerhalb der magischen Dekade jener fünfziger Jahre strömten genau die Söhne der gleichen Dorftrampel in die neuen technischen Hochschulen, um anschließend die Dampfmaschinen der Welt zu planen und zu betreiben.

Der technische und wirtschaftliche Vorrang des viktorianischen England bestand nur eine Dekade lang, nämlich während eben der fünfziger Jahre, in denen Prinz Albert als Vorreiter der Wissenschaften auftrat und die Große Weltausstellung im Glaspalast stattfand; dann jedoch folgte ein anhaltender Stillstand, ja sogar Niedergang, begleitet von einem zunehmend panischen Minderwertigkeitskomplex. Prinz Albert selbst hatte die Vorherrschaft Großbritanniens zur Zeit der Weltausstellung kurz und treffend auf den Punkt gebracht: »Die Wissenschaft entdeckt Gesetze der Kraft, der Bewegung und der Transformation, und die Industrie wendet diese auf ihr Rohmaterial an.« So kam zum Beispiel die Dampflokomotive auf die Schiene und der elektrische Strom in die Kupferdrähte.

Wo sich Briten nach 1850 auch herumtrieben, der Ruhm ihres Reiches blickte ihnen überall entgegen: Wissenschaft und Industrie, Empire und Fortschritt.[53] Charles Kingsley, einer der einflussreichsten Progressiven der viktorianischen Ära, hatte 1851 über seine aufstrebende Generation geschrieben: »Jene zahlreichen schablonenhaften Systeme, die sie aus der Tradition übernahmen, brechen unter ihnen auf wie tauendes Eis, und seither überfluten sie Tausende von Tatsachen und Begriffen, die sie nicht einzuordnen wissen, gleich einem Sturzbach.« Schwierigste naturwissenschaftliche Bücher, wie Darwins *Über den Ursprung der Arten,* wurden im Nu zu Bestsellern, und Akademiker nutzten ihren Fachjargon, um das gebildete Publikum kompromisslos mit sozialkritischen Ideen zu füttern. Fortschrittliche Denker tauschten ihre Gedanken regelmäßig in Arbeiterklubs aus.

Doch das alles konnte so nicht von Dauer sein. Im Abstand von kaum fünfundzwanzig Jahren gaben zwei führende britische Wissenschaftler, beides Präsidenten der British Association for the Advancement of Science, höchst unterschiedliche Erklärungen über den Zustand der britischen Forschungsinstitutionen ab. Die Verschiebung der Tonlage ist vielsagend. Sir William Fairbairn feierte 1861 »die gegenwärtige Epoche« als »eine der bedeutendsten in der gesamten Weltgeschichte«.[54] »Nie zuvor«, betonte Fairbairn, »hat die Wissenschaft einen stärkeren Beitrag zu den alltäglichen gesellschaftlichen Bedürfnissen geleistet«, um danach Sir Francis Bacon zu zitieren, den britischen Pionier der modernen Naturwissenschaften, demzufolge ihr »rechtmäßiges Ziel darin liegt, das menschliche Leben mit neuen Erfindungen und Reichtümern auszustatten«. Zwar rundeten diese Worte das selbstzufriedene, ja sogar selbstgefällige Bild der britischen Überlegenheit recht hübsch ab; doch gab es da auch einen fraglichen Punkt anzusprechen: Machen »Erfindungen und Reichtümer« wahrhaft das Ziel der Wissenschaft aus?

Als Sir Lyon Playfair 1885 seine langjährige Tätigkeit im Dienste der Krone, die zahlreichen von ihm geleiteten Untersuchungskommissionen Revue passieren ließ, stellte er die britischen Methoden denen der Amerikaner gegenüber – die sich inzwischen wieder bestens vom Bürgerkrieg erholt hatten –, indem er ein so profanes Thema wie den Niedergang der gewerblichen Fischerei ansprach:

> Wir gehen hin und befragen die Fischer [das heißt »Naturkinder«], die im Grunde sehr wenig Ahnung haben: Sie kennen ihre Fischgründe, kennen ihre überkommenen Arbeitsweisen und wissen, wie viele Tonnen Fisch sie aus den seit Generationen befahrenen Gewässern etwa herausziehen wollen. Die Amerikaner dagegen halten Seeleute für die denkbar schlechteste Informationsquelle. Deshalb greifen sie auf ihren großen Fundus staatlicher Universitäten zurück, holen sich die Besten aus jedem Fach und befragen dann das Meer selbst: messen die Wassertemperatur und den Sauerstoffgehalt, erforschen das Fressverhalten der Raubfische und bestimmen die Größe sowie den Zustand der gefangenen Arten.

Oxford wie Cambridge hatten erst verheerend spät Kurse über Naturwissenschaft und Technik in ihre Lehrpläne aufgenommen. Noch um 1885 wurden beim Staatsexamen für den Auswärtigen Dienst die Leistungen in Griechisch und Latein viel höher bewertet als die naturwissenschaftlichen. Das Idealbild des Gentleman beherrschte nach wie vor das gesamte Studium. Doch galten die beiden Flaggschiffe des altehrwürdigen britischen Hochschulwesens nicht einmal zweitrangigen deutschen Universitäten als ebenbürtig. Bald griffen Fachautoren und Populärphilosophen wie Herbert Spencer auf Darwins eher düstere Prognose einer »Entartung« von Spezies und »Degeneration« von Völkern zurück. Sie stellten die »Tüchtigkeit« des modernen Menschen sowie der Gesellschaft in Frage, hielten speziell den britischen Institutionen vor, der drohenden Konkurrenz seitens jüngerer, kraftvoller Staaten – allen voran Deutschland im Zeichen von Preußens Gloria und die Vereinigten Staaten – nicht gewachsen zu sein.

Zwar übte die Natur nach wie vor einen tiefen Einfluss auf die Viktorianer aus, aber deren Lockung galt es durch Vernunft abzumildern. Insbesondere sollte man die Natur nur erforschen und nicht anbeten. Wir alle kennen Beispiele jener schier unüberschaubaren Gattung von Moraltraktaten, die uns vor sittlicher Auflösung warnen und das Unheil beschwören, wenn Vernunft und Kultur wieder in den, gewöhnlich mit dem Beiwort »roh« gekennzeichneten, Naturzustand »zurückfallen«. Die Kräfte der Entartung, das düstere Erbe von Darwins hoffnungsvoller Evolution, waren angeblich überall am Werke. Zigeuner, Schamanen, Medizinmänner, »Mischlinge« und »Achtelneger«, »weiße Eingeborene«, Priester, Hindus, Katholiken, Muslime, Gemischtrassige, fanatische, auf »Landeskinder« mimende Fachgelehrte ... die zu Monstren à la Kurtz, zu Wahnsinnigen mutieren. Sogar in tropischen Zonen muss man sich zum Dinner stets fein machen, stählerne Distanz zu den Eingeborenen wahren, scharfe Gewürze meiden und das Tischleinen stärken. Die Einheimischen sind wie Kinder, gefällig, manchmal gewieft, oft bösartig, aber immer auf Vorbilder und eine starke Hand angewiesen. Ein starkes Gläschen am Abend, vorzugsweise mit etwas Chinin versetzt, wird uns schon bei Laune halten.

Nach 1860 begannen die Leistungen des Amateurs, des »umherstreifenden« Naturkundlers, allmählich nachzulassen. Der kultivierte Dilettantismus erwies sich nun als unangemessen, besonders angesichts eines technisch versierten Preußen und der stets neugierigen und expansiven Vereinigten Staaten. Überall in der viktorianischen Mittelschicht machte sich ein freundlicher Agnostizismus breit. Die Religion blieb gesellschaftliches Pflichtprogramm, der allwöchentliche Griff nach dem »Erhabenen« – etwa im Geiste von Flemings Vortrag über »Die Erde« –, wurde jedoch ansonsten im viktorianischen Durcheinander eher unterdrückt. Damit will ich jedoch keineswegs sagen, dass der Gottesdienst oder die soziale Form der Frömmigkeit ganz von der Bildfläche verschwanden. Naturwissenschaftler betonten, dass sie nach wie vor am christlichen Glauben festhielten. Fleming schrieb als frommer schottischer Presbyterianer sogar sein Gebetbuch um, damit versprengte schottische Siedlungen in den westlichen Provinzen, die meist fernab von einer offiziellen Kirche mit ordiniertem Pfarrer lagen und nur aus wenigen Familien bestanden, wenigstens den Anschein eines ordentlichen Gottesdienstes wahren konnten.

Die äußerlichen Rituale, jene Sonntagspredigten auf hoher See oder auf einer Lichtung mitten im Urwald, blieben ein bedeutender Aspekt des viktorianischen Lebens, ebenso selbstverständlich auch Missionen zu den Heiden aller Kontinente. Predigten waren kunstvoll gestaltete Traktate, denen man zuhörte, um sie nicht nach ihrem emotionalen Gehalt, sondern dem geistig-moralischen Nährwert zu beurteilen. In seinen siebzig Jahre überspannenden Tagebüchern erwähnte Fleming nicht einmal ein halbes Dutzend verpasste Sonntagsgottesdienste, und jene wenigen stets mit Reue und einer guten Entschuldigung. Die Inbrunst des alten Glaubens, die emotionale Frömmigkeit, hielt sich quasi unterirdisch am Leben.

Die Viktorianer wollten einfach über alles Bescheid wissen: die Erde, Flora und Fauna, die Sonne, die Sterne, das Atom, den menschlichen Körper, und sie betrachteten die ganze Natur als Teil eines umfassenden Systems, glaubten an die Erkennbarkeit des Universums und an die Einheit allen Wissens. Thomas H. Huxley prophezeite in einem Aufsatz von 1887 zum Thema »Der Fortschritt in den Wissenschaften«, einem Resümee der Forschung in den ersten fünfzig Amtsjahren Königin Viktorias, die baldige Verkündigung einer Gesamttheorie, die nicht nur das Licht, die Schwerkraft und den Magnetismus, sondern auch die Phänomene der Biologie, der Linguistik und der Theologie erklären würde. Unter Königin Viktoria, schrieb er, habe die Naturwissenschaft drei Grundbausteine der Natur entdeckt: die Molekulartheorie der Materie, die Eneregieerhaltung und die Evolution. Diese drei Prinzipien reichten hin, um das Eintreffen weiterer Wundertaten vorauszusehen. In einer außerordentlichen, sehr persönlichen Adaption des Zeitproblems trat er vehement für die – als »Antizipation der Natur« bezeichneten – Methoden von Induktion und Deduktion in Form wilder Vermutungen und Spekulationen ein.

Huxleys Prognose eines immanenten Gesamtansatzes erfüllte sich ziemlich rasch. Nur achtzehn Jahre nachdem sein Essay erschienen war, entstand Einsteins »Spezielle Relativitätstheorie« (1905), weitere zehn Jahre später die »Allgemeine Relativitätstheorie« (1915) und nahm einen ähnlich tiefen Einfluss auf die Philosophie und die Künste, wie knapp ein halbes Jahrhundert vorher Darwins Schriften. Allerdings konnte Huxley nicht mit dem zähen Widerstand gegen die Vernunft rechnen, der letzten Endes die viktorianische Ära von der Moderne, den Naturalismus vom Rationalismus unterscheidet. So erschien die erste der *Fundamentals*, einer Reihe von Pamphleten, mit denen die American Bible League gegen Humanismus, Sozialismus,

Feminismus und Evolutionstheorie ankämpfte und die Verbalinspiration der Heiligen Schrift in einer neuartigen Form propagierte, die Hauptquelle des biblischen Fundamentalismus im 20. Jahrhundert, bereits im Jahre 1902.

Den Viktorianern genügte jedoch keineswegs der Stolz auf die reine Ansammlung wissenschaftlicher Erkenntnisse, sondern diese mussten auch praktisch anwendbar und sozial nutzbringend sein, denn Theorien sollten praktisch helfen, die Gesellschaft zu verbessern. Nachdem Huxley gewissenhaft die großen Köpfe Großbritanniens und des Kontinents, denen die Menschheit seit der Renaissance so bedeutende wissenschaftliche Einsichten verdankte, aufgeführt und gebührend gelobt hatte, kreidete er ihnen auch ihre Versäumnisse an:

> … doch man webte und spann weiter mit den alten Gerätschaften; niemand konnte auf dem Land- oder Seewege schneller reisen als in früheren Epochen der Weltgeschichte, und König George bekam seine Nachrichten kaum schneller von London nach York übermittelt als einst König John. Metalle gewann man mit einem unvordenklichen Verfahren aus ihren Erzen, und das Zentrum des Eisenhandels dieser Inseln lag nach wie vor inmitten der Eichenwälder von Sussex. Unsere besten Feinmechaniker kamen nicht über die Herstellung grobschlächtiger Uhren hinaus.

Die Viktorianer folgten einem simplen, wohlklingenden »Mantra«: *Diene der Gesellschaft und fördere die Menschheit.* Was soll eine Theorie, wenn sie nicht das Leben des Normalbürgers verbessert? Darin unterschied sich England eindeutig von der kontinentalen Tradition des theoretischen Denkens und der reinen Forschung; und genau vor dieser Entscheidung standen die Vereinigten Staaten nach dem Ende des Bürgerkriegs: Sollten sie das britische oder das deutsche Hochschulmodell übernehmen? Um diese Problematik kreiste auch das Denken all jener, die der Standardzeit-Bewegung angehörten. Forschung ist schön und gut, so lautete die übliche Mahnung, aber man darf niemals den Realitätsbezug verlieren. »Im großen und ganzen waren die Spätviktorianer Menschen von einer bemerkenswerten moralischen Entschlossenheit«, schrieb Richard Altick. »Sie lebten in einem mit leeren Glaubensartikeln übersäten Ödland und machten trotzdem mutig und zuversichtlich weiter. Was ihnen an geistiger Gewissheit und Gefühlsstärke fehlte, ersetzten sie durch schiere Willenskraft.«

Ab etwa 1870 begann Großbritannien seinen technischen Vorsprung der Jahrhundertmitte zu verlieren. Zum Teil war das bloß eine unvermeidliche Konsequenz der Anstrengungen Deutschlands, Frankreichs und der Vereinigten Staaten, aber die Briten bremsten das Wachstum auch selbst, da sie weniger in die wissenschaftlich-technische Ausbildung investierten. Dadurch kam den Briten die Betonung des gesellschaftlich Nützlichen, die traditionelle Verachtung von Theorie und Grundlagenforschung, teuer zu stehen. Sir Lyon Playfair bemängelte, eine einzige deutsche Universität wie Straßburg oder Leipzig erhielte umgerechnet jährlich mehrere Tausend Pfund höhere direkte Staatszuschüsse als die Handvoll schottischer und irischer Hochschulen zusammen genommen. Holland, das nur vier Millionen Einwohner und vier Universitäten hatte – beide Zahlen entsprachen denen Schottlands –, gab fast fünfmal soviel aus wie Schottland. Frankreich stellte sich bei seinem zielstrebigen Wiederaufbau nach der Niederlage gegen Preußen eine peinliche Frage, der Großbritannien noch ein halbes Jahrhundert lang ausweichen sollte: Wie kam es, dass dem Land im Augenblick höchster Gefahr große Männer fehlten? Eine auf der Hand liegende Antwort lautete, dass die Sorbonne 1868 nicht mehr als den Gegenwert von achttausend Pfund Sterling an Forschungsmitteln erhalten hatte. Schon bis 1885 war der Zuschuss auf mehr als drei Millionen Pfund angestiegen. Die Folgen waren kaum zu übersehen: Großbritannien hatte sich wieder in seine traditionelle Abgeschiedenheit zurückgezogen. Die aufmunternde Stimme des Prinzen Albert war seit langem verstummt. Frankreich und Deutschland jedoch hatten auf seine Versicherung gehört, dass Wissenschaft und Forschung die Quelle von Wohlstand, Macht und Fortschritt seien.

Selbstverständlich standen die Viktorianer weder für Modernismus, noch konnten sie ahnen, was ihre stolzesten Erfindungen – darunter die Soziologie und Psychologie als die augenfälligsten Beispiele – zur Unterminierung des Selbstvertrauens beitragen würden. Bewiesen diese neuen »Sozialwissenschaften« denn nicht die Unvernunft allen menschlichen Verhaltens? Und beruhte nicht der »Charakter«, den die Viktorianer als Glaubensartikel so hoch in Ehren hielten, mindestens ebenso auf verborgenen Trieben, verdrängten oder unbewussten Impulsen wie auf festen moralischen und gesellschaftlichen Vorbildern? Nachdem das Problem der Standardzeit geregelt war, verwandte Fleming die folgenden zwanzig Jahre darauf, ein weltumspannendes Unterseekabel zu planen, das England direkt und unmittelbar mit allen seinen fernen Kolonien verbinden sollte. Er meinte, dass eine stetige Verbindung die Beziehungen zwischen Stammparlament und Satelliten festigen würde; das Wissen voneinander sollte die Loyalität und die Zuneigung entsprechend anwachsen lassen: Je besser wir unsere Regierung kennen, desto tiefer ist die Achtung vor ihr. Wie hätte er ahnen können, dass Treue und Zuneigung in einer solchen Konstellation fast nur im Dunstkreis der Entfernung gedeihen; dass die aufgedrängte Nähe als ein sicherer Garant für schiere Verachtung wirkte?

    Die Modernisten beteten sodann eifrig alles an, was die Viktorianer als natürlich oder primitiv verworfen hatten. Gestalten wie Hermann Hesse, Pablo Picasso, E. M. Forster,

Romain Rolland, D. H. Lawrence, Victor Strawinsky versuchten neben anderen Schriftstellern, Malern, Tänzern oder Komponisten, Natur und Vernunft wieder miteinander in Einklang zu bringen und ihrem Werk primitive Elemente beizugeben oder gar einzuhauchen. Doch da war es schon zu spät, das »echte« Italien, Tahiti, Mexiko und Indien bereits »gezähmt«, ja mehr noch, christianisiert. Man hatte ihre »natürliche« – mythische, sexuelle oder tantrische – Identität im Stile Forsters sei es in dunkle Höhlen oder in die Herzen diverser anderer Finsternisse hineingetrieben. Wie abstrakt und geisterhaft die nordsüdlichen Längengrade und Begrenzungen von Zeitzonen auch erscheinen mochten: Kolonist und Kolonisator steckten im selben Gitter, unterlagen derselben Zeit. So war das Natürliche endgültig verbannt, außer in der gelegentlichen fast sexuellen Anbetung des griechisch-römischen oder des indisch-arischen Ideals, sofern diese keine sentimentalen beziehungsweise, wie bei Lawrence von Arabien, romantischen Gefühle weckten.

Die Anwendung der nüchternen Vernunft auf eine ungebärdige Natur schuf die moderne Wissenschaft und ihre nach wie vor tragende Methodologie. Die berühmte Lupe des Sherlock Holmes kann für alle Mikroskope und Teleskope stehen: für das geduldige Sammeln von Details und den unerschöpflichen Bestand von Spuren in der Natur, denen es nachzugehen gilt, um sie zu kolossalen, alles umfassenden Enthüllungen zusammenzufügen. Diese Forschungsmethoden hatten das Industrielle Zeitalter und die technische Revolution hervorgebracht; sie schufen das Fernmeldenetz, warfen jene Fragen auf, die zur Entdeckung der Bakterien, der Strahlung, der Spektroskopie, der natürlichen Selektion beitrugen, und Geologie, Philologie, Physik, Chemie, Soziologie und Psychologie befruchteten. Ob wir ihn Whitman, Holmes, Darwin, Freud oder im Sinne dieses Buches Abbe, Allen, Barnard, Dowd, Fleming, Herschel, Janssen, Strachey, Struve nennen wollen: Dieser überwiegend autodidaktisch gebildete viktorianische Gelehrte sowie seine europäischen und nordamerikanischen Kollegen, die das Abstrakte in die Praxis trugen und beide Sphären durch Induktion und Deduktion miteinander durchdrangen, riefen auf diese Weise eine neue Organisationsform der Zeit ins Leben.

Die Standardzeit ist ein weltumspannender Maßstab, denn sie überträgt das Himmelsgeschehen auf die irdischen Verhältnisse, und die große Bedeutung Sandford Flemings liegt darin, das als erster erkannt und es aller Welt vor Augen geführt zu haben. Dass sich die Beteiligten schließlich für eine einfachere Konfiguration entschieden, stellt seine kosmische Botschaft keineswegs in Frage.

Im Ottawa der siebziger Jahre, als die von der Krone ernannten Generalgouverneure den Ton angaben, ragte Fleming als Erster unter Gleichen – als *primus inter pares* – heraus. Sandra Gwyn schildert ihn in *The Private Capital*, einer kritischen Analyse der damaligen gesellschaftlichen Verhältnisse Kanadas, als einen Typ *sui generis*, der auf den Wunschlisten aller ehrgeizigen Gastgeberinnen immer ganz oben stand. Er verkörperte alles, was man von einem viktorianischen Gentleman erwartete, trat in städtischen Kreisen charmant, klug und gebieterisch auf und bewegte sich auf dem politischen Parkett ebenso elegant wie auf dem diplomatischen. Wenn er unter den extremen Bedingungen kanadischer Sommer oder Winter kampierte, ertrug er klaglos alle Härten, führte seine Vermessungstrupps sicher durch die Sümpfe und Gebirge.

Trotz alledem entband ihn die Canadian Pacific Railway 1878, kurz nach der gesundheitlich bedingten Zwangspause, von seinem Auftrag. In einem Zeitraum von ungefähr drei Jahren, nämlich von Ende 1876 bis zu seiner Rehabilitierung 1880, schöpfte Fleming eine Glückssträhne, die ihn von einem verhältnismäßig ungebildeten, mittellosen Immigranten zum ersten Bauingenieur Kanadas gemacht hatte, bis zur Neige aus. In der düsteren Zeit von 1878 bis 1880 blieb ihm nichts anderes mehr übrig, als das Parlament um eine faire Regelung zu bitten, wobei er auf seine Doppelbelastung durch zwei Aufträge nebeneinander, die Überarbeitung und die zerrüttete Gesundheit hinwies. Von allen seinen Eingaben muss man nur die vom 9. Februar 1880, nachdem sein Schicksal bereits entschieden war, als etwas wehleidig ansehen:

> Ich habe in der Tat das Gewicht der mir auferlegten Verantwortung gespürt und sehr schnell, nachdem die Doppelbelastung anfing, auf eine schier unbeschreiblicher Weise buchstäblich Tag und Nacht geschuftet. In zwei aufeinanderfolgenden Jahren, 1872 und 1873, hatte ich das Pech, schwere Unfälle zu erleiden. Der erste hätte mich fast das Leben gekostet, nach dem zweiten musste ich sechs bis sieben Monate an Krücken gehen. Doch während der gesamten Zeit habe ich trotzdem weiter gearbeitet, sofern ich nicht wirklich das Bett hüten musste, und ich brauche wohl nicht zu erklären, wie qualvoll das mitunter war. Infolgedessen verfiel meine Gesundheit zunehmend, und ich konnte nicht umhin, mir etwas Erholung zu verschaffen.

Das trug Fleming eine Art Abfindung ein, bestehend aus dem Betrag, den er allein bei der Canadian Pacific Railway verdient hätte, jedoch abzüglich des bereits für die Zeit bei der Intercolonial bezogenen Gehaltes, multipliziert mit der Anzahl seiner Dienstjahre. Im Goldenen Zeitalter, als der Goldesel die Form des Dampfrosses annahm, speiste man Fleming mit insgesamt 29 800 Dollar ab.

Das Streckenprojekt wurde in ein Privatunternehmen unter der Leitung des in Chicago geborenen William Cornelius van Horne umgewandelt, mit dem ausgerechnet ein Amerikaner Kanada vor amerikanischen Ränken schützen sollte.[55] Unter van Hornes Führung fiel auch die schwierige

Entscheidung über eine nördliche oder südliche Trasse durch die Rocky Mountains. Der Mann war tüchtig, was damals vor allem rücksichtslos und glänzend genug bedeutete, um schnellstmöglich voranzukommen. Dabei profitierte er von den Lehren, die das Parlament – zum Leidwesen Flemings erst im Nachhinein – hatte ziehen müssen: Ein Unternehmen von den Ausmaßen der Canadian Pacific Railway musste privat organisiert und von politischer Einflussnahme abgeschirmt werden. Selbst aus Flemings größten Misserfolgen ließ sich also noch erheblicher Nutzen ziehen. Als man später übrigens eine zweite Trasse quer durch das ganze Land bis zum Pazifik baute, die der Canadian National Railway, folgte sie der von Fleming ausgemessenen Route über den Yellowhead-Pass.

Mitten in dieser traurigen Phase wurde Flemings Zeit-Referat in Dublin abgewiesen, doch danach kehrte sein Glück wieder. Mit Hilfe George Grants wurde er weitgehend ehrenamtlich zum Titularkanzler der schottisch-presbyterianischen Queen's University in Kingston, Ontario, ernannt, wozu er kaum länger als jährlich fünf Tage leibhaftig auf dem Campus anwesend sein musste. Dabei erwies sich Fleming als ein außergewöhnlich begabter Geldbeschaffer, besonders mit Hilfe seines Freundes und Landsmannes Andrew Carnegie. Er nahm Vorstandsposten bei der Canadian Pacific Railway und der Hudson's Bay Company an. Die restlichen fünfunddreißig Jahre seines Lebens verbrachte Fleming überwiegend mit Schreiben und Vortragsreisen.

Flemings schärfster Kritiker, der in Kanada populäre Historiker Pierre Berton, hat mit seinem *National Dream: the Great Railway 1871–1881* einen lesenswerten Bericht über die politischen und finanziellen Intrigen vorgelegt, die sich um den Eisenbahnbau rankten. Über Flemings Fehlschläge schreibt er darin:

Als die Royal Commission endlich ihren Abschlussbericht erstellte, drosch sie hart auf den ehemaligen Chefingenieur ein, doch damals schritt der Streckenbau bereits schnell voran. Fleming machte sich auf zum Internationalen Geographenkongress in Venedig, um Gondel zu fahren und ein Referat zum Thema »Die Festlegung eines Nullmeridians« zu halten. Größere Ehrungen folgten. Als seine Biographie herauskam, stand darin nichts von kleinlichen Eifersüchteleien, Wutanfällen oder politischen Manipulationen, von der Zögerlichkeit, Zeitverschwendung und regelrechten Anarchie, die unter Flemings Regiment in den Ingenieurbüros des Ministeriums für öffentliche Bauarbeiten an der Tagesordnung waren. Er überlebte das alles und ging unbefleckt in die Geschichtsbücher ein. Ein Bild seiner Amtszeit als Chefingenieur wäre eher buntscheckig wirr als in schwarz/weiß gehalten, da es weder Schurken noch Heilige zeigte, sondern eine übereilt zusammengewürfelte Truppe allzu menschlicher und oft glänzender Männer, die allerdings vor einer übermenschlichen Aufgabe standen, wobei das Schreckgespenst des Unbekannten nicht die geringste Rolle spielte, und ungewöhnlich großen Spannungen ausgesetzt waren, darunter dem beharrlichen Druck ihres persönlichen Ehrgeizes.

Ich werde weiter unten auf Bertons Vorwürfe zurückkommen, möchte vorerst aber nur bemerken, dass sie streng genommen zutreffen. Flemings Amtszeit bei der Canadian Pacific Railway war ein Reinfall, und zum Teil lag die Verantwortung für das Scheitern des Projekts gewiss bei ihm selbst.

Bertons Beschwörung des geheimnisvollen »Unbekannten« lässt viele Deutungen zu, von denen einige rein technischer, andere innen- und wieder andere außenpolitischer Natur wären. Normalerweise wird alles, was Kanada unternimmt, in gewisser Weise durch das Kraftfeld der übermächtigen Vereinigten Staaten geprägt, beschleunigt oder verzerrt. Wie die meisten Ängste kann auch das entweder Ehrgeiz oder außergewöhnliche Anstrengungen nähren, den Einfluss zu überwinden.

Flemings Reaktion auf die bedrohliche Präsenz der Vereinigten Staaten bestand darin, ihr durch einen wachsamen Eklektizismus zu trotzen und Amerika wann immer möglich als eine Quelle der Kraft und des Selbstvertrauens anzuzapfen. Als ein wohlmeinender, jedoch ziemlich besorgter Außenseiter blickte Fleming um 1870 von seinem Vermessungslager in der Steppe aus südwärts und fragte seinen Freund George Grant, ob nicht eine freundlichere Erschließungsmethode denkbar wäre als das amerikanische Modell, alle einem in die Quere kommenden menschlichen oder tierischen Lebensformen kurzerhand auszulöschen, allerdings bezweifelte er, dass sich wirklich Alternativen dazu anboten. Im übrigen staunte er über die allerorten auf dem Kontinent entfaltete Energie und über Kanadas offenkundige Unfähigkeit, den Elan dieser Begeisterung für seine eigenen Zwecke zu nutzen.

Ab 1876 mischte Fleming sich verstärkt durch seine im Canadian Institute gehaltenen Referate und die Mitgliedschaft in diversen amerikanischen Ingenieursverbänden in die Standardzeit-Debatte ein. Doch war er kein abgehobener Professor im Hinterland von New York, sondern vielmehr ein Freund der Reichen und Mächtigen von Montreal, London, New York und Toronto, brauchte aber durchaus noch Unterweisung darin, wie man gegenüber den Machtstrukturen Amerikas auftrat. Streng daran gewöhnt, den Generalgouverneur »auswendig zu lernen« und für nahezu jedes Unternehmen die königliche Einwilligung zu benötigen, zudem aus einer hierarchischen Gesellschaft stammend, in der er stets sofort Gehör fand und hohes Ansehen genoss, musste man ihm raten, sich ja nicht im Eifer des Gefechts über die Dienstwege hinwegzusetzen. Sein amerikanischer Mentor war Abbe, die *éminence blanche* hinter Fleming als einer *éminence grise*.

Hochrangige Wissenschaftler und offizielle Regierungsvertreter haben es niemals leicht, in der Geschäftswelt radikale Reformen durchzusetzen: Der Praktiker lehnt sie als zu theoretisch ab, während der Privatmann sie als einen anmaßenden staatlichen Eingriff in seine Individualrechte zurückweist. Alle von unserem Kongress verabschiedeten Gesetze fielen regelrecht durch, sofern sie nicht die energische Zustimmung des Volkes, der Anwälte und der Richter fänden. Ich bezweifle, dass es wirklich sinnvoll wäre, viel Zeit für einen Versuch zu vergeuden, den amerikanischen Marine-Almanach zur Übernahme der Zeitreform zu zwingen. Man sollte dafür besser gewerbliche als politische Kanäle nutzen.

Bei den vergleichsweise anarchischen Verhältnissen, die in den Vereinigten Staaten herrschten, würde sich der Anschein staatlicher Billigung ohnehin eher nachteilig auf eine öffentliche Unterstützung ausgewirkt haben. Diese ganz praktische Konsequenz zog Fleming sofort, wurde ein unermüdlicher Redner in den verschiedenen Handelskammern und bearbeitete auch Dutzende ähnlicher Einrichtungen in Kanada, in den Vereinigten Staaten und schließlich auch in Südafrika, Neuseeland und Australien.

Sein erstes Referat mit dem Titel »Die einheitliche, nichtlokale (terrestrische) Zeit« hielt Fleming im November 1876, also nur drei Monate nach seiner Rückkehr aus Irland, im Rahmen des Canadian Institute. Fast naturgemäß weist es die autobiographischen Züge eines Erstlingsromanes auf. So finden sich darin die noch frischen Erlebnisse von Bandoran neben den historischen Recherchen eines Autodidakten und den unglaublichen Modellen des hoffnungslosen Idealisten. Aus diesem »Urtext« leitete Fleming nicht nur alle späteren Verfeinerungen ab, er zeigt auch, dass ihn die Idee einer Weltzeit, die er fortan als »kosmische Zeit« bezeichnete, von Anfang an bereits durchdacht umtrieb. Es zeigt auch, dass Fleming sich bei seinen Vorschlägen keineswegs an Dowd, Abbe oder Allen anlehnen musste. Die Zeit lag wahrhaftig »in der Luft« und zwar in einer Weise, mit der weder Myers noch Allen, noch Professor Dowd gerechnet hätte.

Das Referat gliederte sich in fünf Teile. Am Anfang standen »die Schwierigkeiten, die sich aus unserer heutigen Methode der Zeitmessung ergeben«. Kurz gesagt: Eine Welt mit zu vielen Zeiten ist wie eine solche ohne jede Zeit. Als zweiter Punkt folgte die bereits bekannte Abgrenzung der »natürlichen« von den »konventionellen« Zeiteinheiten; drittens dann eine Geschichte der Zeitmessung vom Altertum bis zur Moderne. Mir geht es jedoch vor allem um den vierten und fünften Abschnitt zu den Themen »Die Bedeutung einer weltweiten ›Einheitszeit‹« und »Das praktische Verfahren, die Vorteile der Einheit zu nutzen, ohne die bestehenden örtlichen Gebräuche aufzugeben«, da sie uns unmittelbar in eine sowohl vertraute als auch fremde Sphäre führen, namentlich die viktorianische Moderne.

Die eigentlichen Grundeinheiten bildeten Zeit und Raum; deshalb sollten den vierundzwanzig Stunden des Tages genausoviele Erdmeridiane entsprechen. Doch wozu dann noch der fiktive Chronometer? Er fungierte als ein unpersönlicher Zeitgott, als eine Art Hyperzeit. Fleming beschrieb sein neues Modell der Stunden wie folgt:

> Man sollte sie nicht als Stunden im herkömmlichen Sinne auffassen, sondern lediglich als vierundzwanzig Teile der mittleren Sonnenzeit, welche die tägliche Erdrotation beansprucht. Wenn sich Stunden bisher direkt auf den Mittag oder die Mitternacht an einem bestimmten Punkte der Erdoberfläche bezogen, so wäre die vom Standard-Chronometer angezeigte Zeit gänzlich unabhängig von irgendeinem speziellen Ort oder einer Länge, nämlich allen gemeinsam und für alle gleich; und die vierundzwanzig Segmente des Tages entsprächen einfach Teilen der abstrakten Zeit.

Bereits in seinem allerersten Vortrag über Messverfahren versuchte Fleming, die physikalische Realität der Zeit klar von ihren gesellschaftlichen und psychischen Konstruktionen zu trennen. Die Uhrzeiten lassen sich nur dann strikt von lokalen Erwägungen, also von der natürlichen oder Ortszeit absondern, wenn wir sie umbenennen und unsere gewohnten Zuordnungen aufgeben. Zwar hätte es England schon etwas geholfen, nicht mehr a.m. und p.m. zu verwenden, sondern von 0 bis 24 Uhr durchzuzählen, aber das reichte nicht aus. Als Fleming das Modell einer »abstrakten Zeit« vorschlug, jenen hypothetischen Regler in der Erdmitte, in den Wolken oder sonst wo, wollte er die Zeit von allen spezifischen Ortsbindungen befreien:

> Der Standard-Zeitmesser wird im Erdmittelpunkt angesetzt, um klar die Vorstellung zum Ausdruck zu bringen, dass er sich gleichermaßen auf jedes Oberflächensegment des Globus bezieht. Man könnte ihn auch andernorts platzieren, etwa in Yokohama, Kairo, Sankt Petersburg, Greenwich oder Washington; in der Tat würde das vorgeschlagene System, sofern es tatsächlich in Kraft träte, dazu führen, viele Standard-Zeitmesser einzurichten, vielleicht einen in jedem Land, wobei uns der elektrische Telegraph das geeignete Mittel an die Hand gäbe, alle Teile der Erde vollkommen miteinander zu synchronisieren.

Wenn sich Fleming auf den Telegraphen beruft – ein genaues, direktes und künstliches System –, um die Sonne als Zeitregler zu ersetzen, so erweist er sich als ein echter Protomodernist. Außerdem gefiel diese Idee den Franzosen, die ihrer Zeit bei den Anwendungsformen der Telegraphie weit voraus waren, und so sahen sie in Fleming einen potentiellen Verbündeten.

Der unsichtbare, imaginäre, allgegenwärtige »Zeitmesser« erinnert stark an andere beinahe gottähnliche Konstruktionen der Viktorianer. ER, als der unerkennbare Regulator der menschlichen Geschicke, hält sich ansonsten streng im Geheimen und Verborgenen. Kurz, Fleming schlug eine einheitliche Weltzeit vor, die er als »terrestrisch« oder »universell« bezeichnen wollte. Wenn also eine Uhr »G.05« anzeigte, so würden alle Chronometer der Welt dieselbe G-Stunde registrieren.[56] Fuhr ein Zug um L.15 ab, so bedeutete dies, bezogen auf G.05, in fünf Stunden und zehn Minuten – J gab es wohlgemerkt nicht –, wobei es nicht darauf ankäme, ob G morgens und L nachmittags bedeutete, da die alten Zusätze a.m. und p.m. nunmehr der Vergangenheit angehörten. Die Lokalisierung betraf sowohl das Wann als auch das Wo. Zeit und Raum waren also gänzlich miteinander verschmolzen.[57] Wie Frederick Barnard, der Präsident der Columbia University, 1882 bei der Jahrestagung der Metrological Society erklärt hatte:

> Sandford Fleming sah sich veranlasst, eine spezielle Uhr zu konstruieren, um damit das von ihm vorgeschlagene System zu veranschaulichen. Die Stunden auf deren Zifferblatt liefen von eins bis vierundzwanzig durch, und ein beweglicher äußerer Ring trug die ihnen korrespondierenden Lettern der kosmischen Zeit. Wenn man den einem der vierundzwanzig Standardmeridiane entsprechenden Buchstaben auf null Uhr stellte, zeigte die Uhr direkt sowohl die Ortszeit des betreffenden Meridians als auch die kosmische Zeit an.

Das mag als eine äußerst simple Technik erscheinen, eben ein weiteres viktorianisches Messgerät, hätte aber mit einem Blick – und einer kurzen Drehung des Handgelenks – die eigene Lokalzeit im Verhältnis zu der jedes anderen Ortes der Erde enthüllt. Dieses Ergebnis hätte viele sperrige Landkarten und umständliche Notierungen überflüssig gemacht.[58]

»Jeder Reisende mit einer guten Taschenuhr«, schrieb Fleming, »trüge die genaue Zeit bei sich, nach der man sich weltweit richten würde. *Post meridiem* wäre so niemals mehr mit *ante meridiem* zu verwechseln. Die Fahrpläne der Eisenbahnen und Dampfschiffe würden vereinfacht und daher für die meisten Menschen verständlicher, als sie es heute in aller Regel sind.« M.05 bedeutete lediglich: Es ist fünf Minuten nach der Stunde M, die nach L kommt und vor N liegt. Man müsste nicht einmal wissen, welcher Stunde der alten Zählweise die Buchstaben entsprächen, da Fernmeldezeiten und Fahrpläne nur noch in der neuen Notation daherkämen. Ein Fahrplan würde für alle Einträge gleichgültig an welchem Ort gelten. Dabei gäbe es eine separate Berechnung der Ortszeit, die Fleming nicht abzuschaffen, sondern nur auf streng lokale Nutzungen zu beschränken vorschlug.

So weit hatte Fleming vier seiner Themen erledigt, doch das fünfte erschien potentiell noch beunruhigender, berührte faktisch einen Grundkonflikt, der erst bei der Prime Meridian Conference 1884 gelöst werden konnte, was freilich nicht ohne Streit abging. Artikel fünf: Wie lassen sich die Vorteile der Standardzeit auf die Seefahrt übertragen?

»Für seine Navigation benötigt der Steuermann eine Standardzeit, damit er bei längeren Fahrten Tag für Tag die genaue Position berechnen kann«, begann Fleming. Das Problem lag selbstverständlich in der Vielzahl von Nullmeridianen. Jedes Schiff legte als Zeitstandard den Anfangsmeridian der nationalen Sternwarte seines Flaggenstaates zugrunde; von diesen gab es insgesamt elf – Paris, Greenwich, Rio, Sankt Petersburg, Rom, Lissabon, Cadiz, Berlin, Tokio, Kopenhagen und Stockholm –, die Schiffen auf hoher See zur Orientierung dienten. Einander kreuzende Besatzungen aus verschiedenen Ländern konnten sich nicht über Gefahrenpunkte verständigen, da britische und amerikanische Kapitäne ihre Karten und astronomischen Beobachtungen – die Ephemeriden – auf den Greenwich-Null bezogen, der den Schiffsführern anderer Länder nichts sagte. Die von Fleming vorgeschlagene terrestrische Marke hätte die unterschiedlichen Meridiane durch nur noch einen abgelöst, und wie er ja bereits angedeutet hatte: Es kam im Grunde nicht darauf an, welcher das wäre; man musste sich eben auf einen bestimmten einigen. Welcher, ob Yokohama oder Greenwich, spielte eigentlich gar keine Rolle.

Das Problem an Flemings Zeitvorschlägen, selbst in ihrer vereinfachten Form – ohne den imaginären Zeitmesser in der Erdmitte und ohne zweispuriges Zifferblatt –, bestand immer darin, einen allgemein annehmbaren Nullmeridian zu finden. Zwar waren alle Meridiane gleichwertig, maßen immer ein und dieselbe Erdumdrehung, die wir einen »Tag« nennen, einige waren jedoch aus kulturellen und wirtschaftlichen Gründen gleicher als andere. Bei einer Umfrage hätte zweifellos Greenwich gewonnen, da sich schon fast neun Zehntel der weltweit benutzten Seekarten auf den dortigen Meridian stützten. Im übrigen fuhren neben der Kriegs- und Handelsmarine auch die Eisenbahnen der Vereinigten Staaten nach Greenwich-Zeit. Doch aus Flemings Sicht sprach die Popularität allein nicht unbedingt für Greenwich. Im Gegenteil, da es dem englischen Meridian, wie wir sahen, an der Neutralität mangelte, die Fleming selbst bei einer wahrhaft universellen Lösung für unerlässlich hielt.

Was Fleming anregte, würde auch heute noch als revolutionär gelten. Selbstverständlich brauchte man eine Vierundzwanzig-Stunden-Uhr mit zwei Zeitkränzen, einem örtlichen (wie wir ihn heute haben), der aus Ziffern bestünde, und einem in Großbuchstaben notierten, globalen, für die internationale Seefahrt, die kontinentalen Eisenbahnen und das Fernmeldewesen. Auch diesen Ansatz hat die heutige Technik übernommen, namentlich in dem auf die Universal Coordinated Time gestützten Zulu-Zeitmaßstab der Fluggesellschaften. Und insofern bleibt Fleming unser Zeitgenosse, denn gewiss bewegen wir uns auf eine einzige Einheitszeit zu.[59]

Doch viele Millionen Menschen brauchen noch eine Ortszeit, um Zahnarzttermine oder Kinobesuche planen zu können, leben jedoch ansonsten in einer computergesteuerten, universellen Standardzeit. In den siebziger Jahren des 19. Jahrhunderts bildete die kosmische Zeit ein phantastisches Modell, um die Echtzeit einzufangen. Telegramme würden beispielsweise um M.13 Uhr abgeschickt und kämen dann um T.22 Uhr an, wobei Sender wie Empfänger genau wüssten, wie lange sie unterwegs waren – in diesem Fall nämlich sieben Stunden und neun Minuten. Die aktuelle Ortszeit der Aufgabe oder des Empfanges spielte keine Rolle mehr. Cleveland Abbe würde seine Massen von Wettertelegrammen nicht länger in die Washingtoner Ortszeit übersetzen müssen.

Um 1876 musste Fleming noch den Status Greenwichs – sofern es überhaupt einen erhalten sollte – in sein universelles Schema einarbeiten: Daraus erklärt sich der hypothetische Zeitmesser in der Erdmitte. Da Greenwich unter dem Aspekt der »Popularität« eindeutig führte, konnte man den dortigen Meridian in der endgültigen Berechnung zwar nicht einfach außer Acht lassen, aber die knifflige Frage lautete, wie man den Meridian Greenwichs zugrunde legen konnte, ohne England mit einzubeziehen. Das war eine interessante Denksportaufgabe. 1878 kam Fleming ernsthaft auf das Problem der Standardzeit zurück und fand eine ziemlich elegante Lösung. Fragt man sich, in welchem Fall Greenwich kein Greenwich wäre, so liegt die Antwort auf der Hand: Wenn es den »Anti-Null« von Greenwich bildete – nicht null, sondern hundertachtzig Grad, die Verlängerung seines Meridians auf der anderen Erdhalbkugel. Kurz, Greenwich sollte seinen Status einbüßen, jedoch alle Ephemeriden behalten, indem der Anti-Null (oder »Niederbogen«) durch »den unbewohnten Pazifik und durch die Eissteppen Sibiriens verläuft« – und nicht durch die grünen Vororte Londons –, niemanden stört und keine nationalen Empfindlichkeiten weckt. Das Kolonialamt zeigte sich hinreichend beeindruckt; man ließ die Referate übersetzen und an die weltweit führenden Astronomen verteilen, lud Fleming auch ein, sein Referat beim Jahreskongress der British Association for the Advancement of Science zu halten, der diesmal in Dublin stattfand – wo er dann jedoch wie gesagt wartete und wartete, ohne aufgerufen zu werden.

Alle seine späteren Vorträge zielten in verschleierter Form auf eine intellektuelle Wiedergutmachung; ebenso ein neues Projekt, das er sofort aufnahm, beginnend mit seinem Abschlussbericht von 1879 für die Canadian Pacific Railway, worin er schon den Plan eines durch den gesamten Pazifik zu legenden Kabels ankündigte, um London über Kanada mit Australien zu verbinden. Eisenbahnen waren schnell, Kabel indes noch viel schneller, und Fleming hatte das Fieber der Direktverbindung gepackt. Die Eisenbahnen, so notierte er, verbänden zwei verschiedene Techniken miteinander: die Schienen und den Telegraphen. Beide folgten einander auf dem Fuße, und tatsächlich konnten Züge ohne den Telegraphen nicht fahren. Doch Kabel waren unvergleichlich direkter und flexibler. Jetzt, da man die Eisenbahnen in Sichtweite des Meeres hatte, schien der Moment gekommen, die bereits durch den Atlantik geführten Kabel weiter quer durch den Pazifik auszudehnen. So würde Vancover direkt mit den Fidschi-Inseln und Australien, dieses mit Indien und Südafrik verbunden. Ein Blick auf die Weltkarte ließ keinen Zweifel daran zu, dass die roten Zonen der Erde – das britische Empire – den Zusammenhalt wahrlich brauchten. Ohne das übergeordnete Ziel der Standardzeit preiszugeben, würde Fleming jetzt also das letzte große Projekt seines Lebens in Angriff nehmen: die Verlegung eines transpazifischen, weltweiten, ganz und gar britischen Kabels.

173

Seine Vision war immer die der einen Welt mit Direktkommunikation gewesen, sodass die Zeitzonen lediglich eine grobe Skizze dessen bildeten, was er als nächstes plante: Was nützte die Zeit, wenn man sie nicht praktisch ins Werk setzen konnte?

Im Jahr 1895 besuchte der damals achtundsechzigjährige Sandford Fleming, kurz vor seinem großen Triumph stehend, der ihm zwei Jahre später sogar die Erhebung in den Ritterstand eintrug, die irische Grafschaft Mayo. Er war nach Großbritannien gereist, um die Finanzierung und den Fortgang des von ihm geplanten transpazifischen Kabels persönlich in Augenschein zu nehmen. Über eine kleine Begebenheit, die sich dort zutrug, berichtete er das Folgende:

> Als ich in einem leichten Pferdewagen von Newport nach Blacksod Bay fuhr, telegraphierte ich auf dem Weg von einem Postamt aus einem Londoner Freund und setzte dann meine Reise fort. Etwa eine Stunde später erschien eine Frau vor der Tür des nächsten Streckenpostamtes. Sie winkte, hielt den Wagen an und erkundigte sich nach einem Herrn meines Namens, um mir die Antwort des besagten Freundes zu überreichen. Meine zwölf Kilometer zuvor aufgegebene Botschaft hatte Irland, den St. George's Kanal, Wales und England durchquert. Sie traf meinen Freund in der Metropole London an, und in wenig mehr als einer Stunde nach Absendung hielt ich seine Antwort in Händen. Der ganze Spaß kostete mich nur ein paar Groschen. Das erschien mir wie ein Wunder. Geographisch gesehen befand ich mich im abgelegensten Winkel eines Landes, in dem mich niemand kannte, und enthüllte meine Identität nur telegraphisch den Londoner Freunden gegenüber. Seit meinem Besuch in Blacksod Bay träume ich immer davon, die Nutzung des elektrischen Telegraphen weiter auszubauen, denn ich halte dieses Kommunikationsmittel wahrhaft für ein Geschenk des Himmels. Ich frage mich, ob wir unsere Dominionen nicht mittels der Telegraphie genauso

nah an England heranholen könnten, wie es Irland und Schottland heute schon sind. Wäre es möglich, das ganze weltumspannende britische Empire telegraphisch gleichsam in eine Nachbarschaft zu bringen?

So wundersam es damals erschienen sein muss: Das war ungefähr die Grenze, bis zu der sich die Ehe aus Dampf und Elektrizität vorantreiben ließ. Die darauf gerichteten vereinten Bemühungen, wie sie damals in den Brennpunkt traten, bezeugten zugleich die mechanischen Nachteile der Dampftechnik, deren Niedergang damit, freilich uneingestandenermaßen, begann. Zwei Jahre zuvor hatte Rudolf Diesel den nach ihm benannten Motor erfunden, das Telefon war bereits weit verbreitet und die kompakte Energie der Elektrizität herrschte allerorten, angefangen bei Glühbirnen bis zum Phonographen, dem Ventilator und dem Filmprojektor. Marconis drahtlose Übertragung übersprang den Kanal und dann innerhalb eines Jahrzehnts den Atlantik, gerade ein Jahr nachdem das weltumspannende Kabel verlegt und in Betrieb genommen worden war. Hätte Fleming genau hingehört, so hätte er unter den Füßen des Dinosauriers bereits die wuselnden Geräusche primitiver Mäuse vernehmen können.

8
Schienenfahrten

Kein Aspekt des menschlichen Strebens, vom Recht und der Medizin bis zur Wirtschaft und Ästhetik, ist durch das Auftreten unseres Golems und treuen Dieners, der Dampflokomotive, nicht ganz grundlegend verändert worden. Gerne weisen wir darauf hin, dass die Eisenbahnen den Wilden Westen zähmten und die Welt zivilisierten, doch gibt es auch eine spannende Gegengeschichte: Sie haben uns erkühnt. Das ferne Pfeifen der Lokomotive nährte unsere Träume und unser Fernweh, machte uns im Sinne der geltenden Maßstäbe sehnsüchtig. Die Macht der Eisenbahn kannte keine Grenzen, und diese Energie übertrug sich, stieg dem viktorianischen Reisenden sogar buchstäblich zu Kopfe.[60]

Wenn Erwägungen der Geschwindigkeit all unsere tagtäglichen Entscheidungen beeinflussen, so kann dies aus sozialpsychologischer Sicht genauso beunruhigend wirken wie das Tempo in einem sportlichen Wettkampf. Wie Sandford Fleming es darstellte, hatten Bauingenieure – diese Wegbereiter – bereits viele Unregelmäßigkeiten der Natur ausgebügelt. Um die Jahrhundertwende durchbrach das neu erfundene Automobil den neuen Rekord von hundert Meilen pro Stunde. Ab dem zweiten Drittel schien das 19. Jahrhunderts durch den Eindruck von Bewegung an allen Fronten geprägt zu sein, fast wie bei einer hektischen Treibjagd, und dabei drängt sich gerade die Eisenbahn als das augenfälligste Symbol des Industriellen Zeitalters auf.

Die »Eisenbahnreise« – um hier den Titel von Wolfgang Schivelbuschs großer sozialgeschichtlicher Studie »Zur Industrialisierung von Raum und Zeit im 19. Jahrhundert« zu zitieren – bildete als ein besonderer Mikrokosmos das getreue Abbild aller philosophischen und ästhetischen Debatten des 19. Jahrhunderts. Was ist Vision, was Realität? Welche Gesellschaftsstrukturen können dem Ansturm des Tempos standhalten? Worin bestehen die festen Polaritäten von Zeit und Raum? Wem können wir trauen? Wie viel Distanz ist ratsam? Wenn das menschliche Gehirn tatsächlich mit angeborenen Kategorien von Zeit und Raum ausgestattet war, wie bestimmte kontinentaleuropäische Philosophen meinten, so musste die Eisenbahn eine grundlegende Bedrohung unseres Realitätssinnes verkörpern. Der europäischen Psyche geriet ihre innere Uhr aus dem Takt. Inwieweit äußerte sich dieses gestörte Gleichgewicht in den Nervenkliniken der noch jungen Psychiatrie als Hysterien und Neurasthenien?[61]

Sogar die gesellschaftlichen Umgangsformen durchliefen nun einen erheblichen Wandel. In England zum Beispiel griff die zwanglose Kumpanei und plumpe Gleichmacherei der Postkutsche, die zu rauen *Tom-Jones*-Szenen mit gemeinsamem Essen und Trinken geführt hatten, wobei man auch den Kutscher duzte und beim Vornamen nannte, niemals auf das Eisenbahnabteil über. Der Grund dafür lag anfangs in nackter Furcht, und sehr zu Recht, denn in der Anfangszeit waren Unfälle, Entgleisungen und ein allgemeines Unbehagen an der Tagesordnung. In einer Achterbahn ist man ja gleichfalls eher nicht zu einer Plauderei mit freundlichem Händeschütteln aufgelegt.

Und es gab noch einen weiteren Grund, der vermittels eines Analogieschlusses bis in die Debatte über die Standardzeit hineinreichte: Die frühen europäischen Eisenbahnabteile erinnerten im Grunde, bis hin zu den Bezügen aus Plüschsamt, an fahrende Särge. Hinein und heraus kam man nur durch die auf der Bahnsteigseite liegende Einzeltüre; Verbindungen zwischen den Abteilen gab es nicht und damit auch keine irgendwie gearteten Bordeinrichtungen. Die Heizung ließ sehr zu wünschen übrig. Fast böte sich das *Endspiel* als eine treffende Metapher an: Begräbnis mit Fegefeuer für sechs Zigarren rauchende Herren, die zum Teil zweifellos Ess- und Trinkbares mitführen und sich in ihre Zeitungen vertiefen. Kein einander bekannt machen, keine Angaben über das Woher und Wohin. Die erste Generation der europäischen Zugabteile ließ an eine Geisterbahn denken: Sie bot zwar eine Form des beschleunigten Transportes, aber noch kein Reiseerlebnis oder, wie wir heute sagen würden, noch keine »Beförderungskultur«. Züge wie Passagiere hatten die Außenwelt – mit ihren Perspektiven, Geräuschen und Bewegungsmustern – noch nicht genügend in sich aufgenommen, um die Eisenbahnreise anders erscheinen zu lassen als eine zutiefst verstörende Hölle auf Rädern.

In der Anfangszeit offenbarten die europäischen Bahnen mit ihrer Planung des Personenverkehrs den zentralen Mangel des »natürlichen« Denkens. Einfach ausgedrückt entging diesem, dass eine so starke Beschleunigung des Tempos nicht ohne einen ebenso starken inneren Aufruhr, ohne eine psychische Rebellion vonstatten gehen konnte. In Europa griff man bei der Planung von Eisenbahnwaggons weitgehend auf das vorhandene Konzept der Postkutsche zurück, doch in einer Ära der Dampfmaschine nahm diese sich so atavistisch aus wie brutale Unterdrückung in einem Klima des aufkommenden Liberalismus. Tempo und Beengung sind, außer vielleicht in der Achterbahn, nicht miteinander verträglich. Doch bis man die Furcht vor hohen Geschwindigkeiten und Energien überwand und Annehmlichkeiten wie einen Mittelgang einführte, hatte sich in europäischen Eisenbahnen bereits die Gepflogenheit durchgesetzt, gar nicht miteinander zu kommunizieren. Daher die Vermeidung jeder Kontaktaufnahme, die ungesellige Atmosphäre und das buchstäbliche Bedürfnis, sein Gesicht hinter irgendeinem Lesestoff zu verbergen.

Bereits 1848, kurz nach der Standardisierung entlang der Great-Western-Linie, hatte der Zeitungsverkäufer W.H. Smith auf dem Bahnhof Euston begonnen, Fahrgästen mit Ziel Birmingham gegen eine Gebühr Bücher auszuleihen. Für kaum mehr als einen Penny konnten sie einen Band aus seinem reichhaltigen Sortiment mit an Bord nehmen, unterwegs lesen und dann auf dem Bahnhof der Endstation in seinem dortigen Laden wieder zurückgeben. Auf diese Weise wurden neben einer höchst eintönigen Literatur, dem sogenannten »Schauerroman«, auch billige Ausgaben beliebter zeitgenössischer Werke geboren. In Frankreich tat Louis Hachette das Gleiche, nur im größeren Stil, und bald brachten britische Verlage eigens Reihen mit »Eisenbahnlektüre« heraus.

Ähnlich wie W. H. Smith das Modell der Standardisierung auf seine Leihbücherei übertrug, nachdem die Normalzeit in ganz England durchgesetzt worden war, so förderte der neue Maßstab auch eine einheitliche Sicht der Kultur, eine Großbritannien und den Kontinent überspannende kosmopolitische Einstellung. Schon 1838, nach nur zehn Jahren der Eisenbahnrevolution, erörterten Magazine das Schrumpfen von Zeit und Raum; damit sei der »nationale Herd« – gemeint war London – seinen Bürgern um zwei Drittel näher gerückt als jemals zuvor. Züge beförderten ihre Passagiere um etwa das Fünffache schneller als die rasantesten Postkutschen, was entweder ein Beweis für die Hysterie der Gesellschaft sei oder bloß eine andere Art auszudrücken, dass sich die wahrgenommenen Entfernungen jetzt um einen Faktor von fünf verminderten. Schivelbusch zitiert Heinrich Heine, der 1843 in seinem Werk *Lutetia* fast überschwenglich, aber auch mit einem »unheimlichen Grauen« auf das gewaltige Potenzial der Eisenbahnen reagierte:

> Welche Veränderungen müssen jetzt eintreten in unsrer Anschauungsweise und in unsren Vorstellungen! Sogar die Elementarbegriffe von Zeit und Raum sind schwankend geworden. Durch die Eisenbahnen wird der Raum getötet, und es bleibt uns nur noch die Zeit übrig. [...] In vierthalb Stunden reist man jetzt nach Orléans, in ebensoviel Stunden nach Rouen. Was wird das erst geben, wenn die Linien nach Belgien und Deutschland ausgeführt und mit den dortigen Bahnenverbunden sein werden! Mir ist als kämen die Berge und Wälder aller Länder auf Paris angerückt. Ich rieche schon den Duft der deutschen Linden; vor meiner Türe brandet die Nordsee.

Gegenüber dem feinen Spott Heines erinnerte sich John Ruskin nur wehmütig an die Postkutsche, und er verabscheute jede einzelne Sekunde des Eisenbahnfahrens. In der *Quarterly Review* wetterte Ruskin gegen »die widerlichste heute existierende Form von Teufelei, ein bewusst herbeigeführtes und angezetteltes Erdbeben, das alle liebenswerten sozialen Bräuche und etwaigen Naturschönheiten zerstört«.

Beide Parteien der Debatte konnten sich, ob nun zum Guten oder Schlechten, durchaus eine nahe Zukunft vorstellen, in der das gesamte Land eine einzige Großstadt wäre. Die Eisenbahnreise führte eine neue Struktur des sozialen Austausches herbei und raubte dem Passagier die vermeintliche Autonomie. Sie zwang ihn, in einer bestimmten Art und Weise aus dem Fenster zu schauen, um Schwindelanfällen vorzubeugen. Handbücher belehrten ihn darüber, wie man sich richtig verhielt, wie man seine Wertsachen schützte und in welchen Fällen man möglichst kein Gespräch anfangen sollte. Alle neuen Formen des Reisens wirken zunächst einmal entmündigend, und da bildeten die Eisenbahnen keine Ausnahme.

Ähnlich wie sich die heutige Jugend grob in Computerkundige und ungelernte Arbeiter gliedern lässt, so prägten die Einstellungen gegenüber der Eisenbahn damals soziale Schichten und Altersgruppen. Bekanntlich fühlte sich Flaubert durch die Eisenbahnen bis zum Wahnsinn gelangweilt, Ruskin dagegen vor allem als ein Frachtpaket behandelt und nicht wie ein Kunde bedient. Andere fanden jedoch Gefallen an den neuen Zügen und begrüßten die Überwindung von Schranken, ja sogar die Zerstörung der Landschaft und alles Malerischen in der Natur, als Bestätigung dafür, dass die Welt zu einer geistig-symbolischen Einheit zusammenwuchs.

Als Charles Dickens, der zunächst gar kein Freund der Eisenbahnen war, da sie gleich schwerfälligen Brontosauriern unbarmherzig über Feldwege und ganze Stadtviertel hinweg donnerten, um 1848 seinen Roman *Dombey und Sohn* verfasste, würdigte er in einem außergewöhnlichen Kapitel, »Mr. Dombey macht eine Reise«, dennoch ihre Kraft, ja sogar ihr Erlösungspotential: Dombey besteigt den Zug als gebrochener, sogar kurz vor dem Selbstmord stehender Mann, als ein echtes Wrack. Doch tags darauf fühlt er sich wie beschwingt, beseelt und voller Zuversicht: »Am andern Morgen aber stand er nicht nur wie ein erfrischter Riese auf, sondern benahm sich auch beim Frühstück wie ein sich erfrischender Riese.«

Das besagte zwanzigste Kapitel muss besonders in sozialpsychologischer Hinsicht als Literatur von einiger Brisanz gelten. Mr. Dombey, ein wohlhabender Industrieller, der seinen Sohn verloren hat, bereitet sich gerade darauf vor, den Zug zu besteigen, als ihn der »Heizer« Mr. Toodle anspricht – »denn Mr. Dombey pflegte stets über den gemeinen Haufen weg und nicht nach ihm hinzusehen« –, dessen Frau früher einmal bei den Dombeys in Diensten gestanden hatte. Der feine Herr nimmt sofort an, dass Toodle ihn nur wegen einer milden Gabe angehen will:

»Vermuthlich braucht euer Weib Geld?« sagte Mr. Dombey in seinem gewöhnlichen stolzen Tone, während er die Hand in seine Tasche steckte. »Nein, danke, Sir«, entgegnete Toodle, »kann's nicht sagen. Ich wenigstens brauche keines.« Die Reihe des Betroffenwerdens kam jetzt an Mr. Dombey, der linkisch mit der Hand in der Tasche dastand. »Nein, Sir«, sagte Toodle, wieder und wieder seine Theermütze drehend. »Es geht uns ziemlich gut, Sir, und was das Weltliche betrifft, so haben wir keine Ursache, uns zu beklagen, Sir. Wir haben seitdem vier weitere gehabt, Sir, aber wir schlagen uns durch.«

Was die sozialen Aspekte angeht, so durchlief das Klassensystem damals gerade einen tiefgreifenden Wandel – die Tage des Paternalismus wie des Feudalismus waren vorbei –, und die Ursache dafür lag vor allem in der gewaltigen Eisenbahn, die allerdings auch das Psychische beeinträchtigte, sodass Mr. Dombey sein Zugabteil in ziemlich depressiver Stimmung bestieg:

Die Reise bereitete ihm weder Vergnügen, noch Erholung. Da er sich solchen quälenden Gedanken hingab, so brachte er Eintönigkeit in die lebenvolle Landschaft, und die reiche abwechselnde Gegend, in welcher er pfeilschnell dahinschoss, war für ihn nichts als eine Wildniss voll vereitelter Pläne und fressender Eifersucht. Sogar die Geschwindigkeit, mit welcher der Zug fortbrauste, erschien ihm wie ein Hohn über den schnellen Lauf des jungen Lebens, das mit so unerbittlicher Beharrlichkeit dem ihm bestimmten Ende entgegen geführt worden war. Die Gewalt, die sich selbst auf ihrem eigenen ehernen Wege vorwärts drängte, allen Pfaden und Straßen Trotz bietend, sich durch das Herz eines jeden Hindernisses bohrend und lebende Wesen von allen Klassen und Altersstufen hinter sich drein schleppend – war ein Bild des triumphirenden Ungeheuers Tod.

Im weiteren Verlauf der Fahrt, nachdem sich dunkle Nacht, tiefes Schwarz über Mr. Dombeys Seele gelegt hat, zieht er sogar vorläufig eine absolut trostlose Bilanz:

Während Mr. Dombey zu dem Fenster seines Wagens hinaussieht, fällt es ihm nicht entfernt ein, das Ungeheuer, welches ihn hierher brachte, habe nur das Licht des Tages auf diese Dinge geworfen, nicht aber sie geschaffen oder Anlass dazu gegeben. Es war passendes Ende der Fahrt und hätte vermöge seiner traurigen Trümmerhaftigkeit eben so gut das Ende von allem sein können.

Doch am Ende der fast tausend Seiten von *Dombey und Sohn* spüren wir deutlich, dass auch der Autor selbst seinen Frieden mit der schier brutalen Majestät der Eisenbahnen gemacht hat. Fortbewegung ist zwar todbringend, *aber* auch die Lebenskraft. Als solche steht sie für das Schicksal selbst. Wahrscheinlich hätte Dickens am liebsten als romantischer Dichter oder gutsherrlicher Tory-Lord posiert und rundheraus alles verurteilt, was Natur und Geschichte zerstörte, doch als ein Charles Dickens vermochte er dies eben nicht. Er erkannte, dass die Eisenbahn sogar da Leben spenden würde, wo einst nur Verzweiflung und Düsternis geherrscht hatten. Und ebenso sicher würde sie töten – berühmte Beispiele sind Emma Bovary, Anna Karenina und der gleichnamige Held in Willa Cathers »Paul's Case« –, nämlich all jene, die sich einfach nicht auf sie einstellen konnten oder wollten.

Die Eisenbahnen erzwangen auch Gesetzesnovellen. Waren Schienenstränge öffentliche »Wege«, wie Mautstraßen oder Kanäle, und damit gegen Zahlung entsprechender Gebühren allen zugänglich? Nein, gewiss nicht. Das britische Parlament hatte sehr frühzeitig entschieden, dass »Eisenbahntrassen« etwas völlig Neues und Besonderes darstellten. Damit durften die Wegerechte und das rollende Material als Privateigentum gelten. Konnten sie dem Menschen gesundheitlich schaden? Die Liste der Symptome lässt uns heute auf eine »posttraumatische Belastungsstörung« schließen, und ein solches Trauma war die Eisenbahnreise tatsächlich um die Mitte des 19. Jahrhunderts:

die Erschütterung alles Vertrauten, aller Maßstäbe von Erträglichkeit, aller überkommenen Vorstellungen von Zeit und Raum.

Man mahnte, die an das Tempo und die vertraute Perspektive der Postkutsche gewöhnten Augen nicht etwa auf Blickfänger direkt am Bahndamm zu richten, sondern ferne Gegenstände zu fixieren, den höchsten Baum, den Kirchturm, eine Burgruine, um Schwindelanfälle oder, schlimmer noch, eine an Wahnsinn grenzende Orientierungslosigkeit zu umgehen. Fahrgäste mussten einen »Panoramablick« einüben, um die verwirrende Zersplitterung und trügerische Ausgefranstheit des verschwommenen Vordergrundes wettzumachen. Vom fahrenden Zug aus gesehene besiedelte Landschaften zerfielen in eine Reihe von Flecken, hinterließen bloße Eindrücke, wie Schatten in Torwegen oder über Felder gebückte Figuren, zweidimensionale Bilder anstelle von langsamen perspektivischen Annäherungen. Die fortschreitende Aufnahme immer vielfältigerer Reize galt als ein Merkmal des beschleunigten Stadtlebens, im Unterschied zum gesetzten Leben auf dem Lande, doch das Szenario ging über die bloßen Örtlichkeiten hinaus. Es hatte nicht allein mit dem jeweiligen Grundrhythmus der beiden Bereiche zu tun, sondern auch mit der Form des Überganges, mit dem Tempo der zwischen ihnen verkehrenden Eisenbahn.

Eine ganze Lebensart gehörte damit der Vergangenheit an, wie viktorianische Chronisten wiederholt vermerkten, nämlich jene gemächlichere Epoche des Genusses und der Geselligkeit, in der man die Reize von Landschaften durchs Postkutschenfenster auf sich wirken ließ, wenn sie im natürlichen Rhythmus der Pferde vorüberglitten. Sooft neue Erfindungen ihre Vorformen fast auslöschen, wie die Eisenbahn den Postkutschenbetrieb, das Auto die Eisenbahn, die Schreibmaschine eine elegante Handschrift oder der

Computer die Schreibmaschine, bringt das solche sentimentalen Träumereien in Gang; denn wer würde nicht Züge, Segelschiffe, Fahrräder oder Langlaufskier gegenüber irgendwelchen motorisierten oder gar düsengetriebenen Fahrzeugen bevorzugen? Ganz zu schweigen von persönlichen, mit Füllfederhalter geschriebenen Briefen gegenüber standardisierten, meist auch noch schlampig formulierten E-Mails!

Wir wollen mehr Tempo und verurteilen oder beklagen doch zumindest gleichzeitig das Absterben der ruhigeren und wahrscheinlich schöneren, angenehmeren Erlebnisse, die es zwangsläufig verdrängt. Eisenbahn-Fans, Oldie-Besitzer, Kaninchenzüchter und Winzer, Hobbyangler, Gärtner – *sie* sind jene wahren »Zeitmillionäre«, die es sich leisten können, alle Zeit der Welt für ihre Träume zu verwenden und zumindest teilweise in der Vergangenheit zu leben.

Wir anderen fliegen oder fahren erster Klasse in der Hoffnung, wenigstens eine Spur vom alten Glanz wieder herstellen und uns ein ansonsten unbequemes Reiseerlebnis ein wenig versüßen zu können. Für einen gepfefferten Aufschlag können wir noch einmal den Duft des Orient-Express oder den Luxus der *Titanic* aufsaugen, ein wenig an der Berühmtheit von Hollywoodstars teilhaben, die leutselig winkend wie große Staatsmänner die Gangway ihres Flugzeuges hinabzusteigen pflegten. Oder wir könnten im Salonwagen ein Gläschen mit Cary Grant und Eva-Marie Saint trinken, wenn nicht wie Joseph Cotten im staubigen Wien der Nachkriegszeit auf dem kalten, engen Plafond zwischen zwei Eisenbahnwagen von Angesicht zu Angesicht, Zigarette zu Zigarette mit Harry Lime dunkle Geschäfte abwickeln. Sind das da auf dem Rollfeld nicht Bogart und Bergman, denen Claude Rains grinsend zuschaut? Vor noch gar nicht so langer Zeit bahnten sich alle Tragödien, Romanzen und Komödien Amerikas in Zügen an, und von Preston Sturges bis Billy Wilder sangen alle zur

Melodie von »The Chattanooga Choo-Choo« oder »Atchison, Topeka and Santa Fe«. Der Hauptgrund hierfür liegt vermutlich darin, dass Autos und Flugzeuge die Bahn bereits »eingerahmt« hatten, sodass sie an erster Stelle kein Transportmittel mehr war, sondern ein Hort der Erinnerung und der Nostalgie.

Die Dampftechnik hatte nicht nur mit Tempo, Kraft und Pünktlichkeit zu tun, und sie veränderte weit mehr als bloß Landschaften. Von Dampfmaschinen gingen Hitze, Lärm, Gefahren und stinkender Qualm aus, doch dem Prinzip ihrer Wirkungsweise war etwas Intuitives eigen, ähnlich wie bei ihrem unmittelbaren Nachfolger, dem Verbrennungsmotor. Man kann sich plastisch vorstellen, wie der damalige Kollege des Jungmechanikers von 1950 um 1850 an seiner Dampfmaschine arbeitete, sie polierte, ölte und präzise einstellte. Der Schritt von James Watt zu Gottlieb Daimler oder Henry Ford erscheint gar nicht einmal so unglaublich gewaltig.

Die Technik der Dampfkraft war zwar anspruchsvoll, aber erlernbar, und im Unterschied zum elektrischen Strom konnte man den Dampf auch sehen: Er stand für einen Sieg der Praxis über die Theorie. Mit Hilfe der Dampfenergie ließen sich Berge abtragen und Häfen ausbaggern. Flüsse wurden überquert; der Schiffsbau verwendete statt Holz und Segeltuch nun Stahl und Eisen, der Laderaum und die Anzahl der Kabinen wuchsen um ein Hundertfaches, weshalb man für Ozeanüberfahrten Tausende Tonnen Kohle aufnehmen musste. In die Kalkulation eines jeden neuen Unternehmens gingen sorgfältige Vorbereitungsmaßnahmen und astronomische Vorlaufkosten ein, was den Londoner und kontinentalen Banken Anleiheemissionen für Projekte bescherte, die noch eine Generation vorher undenkbar erschienen wären: unterseeische Kabel; neue Werften, Stahlhütten, Grubenanlagen;

transkontinentale Eisenbahnen quer durch ganz Kanada, Südafrika, Amerika, Indien; Telegraphen, die gesamte Westküste Afrikas hinab, gewaltige Stahlbänder und Kupferspulen. Die neue Technik fraß Kohle, sogar viel mehr, als man mit traditionellen Methoden hätte fördern können. Ihre Arbeitskräfte mussten bloß angelernt sein, um den relativ geringen Anforderungen zu genügen, und am Ende gewannen viele, wie Fleming oder William Allen, genügend Selbstvertrauen, um die herkömmlichen Annahmen in Frage zu stellen und Abkürzungen zum angestrebten Ziel vorzuschlagen. Nicht wenige, darunter die Schöpfer der Weltzeit, lernten in der Praxis genug, um dann selbst Ingenieure zu werden. Kurz, allein auswendig Gelerntes, Faustregeln und der gesunde Menschenverstand halfen einem nicht sehr viel weiter.

Der traditionelle Hufschmied mit seinem Amboss, der Fuhrunternehmer oder der Zimmermann hatten Fertigkeiten gebraucht, die ihnen keine bloße Lehre vermitteln konnte. Das »Pi mal Daumen« gehörte zum ländlichen Charme, und niemand erlitt durch kleinere Unebenheiten ernsthaft Schaden. Bis etwa 1830 hatte, wie Thomas Huxley und andere in Erinnerung riefen, der technische Fortschritt und damit auch das Gefühl für eine Beschleunigung des Lebensrhythmus, seit dem Mittelalter brachgelegen. Die ländliche Wirtschaft basierte vor allem auf Textilien, Ackerbau und Viehzucht. Im Gebiet des Empire beschränkten sich Import und Export auf einen Dreieckshandel mittels Segelschiffen.

Die Dampftechnik erzeugte einen eigenen Bedarf an Ingenieuren, um den Trassen- und Tunnelbau, die Ausschachtung von Häfen und die Analyse von Untergründen für den Bau immer schwererer Brücken zu überwachen – kurz, für alle einschlägigen Bereiche der Technik sowie der angewandten Physik und Naturwissenschaften. Man benötigte: Maschinenbauingenieure, um minimale Toleranzen einzustellen, die Fertigung von Turbinen und Werkzeugmaschinen zu beaufsichtigen, aber auch Standardmaße und -gewichte festzusetzen; Bergbauingenieure, um die Kohleförderung zu steigern; Hütteningenieure, um neue Verfahren der Stahlgewinnung zu entwickeln. Dampf war eine unversöhnliche Kraftquelle, denn jede Schwäche, jeder Rechenfehler, jede falsche Ablesung an mindestens einem Dutzend Temperatur- und Druckmessern zog zwangsläufig irgendein Unheil nach sich. Außerdem brauchte man härtere, bei höheren Graden gegossene, aus reineren Erzen gewonnene und experimentell mit Zusätzen versehene Metalle. Der starke Bedarf an Ingenieuren kam unmittelbar der Mittelschicht und den großstädtischen Hochschulen Londons, Glasgows und Manchesters zugute, nicht dagegen der alten Aristokratie, deren Sprösslinge weiter an die Eliteuniversitäten und in eher traditionelle Berufe strebten.

England hatte sich in wenig mehr als einer Generation von einer seit König Johns Zeiten unveränderten Agrar- und Forstwirtschaft in einen, wie Huxley es ausdrückte, bahn- und kohlegetriebenen Dynamo verwandelt, der in jeder Hinsicht dämonische Züge aufwies, was Größe, Lärmpegel, Kraft, Tempo und Umweltverschmutzung anging. Ganze Gebirgszüge aus Schlacke umgaben die neuen Industriezentren. Langfristig jedoch war die Zukunft des Dampfes durch seine ureigenen Defizite gefährdet, die neue Technik zum Größenkollaps verurteilt. Der für eine Dampfturbine erforderliche Schutzmantel und die Schwierigkeit, den Druck konstant zu halten, machten kleinere Maschinen unrentabel. Deshalb musste sich die Dampftechnik, was Lärm, Ruß, ja sogar Kraftaufwand anging, immer unmäßiger entwickeln. Mittelfristig schienen ihre äußeren Dimensionen zwar[62] vor allem durch die Menge der entsprechenden Energievorräte begrenzt, aber England, Frankreich, Deutschland waren ja, ebenso wie die

Vereinigten Staaten, mit schier endlosen Kohlenflözen gesegnet.

Größe und Kraft der Dampfmaschinen förderten eine gewisse Prahlerei, die soziale und wirtschaftliche Extravaganz des Goldenen Zeitalters, eine mit Zigarren und Brandy daherstolzierende, ausschweifend hochmütige Anmaßung von Gottähnlichkeit. Demgegenüber stellte die sich seinerzeit am Horizont bereits ankündigende Elektrizität etwas vollkommen Neues dar, denn solcher Strom war nicht nur unsichtbar, sondern erforderte auch eine spezielle theoretische Ausbildung. Elektromotoren müssen gar nicht sehr groß sein, um schnell und gut zu laufen, und bedürfen kaum einer Isolierung. Deshalb galt der elektrische Strom anfangs – vom Telegraphen einmal abgesehen – als etwas Anrüchiges, Unmännliches, sodass seine Nutzung auf die »weibliche« Sphäre beschränkt blieb, zum Beispiel auf Brennscheren, Fußmassagegeräte oder Apparate zur Linderung aller möglichen Beschwerden, die der »Stimulation« bedurften.

Die Prachtsäle der immer größeren Luxusdampfer und Binnenschiffe, die gepolsterten Salonwagen der Eisenbahnelite, aber auch die durch Funkenflug und Kesselexplosionen drohenden Gefahren: Dies alles nährte ein inneres Aufbegehren gegen Beschränkungen. Der Wunsch des Goldenen Zeitalters, mehr zu sehen, frei zu sein, in völligem Luxus immer noch weiter und noch schneller zu reisen, seinen geschmacklosen Konsumfetischismus aggressiv zur Schau zu stellen, findet jedoch seinen Gegenpart in der maßvollen Zurückhaltung eines Sherlock Holmes oder in den überlieferten seriösen Bildern vom viktorianischen Anstand. Selbstverständlich trifft beides zu. Die Begründung neuer Vermögen – das nicht nur in der kontinentalen, sondern auch englischen und amerikanischen Literatur stark ausgeprägte Entstehen des bürgerlichen Modells viktorianischen Wohlstandes – beruht ebenso auf unverhofften Zufallstreffern wie auf gewaltigen Spekulationsverlusten, die Werte, und Existenzen, mal schufen, mal vernichteten. Der neue Reichtum – buchstäblich wie auch im übertragenen Sinne »schmutziges Geld« – wurde bei riskanten Geschäften an gefährlichen Orten unter hohen Einsätzen ergaunert: Schmiergelder flossen, windige Anleihen wurden aufgelegt, Büffelherden und widerspenstige Indianer mit allen verfügbaren Mitteln einfach aus dem Weg geschafft. Zusammenschlüsse und Monopolbildungen, Aushungern der Konkurrenz, Zwangsübernahmen, Ausspielen der politischen Karte, Bekämpfung der Gewerkschaften; am gemeinsten durch George Pullman selbst: Es war eine wahrhaft herrliche Zeit für kapitalistische Freibeuter.

Käffer wuchsen über Nacht zu Städten heran. Die Eisenbahnen brachten Zuwanderer, Zivilisation und neuen Wohlstand. In der Neuen Welt war der Aufschwung, welche Verwerfungen er auch verursachen mochte, jedenfalls besser als die zuvor herrschende Leere, eine bis heute keineswegs überwundene Einstellung. Die Demographie spricht Bände, doch auch Mythen verraten manches. So hatte der Mythos vom Drang nach Westen Fuß gefasst: Jetzt stand Expansionismus, das sogenannte »manifeste Schicksal« Amerikas, auf dem Programm, der verwaiste Kontinent verlangte Siedler, und nichts konnte ihren Zug aufhalten.

Doch in England, wo die Dorfkultur seit Jahrhunderten gefestigt war und das unverdorbene Landleben über Arthur, Shakespeare oder Wordsworth – wenn nicht in der Constableschen, Blutegel ansetzenden Weise – den Nationalcharakter prägte, konnte das Land nur noch in zwei einander widersprechenden Zuständen bestehen: Dörfer brauchten Bahn- und Kabelverbindungen, mussten jedoch zugleich in ihrer Eigenart unverändert bleiben. Konnte eine traditionelle Landkultur, analog zum »natürlichen«

Denken in allen seinen Ausdrucksformen, den Herausforderungen des industriellen Zeitalters standhalten?

Die Antwort lautet eindeutig nein. Wir sind bereits der Eingebung eines Thomas Arnold begegnet, der beim ersten Anblick der Eisenbahn in Rugby ausrief, »das Feudale ist ein für alle Mal verloren«. Als D. H. Lawrence von 1912 bis 1914 *The Rainbow* [63] schrieb, beschwor er eingangs das englische Landleben in einer Ära vor dem Siegeszug der Eisenbahnen, die sich ebenso auf Königin Elisabeth wie auf König John beziehen könnte: »Doch vom blind erregten Umgang des Landlebens schauten die Frauen hinaus auf die jenseits liegende sprechende Welt. Sie waren sich der Lippen und des Geistes der sprechenden, um Ausdruck ringenden Welt bewusst, vernahmen den Klang in der Ferne und hörten angestrengt zu.« Die Berührung mit dem Industrialismus stellte eine Verbindung zwischen dem »Unausgesprochenen« und der Sphäre des »Ausdrucks« her. Die Stadt nährte Sprache und Geist, breitete ihren verderblichen Einfluss aus wie die Bodenspekulation, der Dörfler so schutzlos ausgeliefert waren wie Samoaner der gemeinen Erkältung.

Indem die Dampfmaschine das Pferd aus dem Leistungskalkül strich, läutete sie jene tiefe Umwälzung ein, die idyllische Natur selbst zunehmend aus dem Landleben zu verdrängen. Konnte denn eine Landschaft noch Landschaft heißen, wenn sie Trassen, Tunnels, Brücken, eine Rauch speiende, mit Kohle befeuerte Lokomotive, einen von Telegraphenmasten flankierten Bahndamm und eine lange Kette aus Personen- oder Güterwagen anstelle eines Pferdekarrens und des Gemäuers einer Burgruine aufwies? Konnte ein Dorf noch als Dorf gelten, wenn es sich nach und nach um den Bahnhof und nicht mehr um die Kirche oder den Marktplatz herum ausbreitete? Was, wenn es allein um des Überlebens willen versuchte, mit Kneipen und urbanen Moden den Bedürfnissen und Vorlieben einiger städti-

191

scher Besucher zu dienen? Konnte sich das Landleben behaupten, wenn die jungen Leute nach Belieben wegziehen durften? Und konnte sich ein Engländer überhaupt noch englisch fühlen, wenn er – wie es alle großen Schriftsteller der Insel taten – einen symbolischen Zusammenhang zwischen der Volksseele und den ewig grünen, mit Steinen eingefassten Grasnarben annahm?

Der arrivierte Landjunker Dickens kämpfte lange mit seiner Antwort auf diese Fragen. Er beobachtete die Zerklüftung des Landes und die Auswirkungen des Schneisen und Breschen schlagenden Eisenbahnbaus auf viele Stadtviertel gewissermaßen mit dem Abscheu eines Tory. Doch er war eben Dickens. Der Gutsherr in ihm mochte erschauern, aber der Schriftsteller blieb nicht bei solchen Vorurteilen stehen. Hier ging es um eine Macht, die genauso unaufhaltsam war wie Fluten oder Feuersbrünste. Wenn sich die von der Technik freigesetzte Energie kanalisieren ließe und so der geschaffene Wohlstand für die Gesellschaft bereitstünde, würden Armut und Abhängigkeit enden, könnte der Mensch wahrhaft zum Übermenschen werden. Das war die dominierende Stimme im Jahrzehnt des britischen Aufstieges ab etwa 1850, als die junge Viktoria mit dem klugen Albert an ihrer Seite regierte und Darwin die bis heute fortwirkende geistige Revolution auslöste. Die Veränderungen mochten hässlich sein, die Entwurzelungen schmerzhaft, das Chaos bisweilen unerträglich, außerdem würde es Tausende von Opfern geben ... und doch.

Neuer Wohlstand, neue Visionen, neue Möglichkeiten konnten alles, was auf dem Lande stillstand, in Bewegung versetzen, und alles, was in den Städten brutal ausbeuterisch erschien, abschaffen und von Grund auf erneuern. So sahen es Lawrence und Hardy. Man hatte die Kraft, nichts bloß Symbolisches oder Mysteriöses herbeizuführen, sondern die Ehrfurcht gebietende, fast gottgleiche Energie, Berge zu versetzen, Kanäle auszuheben, Küstenstriche zu begradigen, Waren zu den vielversprechendsten Märkten zu befördern, Informationen direkt zu empfangen: Das alles war plötzlich geschehen, und kein König, kein Priester, kein selbst ernannter ländlicher oder städtischer Potentat hatte dem Ganzen Einhalt gebieten können. Hier war die magische, zuvor fast unmöglich erscheinende Verbindung zwischen Wohlstand und Fortschritt hergestellt, wobei es zu bedenken gilt, dass Technik, Industrie, Dampf, Sexualität – und nicht zu vergessen *Zeit!* – im Grunde demokratische Errungenschaften und keine aristokratischen Spielereien waren. Dickens spendete den Veränderungen beizeiten Beifall.

In Nordamerika verschandelten die Eisenbahnen weder die Landschaften, noch mussten sie mit älteren, vermutlich höheren Zivilisationsstufen kämpfen oder sich gegen schon bestehende Lehensmuster behaupten. Eine anerkannte Landesgeschichte entstand erst, als die Eisenbahnen sie schrieben. Statt wie in Europa eine herrschende Orthodoxie zu bedrohen, galten die Bahnen dort als Vehikel, um kulturelle Werte zu verbreiten, ja sogar als der freie Ausdruck gerade dieser Kultur. Bis zu ihrer Einführung war Reisen in Amerika durch Flussfahrten geprägt gewesen, sodass die gewundenen Ströme und der vergleichsweise Luxus von Flussdampfern schon als etwas Normales erschienen. Wenn es in Europa als die Regel galt, nur kurz, möglichst direkt und unbequem zu reisen, so betonte man in Amerika Langsamkeit, Geduld, Muße und Luxus. Bahnreisen auf den amerikanischen Hauptstrecken von 1870 sind mit den heutigen zwischenstaatlichen Verbindungen der Eisenbahngesellschaft Winnebago vergleichbar.

Auch das archaische, wenngleich bezaubernde Wirrwarr antiker *quartiers*, eine Reihe mittelalterlicher Weiler, aus denen eine Metropole namens Paris bestand, entging der Umwandlung nach dem Vorbild der Eisenbahnen nicht.

Baron Haussmann nutzte beim Umbau von Paris[64] seine Jahrtausendchance, um den Plätzchen und Sträßchen der verwinkelten Stadt ein kühnes Gitter gerader, breiter, an Bahnlinien erinnernder Boulevards aufzuzwingen. Mag das stolze Frankreich auch kurz nach Haussmanns Entlassung durch ein technokratisches, militaristisches Deutschland gedemütigt worden sein – und nicht zuletzt deshalb, weil es sich zuvor einer so maßlosen Selbstüberschätzung hingegeben hatte, weil Europas erste revolutionäre Gesellschaft zu selbstgefällig geworden war –, dennoch gehörten die *grands-boulevards* schon jener kulturellen Umgestaltung an, die sich stark auf Frankreichs Beiträge zur Kunst und Wissenschaft auswirken sollte und 1884 bei der Prime Meridian Conference zu einer dramatischen, beinahe kampflustigen Gefühlsaufwallung führte. Die geteilten Ansichten über die Folgen des Umbaus von Paris entsprachen genau den überkommenen Einstellungen gegenüber den Eisenbahnen im allgemeinen. Man könne entweder Tempo und Effizienz oder Charme und Tradition haben, aber nicht beides zusammen. Haussman hatte sich immerhin bemüht, zwischen den beiden gegensätzlichen Forderungen einen überzeugenden Kompromiss zu finden.

Die Erfindung der Standardzeit ragt als ein bedeutender Beitrag zur gesellschaftlichen Einheit heraus, hervorgerufen durch die Ausbreitung einer Technik, die allmählich immer mehr Besitz von unserem Alltag ergriff. Wie einst die chinesischen Kaiser schüchterten die Eisenbahnen ihre Untertanen ein, beherrschten sie, diktierten ihnen die Uhrzeit und den Kalender, setzten eine Hand voll Potentaten ein und hinterließen dauerhafte Monumente, die andere instand halten mussten. Dann kam die Rebellion. Allerdings konnte man die Eisenbahn nicht wieder abschaffen, da sie zu wichtig war; also setzte man ihr enge Grenzen: Nun musste sie ganz buchstäblich lernen, was die Stunde geschlagen hatte.

Die Ästhetik der Zeit 9

Die Einführung einer Weltstandardzeit trug zur Vereinheitlichung der gemeinsamen öffentlichen Sphäre bei und zog dadurch Spekulationen über eine Vielzahl von Privatzeiten nach sich, die von Fall zu Fall im Einzelnen, je nach Charakter von Person zu Person und je nach Gesellschaftsordnung von Schicht zu Schicht variieren sollen.
Stephen Kern, »The Structure of Time and Space«, *1880–1918*

Sprache weist stets eine innere Abfolge auf: Sie eignet sich nicht für Folgerungen über das Ewige, das Zeitlose.
Jorge Luis Borges, »Eine neue Widerlegung der Zeit«

Bezeichnet man ein Kunstwerk – wie die Büste der Königin Nofretete, Kafkas Erzählungen, Vermeers Innenraumszenen, Conrads *Herz der Finsternis* oder Borges' Kurzgeschichten – als zeitlos oder in alle Ewigkeit gültig, so stellt dies in der Tat ein sehr hohes Lob dar. Ein Werk für überholt zu erklären, bedeutet dagegen, die Aufmerksamkeit auf ihm eigentümliche, zeitgebundene Grundzüge zu richten, die seinen Reiz mindern oder es Rezipienten späterer Epochen sogar fast kurios erscheinen lassen: Der zeitliche Abstand überzieht derartige Werke gewöhnlich mit dem Makel des Melodramatischen, Sentimentalen oder schlicht Irrelevanten. Doch gibt es auch jene Werke, die ihren Zeitgeist dergestalt einfangen, dass wir die Patina wegen der unbestechlichen Genauigkeit ihrer Beobachtungen preisen. Dazu gehört zum Beispiel Fitzgeralds *Der große Gatsby*, ebenso Hemingways *Fiesta*, Thomas Manns *Unordnung und frühes Leid,* die Romane Willa Cathers, Mark Twains *Huckleberry Finn,* Conrads *Der Geheimagent,* und selbstverständlich Arthur Conan Doyles Detektivgeschichten mit dem genialen Sherlock Holmes. Es mag in den Künsten sogar eine vierte Art der Temporalität geben, die weder das Zeittypische noch das Zeitlose betrifft, sondern die Atomisierung der Zeit selbst, etwas Experimentelles, das trotz allem überdauert, wie beispielsweise Joyces *Ulysses,* Woolfs *Die Fahrt zum Leuchtturm,* Faulkners *Schall und Wahn* oder auch die Werke Marcel Prousts und Gertrude Steins.

Ein solches Werk hängt im Art Institute von Chicago hoch oben, am Ende der Treppe, und beherrscht den ersten Saal der französischen Impressionisten, nämlich Gustave Caillebottes gewaltiges, fast zwei mal drei Meter großes, Meisterwerk *Rue de Paris, Temps de Pluie* (»Pariser Straße, Regenwetter«). Der Ausdruck »Straße« stimmt nicht ganz, da die Strecke einem Meer glänzenden Kopfsteinpflasters namens Place d'Europe weichen musste, als Baron Haussmann ein ganzes Viertel einebnete und dort die große sterile Kreuzung aus den rues de Moscou und de Turin entstand. Caillebotte stellte sein Gemälde 1877 nach dann monatelangen fotografischen Vorarbeiten fertig und mag etwa zu jener Zeit daran gearbeitet haben, als Fleming einige Hundert Kilometer entfernt in Irland den Zug verpasste. Wären die altehrwürdigen malerischen Gassen und lauschigen kleinen Viertel von Paris nicht zerstört worden, so würden wir heute gewiss kaum noch über das besagte Gemälde sprechen.

Caillebottes Stil wurde wegen der gegenüber seinen bekannteren Zeitgenossen eher blassen Farben als »urbaner Impressionismus« bezeichnet. Am rechten unteren Bildrand sieht man ein elegantes Paar mit Schirm, dessen Schatten auf den Gesichtern der beiden liegt, gesittet promenieren. Den Himmel über ihnen bedeckt ein graugelbes, schwefliges Gebräu aus Wolken und Rauchschwaden.

Ziemlich weit links hinter dem Herrn und der Dame, von denen man nur die Büsten sieht, huscht ein halbes Dutzend Figuren über die vor Nässe spiegelnden Pflastersteine. Noch von Gerüsten verstellt, säumen Gebäude im Stil des Second Empire die zurücktretenden Straßen des neuen Paris.

Als Sohn wohlhabender Eltern geboren, 1877 erst neunundzwanzig Jahre alt, gelernter Ingenieur und alleinstehender Großbürger, der schon in jungen Jahren verstarb, musste Caillebotte seine Werke nie um des Überlebens willen veräußern – ja, er nutzte sein Vermögen sogar, um die damals noch unverkäuflichen Gemälde befreundeter Impressionisten zu sammeln. An Caillebottes Namen haftet jedoch ein leichter Beiklang von Dilettantismus: Für ein Genie war er zu reich, zu gesellig und zu bereitwillig, den eigenen Erfolg zu opfern, um werbende Artikel für die Sache des Impressionismus zu schreiben. Außerdem war er nicht sehr produktiv, und *Pariser Straße, Regenwetter* zählt zu den nur zwei bis drei Caillebottes, die letzten Endes Eingang in den Kanon der französischen Malerei des 19. Jahrhunderts fanden. Nach dem Urteil Kirk Varnedoes reicht er weder als Zeichner noch als Maler an seine berühmteren Zeitgenossen heran, doch in den Augen Peter Gays war Caillebotte ein Künstler von »eigenständigem, lange unterschätztem Talent«. Insbesondere lobt Gay die »fast atemberaubenden Perspektiven« seiner Pariser Straßen- und Brückenszenen.

Pariser Straße, Regenwetter stellt keine gewöhnliche Straßenszene dar, sondern etwas Revolutionäres, ein regelrechtes Tor zur Vergangenheit, das sich dunkel vom hellen impressionistischen Licht abhebt. Man kann dieses regnerische Pariser Stadtbild vielfach deuten: etwa wie gelangweilt das dargestellte Paar wirkt, bei dem offenbar überhaupt keine erotische Spannung mehr knistert, oder wie absolut seelenlos – im Namen der Zweckmäßigkeit – sich Haussmanns rationale Modernität darbietet.[65] *Pariser Straße, Regenwetter* kündigt schon unsere zeitgenössische Faszination für die nicht ganz realistische Welt der Gemälde Edward Hoppers oder einige der spontan wirkenden Fotos von Cartier-Bresson an. Caillebottes Bild verweist auch bereits auf diverse literarische Werke des anschließenden halben Jahrhunderts, zum Beispiel die von Henry James, bei dem sich die objektive Realität praktisch unter der gewaltigen Energie subjektiver Analysen auflöst; oder die facettenreichen Reflexionen Virginia Woolfs, worin die scheinbare Einheit von Szenen bei näherer Betrachtung in versprengte Splitter von vielfach gebrochenen Perspektiven zerfällt; es könnte jedoch ebenso gut aus einem frühen Monolog T. S. Eliots stammen.

Um ein Gefühl urbaner Entfremdung oder vielleicht die eigene Einsamkeit zu betonen, hat Caillebotte seine Malerpalette um technische Kunstgriffe erweitert, Fußgänger an beliebigen Kreuzungen aufgenommen und die Raster später auf eine Leinwand übertragen. Daher wirkt das Resultat konstruiert oder gestellt und nicht organisch gewachsen. Die Verzerrungen beruhen dabei keineswegs auf handwerklichen Fehlern, sondern sind bewusst eingesetzt – Peter Gays Prädikat »atemberaubend« erscheint ganz und gar nicht übertrieben. Das halbe Dutzend den Platz überquerende Figuren stehen wahrhaft in *keiner* Beziehung zueinander; vielmehr verlieren sie sich gleichsam monadisch im Raum und nehmen je eigene Ebenen ein: Ein Paar spaziert gelangweilt durch den Regen. Ein mürrischer Himmel verbreitet diffuses Licht. Eine Hand voll vereinzelter Gestalten überqueren einen nasskalten Innenstadtplatz. Dennoch wirkt keine der Figuren gekünstelt. Die Anwesenheit des Malers deutet sich nicht einmal an.

In alten holländischen Innenraumszenen, besonders denen Vermeers, ist die geometrische Komposition derart genau, dass Kunstgeschichtler anhand der zweidimensionalen Darstellung extrapolieren und auf die zugrundeliegende dritte Dimension – die des Künstlers selbst – zurückschließen können. Damit lässt sich sein Abstand zum Motiv ebenso rekonstruieren wie seine Größe und sogar die stehende oder sitzende Haltung bei der Arbeit. Normalerweise beruhte die Zentralperspektive auf einem Augen- und einem Fluchtpunkt, und alle Bildlinien trafen sich im hervorgehobenen Brennpunkt,[66] noch betont durch das Schattenspiel raffinierter Lichtquellen wie einen Türspalt oder ein schmales Oberlicht. Diese tröstliche Perspektive fehlt bei Caillebotte vollständig.

Von allen schönen Künsten scheint die Malerei am immunsten und gleichgültigsten gegen die Zeit zu sein. Bis ungefähr 1875 hatte sie sich vor allem ihre thematischen und stilistischen Richtlinien von den Salons und der Akademie vorschreiben lassen, denen Kunstkritiker und Museen bestärkend zur Seite standen. Ihre Motive entnahm sie Mythen und Sagen, antiken Stoffen, der Geschichtsschreibung und der Bibel, aber es waren auch anatomische Studien, Stilleben, Aktmodelle, Landschaften oder Straßenszenen, doch alles stets mit augenfälliger technischer Meisterschaft, demonstriert an Schatten, Faltenwürfen, Wolken und Gewässern. Neue Aufträge verdankten sich meist schmeichelhaften Ähnlichkeiten und der Darstellung von Innenraumszenen. Preise gab es für bewiesene Meisterschaft der Gestaltung und Farbgebung; das hieß wohlgemerkt »naturgetreuer«, dem menschlichen Sehen entsprechender Farbgebung.

Neue Wissenschaften hatten Grundfragen aufgeworfen oder, im Sinne dieses Buches formuliert, neue Geschwindigkeiten brüchige Nahtstellen offen gelegt. Woraus besteht eigentlich die Wirklichkeit? Wie konstruiert sich das Bewusstsein? Unseren Augen dürfen wir seit Muybridge und Marey nicht mehr trauen, und wenn wir an dem soeben Gesehenen zweifeln müssen, wie können wir uns dann auf unser Gedächtnis verlassen? Wie ließe sich die tiefe Kluft zwischen Wahrnehmung und Realität erforschen? Der Kubismus, um ein späteres, für Zeitmodelle besonders empfängliches Beispiel zu wählen, hat das alte Nacheinander von gemalten Szenen durch Gleichzeitigkeit ersetzt. Vergangenheit und Gegenwart, ja auch die Zukunft, lagen darin nebeneinander auf ein und derselben nicht modulierten Farbebene. In allen Künsten, so möchte ich argumentieren, sprossen aus dem neuen Zeitbewusstsein atemberaubende Perspektiven hervor.

Die Geburt der Moderne ist eine schon häufig und gut erzählte Geschichte: wie Paris, Wien und Berlin zu einem neuen Bewusstsein erwachten und ihre Eingebung die ganze Welt eroberte; wie der Glaube an eine Realität als ungeprüfter Restbestand tradierter Vorurteile entlarvt wurde; wie alle überkommenen Formen als willkürlich und veraltet galten, als unlesbar, unerträglich, nicht anzuschauen, sentimental und abwegig. Futuristische Manifeste verkündeten den Zerfall sämtlicher traditionellen Kunstformen. Die Risse und Brüche, die man während des viktorianischen Zeitalters noch schlicht übersehen hatte, da sie als bloße Mängel erschienen, konnte man jetzt nicht mehr außer Acht lassen. Ja, die Mängel stellten sich nun sogar als das Wesen der Sache selbst dar; doch den Rissen und Brüchen nachzuforschen, wo immer sie auftraten, führte ins Ungewisse und Unbewusste als zu einem jungfräulichen und noch völlig unerkundeten Kontinent. Die Realität war bestenfalls Erscheinung, ein rekonstruiertes Flickwerk, ein bloßer Kunstgriff.

Das hierarchische Gebäude der Malerei fiel in sich zusammen. Revolutionäre Verhältnisse, wie sie bei den Eisenbahnen oder in den Naturwissenschaften herrschten, waren bis zur Kunstszene vorgedrungen. Frankreich präsentierte sich erneut als hochfahrende Macht mit einer selbstbewussten Bourgeoisie, der eine für Geschmacksfragen zuständige Clique – nämlich Galeristen, Kunsthändler und Aussteller – wohlgefällig diente. Das »modernisierte« Paris wirkte, als hätte jemand eine ganz neue Zeitzone durch das natürlich gewachsene mittelalterliche Miasma der alten Straßen geschnitten. Eine kritische Masse von verwegenen Malern und ihnen wohlgesonnenen Kritikern hatte sich angesammelt und, vielleicht wichtiger noch, der volltönende, vom Salon, der Boulevardpresse und dem Louvre gestützte Konsens über die rein mechanische Darstellung war bis zu einer aufgeblasen herablassenden Offenheit für jede Verletzung des offiziellen Geschmacks herangereift.

Caillebottes Bildanlage wirkt frostig abweisend, zumal die Figuren völlig anonym bleiben und nichts Anekdotisches unser Interesse fesselt. So wird der Blick des Betrachters vor allem auf die Füße der Passanten gelenkt. Kein einziges Fußpaar der fast zwei Dutzend Menschen- und Pferdegestalten steht wirklich voll und fest auf dem Erdboden. Wenn die Absätze das Pflaster berühren, ragen die Schuhspitzen auf oder umgekehrt. Alle Figuren scheinen irgendwie in Bewegung zu sein, doch diese augenscheinliche Unbeholfenheit geht nicht auf Lehren des Salon zurück, sondern hat mit den Vorlagen der Schnappschüsse zu tun: Der Maler kann nicht wirklich »sehen«, wie jemand läuft, denn das Auge verschmilzt die einzelnen Bewegungsphasen zu einem stetigen Fluss, und gerade darum geht es. *Pariser Straße, Regenwetter* ist mit seinen gedämpften Farben wohl das ruhigste, zugleich aber auch das dynamischste aller impressionistischen Gemälde, die im Museum von Chicago hängen.

Die impressionistische Revolution, so haben wir es gelernt, kreiste hauptsächlich um das Licht. Unter diesem Medium versteht man dabei ein selbstleuchtendes, das heißt von äußeren oder erkennbaren Lichtquellen unabhängiges Element. Man musste also gewisse Formalitäten über den Haufen werfen – so zum Beispiel gestellte Motive, das Spiel von Licht und Schatten oder die Perspektivillusion. Auch wenn die Impressionisten nach der Natur malten, was häufig geschah, wurde die Szenerie umgestaltet, stillgelegt, aller akademischen Anzeichen von »Natürlichkeit« entkleidet und dann neu betrachtet. Das impressionistische Gemälde ist weder anekdotisch, wie schon die beiläufigen oder absolut sachlichen Titel oft andeuten, noch erzählend, noch moralisch, sondern ein Flackern an der Wand, das den Blick gefangen nimmt, bevor man sich überhaupt zusammenreimen kann, »wovon« es handelt. Es »bedeutet« also nichts, »veranschaulicht« nichts, »spielt« auf nichts »an«, »gibt« nichts, außer dem Vergnügen an der Ausführung. Und gerade darin liegt seine tiefere Bedeutung.

Die Impressionisten begriffen intuitiv, dass nicht wohlgestaltete Formen, sondern ausgestrahltes Licht das übertrug, woraus die Kunst jener Epoche am meisten schöpfte – nämlich Energie. Licht ist, wie Einstein schließlich zeigte, sogar gleich Energie, und in den Augen der Impressionisten bildeten die starren Form-Kriterien des Salon das größte Hindernis für die Kraftentfaltung, ähnlich wie die Newtonschen Gesetze in den Augen Einsteins. Um wahrhaft Energien freizusetzen, müssen sich Formen im Licht zerstreuen, darf das Geformte jedenfalls nicht am Ideal der Vollkommenheit festhalten. Den Künstlern erschien das als ein zwar kühner, zugleich aber einzig zeitgemäßer Schritt. Das Publikum befremdete der neue Trend zunächst genauso sehr wie die meisten Kritiker, und da die Entwicklung den überkommenen Ansichten und den obersten Ausbildungsrichtlinien entgegenwirkte, konnte der Salon sie, von seiner Warte aus sehr zu Recht, unter keinen Umständen hinnehmen.

Doch am Ende war diese Revolution derart erfolgreich,

dass uns heute ein so vollendetes romantisches Meisterwerk wie Géricaults *Das Floß der Medusa* — mit seinen anatomisch korrekten, gemarterten Leibern auf einem sturmzerpeitschten Meer – hoffnungslos veraltet erscheint. Die Gestalten wirken allenfalls melodramatisch, wenn nicht gar leichenhaft. Obwohl das Schiffbruchsmotiv eine innere Dynamik besitzt, erscheint die ganze Szene gestellt. Der Grund, aus dem Caillebottes Gemälde bis in die tiefste Analyse hinein provozierend bleibt – wozu auch eine Art namenloser moderner Trauer beiträgt –, liegt genau darin, dass es kein anekdotisches Thema aufgreift. Es handelt »von« einer Pariser Straße bei Regenwetter, hat indes keine paraphrasierbare Vorgeschichte. Beiläufig mögen darin auch Aspekte großstädtischer Ode oder sexueller Entfremdung anklingen, doch das Bild verkörpert etwas viel Größeres: Es sistiert einen beliebigen Moment im Gewebe der Zeit. Dieser ist, ähnlich wie der Bloomsday im *Ulysses* oder der 2. Juni 1910 in *Schall und Wahn*, an dem sich Quentin Compson in Harvard das Leben nimmt, alles und nichts zugleich. Damit erweist sich jeder planlos herausgegriffene Tag bei näherer Betrachtung als ein Mikrokosmos der gesamten Menschheitsgeschichte.

Als Caillebotte 1894 starb, vermachte er dem Louvre seine Sammlung mit siebenundsechzig Gemälden von Monet, Renoir, Dégas, Cézanne, Sisley und Manet, doch die Kuratoren nahmen unter dem Druck des Salon nur die Hälfte davon zähneknirschend an. Was Frankreich dabei verlor, gewann die Welt – und nicht zuletzt auch Chicago. Im dortigen Art Institute vermitteln jene Impressionistensäle rings um Caillebottes *Pariser Straße, Regenwetter* heute einen angereicherten Eindruck von der Stimmung seines Pariser Ateliers, sieht man darin doch so viele damals vom Salon abgelehnte Werke, die er vor einem Jahrhundert seinen Freunden abgekauft hatte.

Peter Gay liest in *Bürger und Boheme. Kunstkriege des 19.*

Jahrhunderts eine tiefere Komplikation als bloße Eifersucht in Caillebottes Schenkung und die Ablehnung des Louvre hinein. Es sei eine weitere Form der Kluft zwischen dem Überkommenen und dem Revolutionären oder, in dem bereits geschilderten Sinne, zwischen dem Natürlichen und dem Vernünftigen:

> Allein die Frage der Auswahl – ob es besser sei, beim Bewährten zu bleiben oder Gewagtes zuzulassen – sorgte für Friktionen, die sich zwangsläufig in öffentlichen Kontroversen äußerten. Und tatsächlich schien es, als seien diese Kontroversen zunehmend schwerer beizulegen. Mit dem Beginn der Moderne wurde absehbar, dass der große, aber labile bürgerliche Kompromiss, der die Kultur jahrzehntelang zusammengehalten hatte, auseinander brechen würde.

Caillebotte ist eine ebenso reizvolle wie menschliche Gestalt, vergleichbar etwa mit Pissarro, Seurat, Monet oder Cézanne respektive Henry James, Mark Twain, Edith Wharton und Gertrude Stein, das heißt eine jener offenbar gefestigten, selbstsicheren Persönlichkeit, die wir mit der spätviktorianischen Ära, dem Edwardianismus und der Zeit vor dem Ersten Weltkrieg assoziieren, da sie offenbar der Maxime Flauberts folgen konnten, zu schreiben – oder malen – wie ein Besessener, ansonsten aber zu leben wie ein Bürger.

Und besagtem Klub gehörten noch andere an, so zum Beispiel Fleming, Cleveland Abbe oder der Pariser Spektroskopist Jules-César Janssen, der seinerzeit gerade die Pariser Sternwarte aufbaute: Männer und Frauen von hohen Gaben, die zwar weder einsiedlerisch noch revolutionär waren, aber auf ihre Weise Sprengsätze legten. Auch wenn die Rebellion bei ihnen nur auf kleiner Flamme köchelte, bildeten sie eine verlässliche Opposition gegen viele überkommene Ansichten. Cleveland Abbe setzte sich sowohl beim Freedman's Bureau als auch im Umfeld General Howards unermüdlich für die sogenannte »Negerförderung« ein.[67] Die Frau, die er nach der Absage Ämalie

Struves heiratete, hatte in den Jahren des Wiederaufbaus nach dem Bürgerkrieg, die er selbst in Russland und dann in Cincinnati verbrachte, freiwillig »Negerkinder« in Mississippi unterrichtet. Während seiner Washingtoner Zeit besuchte Abbe stets schwarze Gottesdienste und nahm sogar Sandford Fleming mit dorthin, als dieser sich wegen der Prime Meridian Conference in der Stadt aufhielt.

In ihrem Privatleben schienen sie widerstreitende Bekenntnisse zu Wissenschaft und Religion, Autorität und Freiheit, Nächstenliebe und Erwerbsgeist, in manchen Fällen sogar zu Redlichkeit und Nachlässigkeit, miteinander vereinbaren zu können. Heute beunruhigen sie uns eher, da wir automatisch das Moderne mit Rebellion, Exil, Gefangenschaft und Entfremdung, mit rechts- oder linkslastigem Aktivismus und alles Viktorianische mit gut kaschierter Heuchelei und gequälter Verdrängung gleichsetzen. Sie waren eben gemäßigte Radikale.

Der als Moderne bezeichnete Aufruhr in den Künsten – oder, um erneut mit Peter Gay zu sprechen, das auseinander Brechen des »großen, aber labilen bürgerlichen Kompromisses« – bedeutete in Wirklichkeit, die Zeit in alle künstlerischen Konstruktionen einzubauen. Und dabei war es die Zeit im Sinne von Beschleunigung, die besagtes Zerbersten erzwang. Deshalb hält der peruanische Romancier Mario Vargas Llosa keinen anderen als Gustave Flaubert für den Vater der Moderne: »Mit Flaubert erschien der Roman zum ersten Mal nicht nur als moralische Aufgabe oder Erzählung einer Geschichte, sondern auch als technisches Problem, das Problem nämlich, eine überzeugende Sprache zu schaffen, die Zeit in ein System zu bringen und dazu die Rolle des Erzählers zu klären.« Raymond Williams erhob, nur etwas anders formuliert, einen ganz ähnlichen Anspruch für Charles Dickens, der den gesellschaftlichen Wandel nicht gleich George Eliot *geschildert*, sondern Mittel und Wege gefunden habe, ihn in die Handlung und in seine Charaktere einzubinden. Im Sinne des Impressionismus ausgedrückt, fanden beide Zugang zu einer inneren Licht- beziehungsweise Zeitquelle: Daher beschrieben sie nicht einfach die Illusion der vergehenden Zeit, sondern traten in ihren Strudel ein.

Den Erzähler im Roman selbst anzusiedeln war bereits um 1850 zumindest protomodern – aber auch zeitbezogen. Flaubert musste für seine *Madame Bovary* eine Art Zeitmaschine ersinnen und, ganz bewusst, neue Formen finden, um mit Hilfe der Stimme und der Sprache eine Geschichte darin anzulegen. Wir befinden uns wieder in jener 1844 von Henry Adams bezeichneten Phase, als Eisenbahnen, Schiffe und Telegraphen die Welt spürbar veränderten, und in der bei Dickens protokollierten Umbruchsituation der zeitlichen Standardisierung Großbritanniens, als sich Thoreau gerade nach Walden Pond zurückzog; kurz, auch wieder bei der Generation von Melvilles »Bartleby« und ihrem Bemühen darum, Zeit und Charaktere sprachlich zu einer in sich schlüssigen Geschichte zu verschmelzen.

Eadweard Muybridge fotografierte seine Pferdeszenen; der Physiologe und Filmpionier Étienne-Jules Marey experimentierte mit bewegten Bildern; der Physiker Ernst Mach fing dann das Mündungsfeuer einer Pistole mit einem Film ein; der Farbtheoretiker und Begründer des Pointillismus Georges Seurat[68] wies mit seinen Farbmischungen nach, dass die Augen dem Gehirn untergeordnet sind: So verteilten die Impressionisten und ihre Nachfolger alle »natürlichen« Bewegungen auf Schnappschüsse und fügten dann die getrennten Bilder wieder zu scheinbaren Einheiten oder Abläufen zusammen.

Technische Neuerungen, wie Frederick Taylors Stoppuhr und besonders die Zeitlupenkamera, förderten konstitutionelle körperliche Schwächen des Menschen ebenso klar zutage wie sein gewohnheitsmäßig unbewusstes Verhalten und den physiologisch bedingten Hang zum Selbstbetrug.

Diese Anfälligkeiten kündigten auch das geistige Abenteuer der neuen Sozialwissenschaften an, namentlich der Soziologie, Anthropologie, Managementlehre, Politikwissenschaft und Psychologie. Größtenteils brachten sie uns unwillkommene Nachrichten: Der Mensch ist weniger selbstbestimmt, frei, tugendhaft und aufgeklärt, als er dachte. Auch diese Disziplinen zerstückelten die scheinbar natürliche Kontinuität beobachtbarer Verhaltens- und Interaktionsabläufe, die immer als Einheiten gegolten hatten, in Schnappschüsse und analysierten die stehenden Einzelbilder, um uns, wenigstens im Idealfall, ein klareres und tieferes Verständnis für unsere unbewussten Motive zu eröffnen. Soziologen und Psychologen bevorzugen bei ihren Analysen die unbemerkte Beobachtung,[69] in der sie bei Bedarf die Zeit stoppen und das »Natürliche« an Theorien über das Vernünftige messen können, ähnlich wie es der Drummer im Jazz macht.

Pariser Straße, Regenwetter könnte seine besondere Spannung nicht erzeugen, wenn die Füße der Protagonisten voll auf dem Kopfsteinpflaster stünden: Hätten die verschiedenen Figuren an jenem Tag wirklich existiert, wie der Künstler sie sah, so würden sie der Szene kaum à la Flaubert *innewohnen*, sondern das Bild wäre nichts anderes als eine weitere Komposition *über* eine Pariser Straße im Regen. Doch in Caillebottes Atelier fanden Fotografie und Impressionismus 1877 zueinander. Der Maler fing Licht und Zeit ein, nur um beide sogleich wieder freizulassen.

Das Bedürfnis, die Zeit zu handhaben, bildete ein zentrales Motiv aller technischen, intellektuellen und künstlerischen Neuerungen des 20. Jahrhunderts. Die Technik soll Zeit »sparen« helfen, indem sie zum Beispiel Verbindungen beschleunigt oder Leistung und Ladekapazität steigert; Künstler suchen Wege, den Moment zu strecken, »Zeit zu sparen« im Sinne von bewahren. Die Zeit anzuhalten, den Eindruck von Gegenwärtigkeit auszudehnen und das

»Verfließen der Zeit« – eine Vorstellung, die mindestens bis auf Augustinus zurückgeht – zu bekämpfen, der Palette des Salons mit seiner strengen Herrschaft über die Schattenlängen zu trotzen, bildete das ästhetische Gegenstück zur Standardzeit-Bewegung. Künstler, Schriftsteller und Wissenschaftler, sie alle lernten den Dreh, die Zeit geschickt zu manipulieren, nahmen die zentrale Lehre der Zeitrevolution in sich auf: Zeit ist nichts Gottgegebenes, sondern etwas, das der Mensch sich nimmt. Bells Telefon, Otis' Aufzug, Edisons Glühbirne, Pullmans luxuriöse Schlaf- und Speisewagen, Caillebottes atemberaubende Stadtansichten und Seurats Einbeziehung einer subjektiven Farbenlehre – alle diese Erfindungen und Meisterleistungen bedienten sich der Zeit. Man greife nur einen dieser Gedanken auf, ob *a priori* oder *a posteriori*, und stößt bald an die Grenzen der natürlichen, der Ortszeit. Die Zeitzonen selbst sind Neuerungen des gleichen industriellen Zeitalters, das nicht von ungefähr auch die Stechuhr hervorbrachte. Die Erde dreht sich wie ein riesiger Zahnkranz, und ihre Zähne greifen mit denen eines noch größeren kosmischen Rades ineinander. Die klaren Grenzen zwischen den Zonen bewirken eine willkürliche Zeiteinteilung, als ob man immer nur eine Stunde zu je fünfzehn Grad Länge und gut tausendsechshundert Kilometern denken könne. Jedenfalls brachte die Vereinheitlichung einen Abbau der weltweit geltenden Zeitstandards von unendlich vielen auf nur noch vierundzwanzig. Damit dehnte sie den Umfang der Zeitgleichheit von knapp zwanzig auf knapp zweitausend Kilometer aus.[70]

Künstler trieben die Zeitrevolution allerdings viel weiter, als die Ingenieure beabsichtigt hatten. Damit reagierten sie so auf die Vernünftigkeit, besonders die blasierte des Industriekapitals, wie Künstler das von alters her tun. Sobald Diplomaten, Astronomen und Ingenieure die Standardzeit im Dienste der Industrie und des Managements eingesetzt hatten, musste sie auf subjektive künstlerische Weise wieder zertrümmert werden. Ein wahrhaft klares Verständnis ließ sich nur durch den bewussten Umbau von Zeit und Raum erzielen. Die Befreiung von der Natur und von religiösen Dogmen war eine Sache, aber die sklavische Unterwerfung unter eine Stechuhr bedeutete gewiss keine große Verbesserung. Am besten konnte man den grässlichen Fortschritt des viktorianischen Ordnungswillens weder auf der Straße noch in Kneipen und Boudoirs bekämpfen, sondern in Ateliers und Mansarden, indem man gerade die Instrumente der Logik selbst durch eine künstlerische Unterwanderung der Sprachformen außer Kraft setzte.

Die entscheidende literarische Bestätigung hierfür fügte Joseph Conrads Roman *Der Geheimagent* hinzu,[71] worin sich eine Bande von Anarchisten vornimmt, die britische Gesellschaft im Kern zu treffen, indem sie weder Buckingham Palace noch die Inns of Court, noch die Houses of Parliament, sondern ausgerechnet das Greenwich Observatory in die Luft sprengen will. »Das Attentat«, erläutert deren philosophischer Kopf Vladimir, »muss den Anstrich empörender Sinnlosigkeit, willkürlicher Gotteslästerung haben.« In merkantilen Gesellschaften sei die einheitliche, unteilbare, allerorten gültige Zeit der unsichtbare, jedoch allmächtige Gott. Ihn müsse man daher umbringen. Conrads Anarchisten erscheinen zwar in ihrer geplanten Gewalttat extrem, treffen jedoch genau den Grundton der Moderne: Widerstand gegen die bestehende Ordnung um jeden Preis.

Die Realitätsdarstellungen der Modernisten lassen die Literatur des *fin-de-millenium* vergleichsweise schlicht erscheinen. Dagegen stellen uns Autoren wie James, Woolf, Conrad, Lawrence, Joyce, Stein, Pound, Eliot, Dreiser, Hemingway und Faulkner – um zunächst bei der englischsprachigen Tradition zu bleiben – vor Abgründe, die uns noch

heute Rätsel aufgeben. Nehmen wir andere Große hinzu –
Proust, Mann, Kafka, Musil, Broch –, so drängt sich der
unabweisbare Eindruck auf, dass die Romanciers zu Beginn
des 20. Jahrhunderts geradezu krankhaft von der Zeit
besessen waren.

Die Zeit lag in der Luft. Neue Zeitmaßstäbe hatten die
Kindheitserlebnisse Thomas Manns und Marcel Prousts,
Virginia Woolfs und Franz Kafkas, Albert Einsteins und
James Joyces, die alle im »Jahrzehnt der Zeit« zur Welt
kamen, regelrecht durcheinander geschüttelt. Zwar handeln ihre Werke durchweg von Vergänglichkeit, aber die
Standardisierung als solche sprach ja nur die oberflächlichsten Probleme der labilen Zeitverhältnisse an. Sie regelte
wohl die Abläufe für Industriearbeiter, Eisenbahnreisende
oder die oberen Managementetagen und ließ so ein und
dieselben Zeitgesetze für immer weitere Bereiche gelten –
linderte indes, zumal in den verschiedenen Phantasiewelten, keineswegs die Angst vor der Zeit. Im Grunde
machte sie das Bewusstsein jedoch frei dafür, sich auf eine
noch unvollendete Zeitrevolution zu konzentrieren. Allerdings drang die Standardzeit kaum bis in die subjektiven
Schichten der Erinnerung und Verdrängung ein. Diese
und ihre geheimen Motive offen zu legen, wurde zu einem
neuen Schwerpunkt der Roman- und Theaterliteratur.

Als Vincent van Gogh 1885 in Antwerpen arbeitete,
begann er, sein Atelier mit japanischen Drucken von »kleinen Frauenfiguren in Gärten« zu dekorieren.[72] Als van
Gogh zwei Jahre später in Paris eintraf, kaufte er japanische
Holzschnitte, so viel seine spärlichen Mittel es ihm erlaubten. Ihr Reiz, so erklärte er später seinem Bruder, liege in
den klaren, unmodulierten[73] Farbflächen und in der übertriebenen Perspektive. Noch im selben Jahr veranstaltete er
in einem Café von Montmartre zwei Ausstellungen zu diesem Genre. Man erkennt den japanischen Einfluss an den
kühnen, unmodulierten Farben seiner Serie über »Schwert-

lilien«, mit der er ein Jahr später in Arles begann, und er setzt sich in den eindringlichen letzten Werken fort, die van Gogh kurz vor seinem Selbstmord 1890 schuf. Farbe herrscht über Form, Eindringlichkeit überwindet die malerische Illusion oder die Darstellung einer äußeren Realität.

Ähnlich wie das viktorianische Denken zuversichtliche Forscher in die Tiefen des Irrationalen geführt hatte, so veranlasste die Befreiung von der Zeit auch viele Künstler dazu, alle überkommenen Modelle der gesellschaftlichen und psychischen Realität zu verzerren. Maler übernahmen die starre Geometrie, das Chaos und den gewerblichen Prunk der großstädtischen Palette. Ganz allgemein strebten die Künste – wie Malerei, Literatur, Musik und Tanz – an, das Pulsieren der Großstadt nachzuahmen. Verständig à la Flaubert in die Rahmenhandlung einzutreten, erschien wahrhaft harmlos gegenüber den Aneignungen eines *Ulysses*. Noch die strahlendsten impressionistischen Gemälde verblassten neben den Farben van Goghs. Der Kubismus in der Malerei und seine Auswüchse in der Dichtung und im Roman ließen das dreidimensionale Zeit-Raum-Kontinuum zu zwei Dimensionen verflachen. Was in einer früheren Ära ein schmählicher Vorwurf hätte sein können, »in der Natur ungesehen«, wurde zum neuen Gütesiegel der Genialität.

Auch die Städte machten einen tiefen Wandel durch, füllten sich mit Massen von soeben befreiten und erwartungsfrohen Immigranten, deren Vergangenheit gleichsam ausgelöscht war, sodass urplötzlich nur noch eine Zukunft vor ihnen stand. Heute klingen uns ihre Geschichten wohl vertraut – wie sich am Beginn des Jahrhunderts ein Zeitfenster der Toleranz auftat und Juden aus den Ostgebieten erlaubte, sich in Wien oder Berlin rechtmäßig niederzulassen; wie der Generationensprung vom *shtetl* an die Universität – von der Talmudschule zum säkularen Unterricht – eine Energiequelle freilegte, die zuvor vernachlässigt gewesen war, und zur geistigen Wiedergeburt des Kontinents beitrug; und wie andere Zuwanderer aus Süd- und Osteuropa, sowohl Juden als auch Katholiken, in den für alle offenen Metropolen der Neuen Welt etwas Ähnliches bewirkten.

Die Grenzen der Moderne sind in den letzten Jahrzehnten erheblich verschoben worden und schließen heute, um Everdells *The First Moderns* zu folgen, schon die Ära um 1875 und auch weit abseits der Künste liegende Gebiete ein. Die waschechten Viktorianer hingegen, so fortschrittliche Denker einer früheren Epoche wie etwa Sandford Fleming, blieben immer entschieden objektivistisch eingestellt, misstrauten der Subjektivität unkontrollierter Gefühle und lehnten daher alle Künste ab, die das Selbstvertrauen zu unterhöhlen oder auf eine morbide Weise introspektiv zu werden drohten. Als sich 1878 der Londoner Bekanntenkreis Flemings erweiterte und seine Schüchternheit als Kolonialer hinreichend gelegt hatte, beschloss er, seinen schottischen Landsmann, den ehemaligen Kirkcaldyaner Thomas Carlyle (*1795), quasi als »Kulturprogramm« zu besuchen. Man sprach jedoch nicht über Carlyles dunklere Ahnungen, sondern über Jugenderinnerungen an Kirkcaldy, aber auch aufwühlende Ereignisse beim Bau der Canadian Pacific Railway. Ingenieure wie Fleming lockte nicht das brodelne Unbewusste, sondern eher die objektive Sphäre der noch unerforschten, unerklärten Natur.

William Faulkner und Ernest Hemingway sind Ende des 19. Jahrhunderts im Abstand nur weniger Monate zur Welt gekommen, ihre Namen daher unvermeidlich miteinander verknüpft, ihre Leistungen immer wieder Gegenstand von Vergleichen und Gegenüberstellungen. Jener schrieb Denkwürdiges über Selbstmord; dieser beging ihn. Jener reiste kaum, wird fest mit einer Stadt, einem Staat und einem einsiedlerischen Leben assoziiert; dieser fing allerorten die Großspurigkeit Amerikas ein. Doch beide wurden sie von der Nachwelt oft hart beurteilt. Faulkner wegen seines unnachgiebigen Lokalpatriotismus und der darin enthaltenen Überreste von Rassismus; Hemingway wegen seiner Macho-Posen. Beide waren in die Zeit vernarrt, trieben ihre Faszination jedoch in entgegengesetzte Richtungen: Im Hinblick auf die beiden größten amerikanischen Schriftsteller des 20. Jahrhunderts schauten die antiken Zeitgötter mal nach vorn auf den Tod, mal zurück in die Geschichte.

Hemingsways *In unserer Zeit* war – ohne dass ich den Titel hier überdehnen möchte – die einflussreichste Erzählungssammlung der amerikanischen Literatur. Zusammen mit Joyces Frühwerk *Dubliner* und, um einen Schriftsteller ins Spiel zu bringen, der Hemingway wie Faulkner nachhaltig geprägt hat, Sherwood Andersons *Winesburg, Ohio* definiert sie einen Pol der Moderne. In der klarsten, einfachsten Sprache erzählt er darin von einer fragmentierten Einheit der Zeit, des Ortes und der Handlung – woraus sich in früheren Zeiten ein Roman hätte entwickeln können. Hemingways berüchtigt lakonischer Stil weist jede Kontinuität zurück; er zerfetzt die Zeit Satz für Satz:

> Ihm gefielen die Mädchen, die auf der anderen Straßenseite vorüberschlenderten. Sie gefielen ihm bei weitem besser als die französischen Mädchen oder die deutschen Mädchen. Aber die Welt, in der sie lebten, war nicht die Welt, in der er lebte. Er hätte gerne eines von ihnen gehabt. Aber es lohnte nicht. Sie waren eine hübsche Schablone. Ihm gefiel die Schablone. Sie war aufregend. Aber er wollte nicht all das Gerede darum machen. Er wollte keine dringend genug. Aber ansehen mochte er sie alle gern. Es lohnte nicht. Nicht jetzt, wo alles in die Reihe zu kommen schien.
> (»Soldaten zu Haus«)

Es regnete. Der Regen tropfte von den Palmen. Wasser stand in Pfützen auf den Kieswegen. Das Meer durchbrach in einer langen Linie den Regen, glitt über den Strand zurück und kam herauf, um sich wieder in einer langen Linie im Regen zu brechen. Die Autos waren von dem Platz beim Kriegerdenkmal verschwunden. Auf der Schwelle eines gegenüberliegenden Cafés stand ein Kellner und blickte über den leeren Platz.
(»Katze im Regen«)

Im Original bricht nur ein einziges Komma in die beiden ausgewählten Abschnitte ein. Kommata sind wie Heftpflaster: Als Haftschutz schaffen sie zugleich Verbindungen, und hier waren keine nötig. Hemingways Prosastil der frühen zwanziger Jahre lebt von seiner journalistischen Ausbildung und vom eindeutigen Aufbegehren gegen die edwardianische Pedanterie, aber auch gegen die Einverleibung des Todes oder, im Sinne dieses Buches, die Angst vor der Zeit.[74] Die Zeit ist im stockenden Fortschreiten der Sätze selbst anwesend, wenn das Selbstbewusstsein gleichsam stehende Bilder erzeugt, in denen der Handlungsfluss völlig aufgehoben ist. Seine gemeißelten, keine Schattierungen duldenden Sätze bilden das literarische Pendant zu von Goghs unmodulierten Flächen oder Caillebottes Pariser Passanten. Sie blenden, jedoch ohne selbst zu leuchten, reflektieren Licht, dem sie sich nicht unterwerfen. Sie halten ihre Bedeutung zurück und spucken nur die Kerne aus. Hemingways Charaktere, zumindest der frühen Erzählungen, weisen nicht den geringsten Zeitbezug auf; sie sind – wie die Mädchen in »Soldaten zu Haus« – Teil einer Schablone, aber nicht von dieser Welt.

Jene einfachen, gleichförmigen Sätze, zwischen denen praktisch keine Bewegung stattfindet, erinnern an das zu einem auslaufenden Leben tickende Metronom. Hemingway hat oft genug erklärt, dass der Tod am Schreibtisch eines jeden seriösen Schriftstellers die Hand mit im Spiel habe. Seine Sätze greifen nach einem Halt, versuchen eine Zukunft zu fassen, die jedoch endlos zurückweicht.

Wie Conrad andeutete, ist die Standardzeit eine säkularisierte Religion. Die Zeit trägt moralische Züge; das Gewissen hält sie ewig gegenwärtig, lässt sie nicht los, nicht in der Vergangenheit begraben, in die sie gehört. Wenn wir an die Zeit denken, an uns vorausgegange Traditionen, Kulturen und Biographien, Artefakte von ehemals sammeln oder alte Berichte lesen, überkommt uns wahrscheinlich eine säkulare Form der Ehrfurcht, die der Huldigung verwandt ist, wie fromme Menschen sie in Anwesenheit Gottes empfinden. Ähnlich wie Simon Schama versetzt uns der Gedanke an die Zeit auf unseren persönlichen »Buchsberg«, wo »Dan und Una, diese Glücklichen, mit Wikingerkriegern, römischen Zenturionen und normannischen Rittern plaudern und dann zum Tee nach Hause gehen« konnten. Oder, wenn nicht zu einer Tasse Tee, so zu einem Schluck Bourbon in Faulkners *Yoknapatawpha*, in dem ein unversöhnlicher Zeitfürst herrscht.

Das 19. Jahrhundert brachte Gott zur Strecke, ohne ihn allerdings zu beerdigen; an seiner Stelle errichtete es die Standardzeit. Kunstwerke, die von der Zeit handeln, machen als vergeistigte religiöse Texte die Bibel zu ihrem erzählerischen Rahmen.[75] Das Vergangene ist niemals vorüber, sondern wird ständig neu inszeniert, wie es die Hirten und Priester in Keats' »Ode auf eine griechische Urne« bezeugen.

Mit Faulkner erreichte die Moderne, zumindest im gestörten, aber auch im klaren Zeitbewusstsein, ihr amerikanisches Ideal. Die beiden Gesichter der Zeit verschmelzen bei ihm miteinander, die Toten erwachen zu neuem Leben, das Vergangene wird wieder Gegenwart, die »Gespenster des Rückblicks«, wie Quentin Compson sie in Faulkners *Absalom, Absalom!* bezeichnet, müssen erneut sterben, weil sie leider nicht imstande sind, dem kostbaren ehemals vergossenen Blut eine Erlösung zu bringen. In *Licht im August* denkt der von einem blutrünstigen Mob aufgestöberte Joe Christmas darüber nach, was für eine völlig tumbe Hoheit darin liegt, gerade im *Hier* und *Jetzt* und nicht an irgendeiner anderen Stelle im Gewebe der Zeit geboren zu sein. Das Vergangene ist lebendig, ist handgreiflich gegenwärtig, weil die Gegenwart, die zeitgenössischen Charaktere, keine moralische Kraft, kein tragfähiges Leben besitzen.

Schall und Wahn lässt sich im Hinblick auf das Zeitproblem lesen, als ein Kampf, in dem die krankhaft »natürlichen« Phantasien des »Schwachsinnigen« Benjy und die narzisstisch überrationalen des Harvardstudenten Quentin dem brutalen mechanischen Reduktionismus ihres Bruders Jason gegenüberstehen. Benjy lebt im ewigen Jetzt, das keinerelei differenzierte bürgerliche Probleme kennt. Quentin steckt bis zum Tag seines Selbstmordes in der Zwangsjacke der Zeit, die er abzulegen versucht, was ihm freilich gelingt, und Jason frönt einem groben Rationalismus, aus dem er erbarmungslos Macht und Profit schlägt. Da Faulkner den Roman mit einem Auftritt Dilseys enden lässt, deutet er an, dass es einen echten Ausweg aus der tragischen Dreierkonstellation der Zeit gibt, nämlich den der Beständigkeit, des »Obwaltens«, den Weg der Liebe, Geduld und Nachsicht, das Sichüben im Geiste der »Mammys«.

In Faulkners Ethos erscheint Vernünftigkeit als eine tödliche Erkrankung, gegen die bei Weißen in den Südstaaten allein der Schwachsinn oder eine kalt berechnende Brutalität ankommen. Quentin will der irdischen Zeit entfliehen, der Erinnerung an die Hochzeit seiner Schwester und seine Scham, um in die Ewigkeit einzutreten. Er zerschlägt das Glas seiner Taschenuhr und bricht deren Zeiger ab, meidet anschließend sogar den Blick in das mit Uhren gefüllte Schaufenster eines Fachgeschäftes.

> Denn Vater sagte, Uhren schlagen die Zeit tot. Er sagte, die Zeit sei tot, solange sie von kleinen Rädern weggetickt werde; nur wenn die Uhr stehen bleibe, werde die Zeit lebendig. [...] Christus sei nicht gekreuzigt worden: er sei zerstört worden durch ein winziges Ticken kleiner Räder.

Was Faulkner hier beschreibt, ist das tragische Verhältnis der Südstaatler zur Zeit. Ursprünglich gab es eine natürliche Zeit und eine natürliche Ordnung, die Welt der Wälder, der Bären und »des Volkes«. In diese natürliche Sphäre drang die Zivilisation oder Vernünftigkeit in Person der Sartorises, später dann der Sutpens und Compsons ein, die ihre Gesetze, Klaviere, großväterlichen Standuhren und Sklaven – die Erbsünde – mitbrachten. Da sie auf ihre Sklaven angewiesen waren, gebar diese Abhängigkeit den Krieg, den Wiederaufbau und dann den Schatten der Sklaverei namens Rassentrennung, allerdings keine Wiedergutmachung für die Sünde. Das Fieber war abgeklungen, doch der Virus saß noch im Blut.

> Als der Fensterrahmen seinen Schatten auf die Vorhänge warf, war es zwischen sieben und acht, und dann hörte ich die Uhr und fand die Zeit wieder. Es war Großvaters Uhr, und als Vater sie mir gab, sagte er, Quentin, ich gebe dir das Mausoleum allen Hoffens und Wünschens... Ich gebe sie dir, nicht damit du dich der Zeit erinnerst, sondern dass du sie hin und wieder einen Augenblick lang vergessen und nicht deinen ganzen Atem daran verschwenden mögest, sie zu besiegen.

So wiederholen sich die Sünden bis in die zwanziger Jahre unseres Jahrhunderts hinein; ein »erlöster« Weißer musste erst noch geboren werden, und gerade bei den weißen Südstaatlern schafften es nur die niederen Menschentypen, die Jason Compsons und die sich stark vermehrenden Snopeses, unentdeckt wie Nerze oder Wiesel unter dem moralischen Radarschirm hindurchzuschlüpfen. Demgegenüber waren die wiederkehrenden, mit der

Anmut, Kraft oder Empfindlichkeit wahrer Vorbilder geborenen Blüten des südstaatlichen Menschentums wie Charles Bon, der Sohn Sutpens mit den haitianischen Wurzeln, Joe Christmas oder Quentin Compson dem Untergang geweiht.

Mit anderen Worten: Was wir Geschichte nennen würden, die Zeit der Menschheit, ist verdorben, und eine natürliche Alternative steht Weißen kaum zu Gebote. Aus Faulkners Perspektive hat die Zeit eine moralische Dimension, und nur wer sich nicht der Sklavenhalterei schuldig machte, entgeht dem zeitlichen Urteil der zyklischen Wiederkehr. Die schwarze Haushälterin Dilsey ist die eigentliche Mutter des Compson-Clans. Nur sie kann den heulenden Benjy beruhigen, Augenblicke wie Hochzeiten oder Beerdigungen bewältigen; und nur sie kann Jason ablenken. Faulkners berühmte Worte über die Neger Mississippis, sein Lob auf ihre »Standhaftigkeit«, dass sie »ausharrten«, sind zeitliche Urteile der höchsten Ordnung. Die Unterdrückung der Schwarzen hat sie im historischen Sinne zeitlos gemacht, doch in der Sprache des Jazz sind sie »in time« – das heißt, gehen sie ganz in der Zeit auf.[76]

In großen modernen Romanen wie *Der Zauberberg, Die Fahrt zum Leuchtturm* oder *Ulysses*, in vielen Werken Lawrences' wie auch Faulkners, bei Marcel Proust und Gertrude Stein wird die Zeit gezielt eingesetzt, um moralische Probleme lebendig zu erhalten. Im Film, gewiss dem von allen Künsten extremsten und erfolgreichsten Beispiel der Zeitmanipulation, erscheint der gegenwärtige Augenblick als ewig. Durch die komprimierte Erzählweise des Kinos wird die Zeit ganz und gar unterdrückt. So erschafft sich der Zuschauer eine eigene Zeitdimension, ähnlich wie Galeriebesucher die impressionistische Farbenpalette im Kopf selbst zusammenmischen müssen. Alles ist Oberfläche, was nicht bedeuten soll, dass es dabei an Tiefe mangelt. Man kann seine Ziele auch ohne Zeit erreichen.

Hat die Zeit eine moralische Dimension? Faulkner nahm das zweifellos an, und der deutsche Nobelpreisträger Günter Grass meint sogar zu *wissen*, dass sie eine besitzt. Es gibt eine Südstaaten-, eine deutsche, eine afrikanische, eine irische, eine lateinamerikanische Zeit, und sie alle unterliegen einem je eigenen moralischen beziehungsweise ästhetischen Ideal. Zeitgenössische lateinamerikanische Romanciers wie Juan Rulfo, Carlos Fuentes, Garcia Marquez und Vargas Llosa haben den christlichen Kalénder, die Faulknersche, die Proustsche und teilweise sogar die Zeit der präkolumbianischen Eingeborenen übernommen, um die Geschichte am Leben zu erhalten und daraus eigene anspruchsvolle Mythen der ewigen Wiederkehr zu schaffen. In den Augen vieler Schriftsteller meiner Generation ist die Zeit als Thema, als dramatisches, an sich schon einer neuen Erzählform würdiges Geschehen für immer damit verknüpft, zum ersten Mal einen Text von Borges zu lesen.

Im 19. Jahrhundert setzte sich weltweit ein protestantisches Zeitbewusstsein mit einer entsprechenden »Arbeitsmoral« durch. Missionare und Imperialisten propagierten ihre übermäßig strengen Zeitvorstellungen überall dort, wo sie Einfluss gewannen. Ihr Glaubenssymbol war nicht das christliche Kreuz, sondern die pietistische Uhr: Pünktlich und zuverlässig zu sein, galten als die sichersten äußeren Anzeichen eines geordneten, verantwortungsbewussten Seelenlebens. In ihren Briefen nach Hause berichteten sie auch von gescheiterten Bekehrungsversuchen zu der neuen Zeit, von den trägen Katholiken, Muslimen und Hindus, den einfach allgegenwärtigen »Einheimischen«. Die Mañana-Mentalität erschien ihnen als ein fast kindliches moralisches Gebrechen.

Die »kulturellen Rhythmen« decken sich offenkundig nicht mit der Uhr-, Kalender- oder Normalzeit. Ähnlich wie heute viele Amerikaner und Europäer beschleunigt und jedenfalls nur ganz am Rande in einer eigenen Ortszeit leben, da sie sich tagtäglich durch mehrere Zeitzonen bewegen, erreichen andere Kulturen eine vergleichbare Freiheit von der Ortszeit, indem sie diese ganz und gar außer Acht lassen. Robert Levines *The Geography of Time*, gerade jenes Buch, in dem er den wohlklingenden Ausdruck »Zeitmillionär« einführte, analysiert das Zeitbewusstsein in vielen ganz unterschiedlichen Gesellschaften, gestützt vor allem auf Angaben über Schätzwerte der verflossenen oder für etwas benötigten Zeit, das übliche Maß der Pünklichkeit, pedantische oder nachlässige Einstellungen zur Zeit – ja sogar das normale Schritttempo. In Brasilien fand er ein modernes Land, dem es noch gelingt, in der »natürlichen« Zeit zu leben, obwohl man daneben auch die Rituale der Standardisierung einhält. Zwar sind Geschäfts- oder Bürozeiten ausgehängt, gibt es veröffentlichte Stundenpläne, man erwartet jedoch nur bei besonderen Anlässen, dass sich irgendjemand daran hält. Jeder Bürger richtet sich gleichsam nach seinem eigenen Nullmeridian.

Ganz in diesem Sinne schreibt Mario Vargas Llosa, auf die emanzipatorische Wirkung der Literatur bezogen:

> Zeit ist etwas, das existiert, sie hat Anfang und Ende und auch eine materielle Eigenschaft, eine materielle Natur, genau wie der Raum. Zeit ist da. Die Vergangenheit ist wie die Zukunft oder wie die Gegenwart, ein Schauplatz, zu dem du jederzeit zurückkehren kannst. Wenn die Zeit diese räumliche, diese territoriale Eigenschaft hat, kannst du sie stückeln, sie teilen, ihr die Struktur eines biologischen Wesens, einer biologischen Einheit geben. Einer der Gründe, weshalb Literatur wichtig ist, liegt darin, dass sie uns ein Mittel liefert, mit dem wir Zeit verstehen können. Im wirklichen Leben verschlingt uns die Zeit, sind wir so in sie eingebettet, dass sie uns den Überblick über ihr Verfließen nimmt und damit den nötigen Abstand, um wirklich zu verstehen, was geschieht.
>
> Und deshalb ist dieses Fasziniertsein von der Zeit, dieses ausgeprägte Merkmal moderner Literatur, nicht unbegründet, nicht aufgesetzt. Es ist eine Möglichkeit, auf eine Wirklichkeit

zu reagieren, in der wir uns – vor allem in heutigen Gesellschaftsformen – gänzlich verloren fühlen. Wir werden so unbedeutend, so winzig in dieser außergewöhnlichen und unpersönlichen Welt – eben der Welt der modernen Gesellschaften –, dass wir ein Mittel brauchen, um einen Platz darin zu finden. Die künstliche Ordnung, welche die Literatur dem Leben gibt, ist etwas, das uns hilft, uns weniger verloren und verwirrt zu fühlen.

Chinua Achebe hat die Auswirkungen der Standardzeit, das heißt der »Vernunft«, auf eine nicht-westliche Kultur sehr anschaulich in dem Roman *Arrow of God* eingefangen. Sein Igbo-Klassiker behandelt, auf das Verhältnis von Zeit, Kolonialismus und Religion bezogen, einen gewaltsamen, ja sogar gottesmörderischen Zusammenprall zwischen Natur- und Vernunftreligion. Im traditionellen Glauben der Igbo entscheidet die priesterliche Interpretation des Mondkalenders über den richtigen Zeitpunkt, in dem ein Dorf seine Yamswurzeln anpflanzen muss. Wird dieser verpasst, so geht ein voller Monat verloren, und beim Verlust eines Monats ist die Ernte dem Untergang geweiht, das hungernde Dorf reif für Katastrophen wie Plünderung und Übernahme. Da die britische Kolonialbehörde jedoch den Dorfpriester wegen irgendeines Bagetelldelikts inhaftiert hat, hauptsächlich um ihn einzuschüchtern und Mores zu lehren, steht er nicht zur Verfügung, um die richtige Anbauzeit zu verkünden. Deshalb wird der Zyklus versäumt, das Dorf hungert, die alten Igbo-Götter verlieren ihre Glaubwürdigkeit, und die Christen können Fuß fassen.

Es geht um die Zeit; alles kreist um die Zeit – zumal wenn sich das Tempo der Wandels verändert, ja verschärft.

Auch William Butler Yeats war von der Zeit besessen. Sein Modell der Zirkulationen, demzufolge die Zivilisation in großen Zyklen zusammenbricht und wieder aufersteht, ist vielleicht die grundlegendste Form des Zeitbewusstseins, die wir außerhalb des Hinduismus oder der Quantenphysik vorfinden können. Sein spätes Gedicht »Sailing to Byzantium« (1927) kam ein Jahr vor *Schall und Wahn,* fünf Jahre nach *Ulysses* heraus, und dessen bekannte, oft zitierte letzte Verse könnte man Quentin Compson und allen anderen, die nach Befreiung vom Ticken der Uhr streben, ins Ohr flüstern. Nicht nur sprechen sie das vertraute Thema Natur und Vernunft an, sondern nehmen auch schon die nächste Stufe des Konfliktes vorweg. Wenn die Natur durch Vernunft verdrängt wird und diese an der Subjektivität zerbricht: Wie können wir dann jemals wieder zu einem Realitäts- und Ichbewusstsein gelangen?

> Einst der Natur entsprungen, werd' ich niemals wieder
> Meine Körperform von irgend etwas Natürlichem nehmen,
> Sondern solchem, wie griechische Goldschmiede es machen,
> Aus gehämmertem Gold und emailliertem Gold,
> Um einen schläfrigen Kaiser wach zu halten;
> Oder wie es auf einem goldenen Zweig sitzt,
> Um den Herren und Damen von Byzanz vorzusingen
> Von Vergangenem, Vergehendem oder Kommendem.

In den achtundachtzig Lebensjahren Flemings durchlief die Welt einen tiefgreifenderen Wandel als in jeder anderen Etappe der Menschheitsgeschichte. Davon zeugt, dass alle bedeutenden Persönlichkeiten oder Erfindungen des 19. Jahrhunderts auf ihre je eigene Weise als revolutionär bejubelt wurden, weil sie nicht auf frühere Erkenntnisse und Praktiken bauten, sondern diese vielmehr außer Kraft setzten. Wie hatten wir uns eigentlich bewegt, etwas gehoben oder getragen, bevor die Dampfmaschine erfunden wurde? Wie konnten wir die frühe Kindheit ohne Impfungen überleben? Wozu taugten Zeitungen, bevor es den Telegraphen gab? Nach Pionieren wie Darwin, Pasteur, Edison, Seurat, Marx, James, Monet, van Gogh, Meisterleistungen wie der Dampfmaschine, dem Elektromotor, der Foto- und Filmkamera, dem Röntgengerät, dem Telefon, der Eisenbahn, dem Verbrennungsmotor und dem drahtlosen

Funkverkehr, schließlich der Geburt der Natur- und Sozialwissenschaften konnte die Welt nicht mehr sein, wie sie einmal war.

Jede Menschheitsgeneration darf sich einbilden, in die schnelllebigste, verwirrteste, fortschrittlichste, gefährlichste Epoche der Geschichte überhaupt hineingeboren worden zu sein, und gewiss traf das bei der damaligen sogar zu. Was unsere Ära angeht, so müssten die Ansprüche allerdings ein wenig hinter solchen Superlativen zurückbleiben. Mein Vater fuhr mit dem Auto schon ebenso schnell und an einem Tag genauso weit, wie ich heute; er flog auch bereits, zwar nicht ganz so schnell oder weit, aber dafür mit einem prickelnden Gefühl von Luxus und Abenteuer, hörte Radio und konnte sich die Szenen und Charaktere lebhafter ausmalen als in jedem Spielfilm. Nur der Computer und seine Nutzanwendungen haben das Lebenstempo noch weiter beschleunigt und den vergangenen zwanzig Jahren ihr Gepräge gegeben. Doch den Wettstreit um die dezidierte Festigkeit in einer sich wandelnden Welt gewinnen nach wie vor die Viktorianer.

Die Ursprünge der Moderne nachzuvollziehen, unsere Vorfahren auf verblichenen alten Klassenfotos ausfindig zu machen, ist zum eitlen Intellektuellenspiel unseres Zeitalters geworden. Jede weitere Biografie, jeder wiederentdeckte Maler, jede Nacherzählung dahinschwindender Ereignisse, jede Rekonstruktion der Ära von Mitte bis Ende des 19. Jahrhunderts verschiebt die Grenzen der Moderne um ein weiteres Jahr oder gar Jahrzehnt zurück. Die verrutschenden Zeitmarken ähneln neuen archäologischen Funden wie Dinosaurierknochen, wobei jede Entdeckung einen Schritt tiefer in die Vergangenheit führt. Doch Fleming und Abbe, Allen und Dowd mit ihrem gewaltigen Problem der Standardzeit stehen stumm am Rande, werden selten bemüht und kaum einmal vorgestellt.[77]

Als ich zu studieren anfing, hieß es, die Moderne sei von der um 1880 geborenen Generation erfunden worden, die Anfang des 20. Jahrhunderts heranreifte – Einstein, Joyce und Picasso und die großen Pariser Neuerer des Balletts und der klassischen Musik. Dafür diente Roger Shattucks *The Banquet Years* als der handlichste Leitfaden. Heute gilt die Moderne bereits gegen 1880 als lebendig, geschaffen von Größen der Wissenschaften und Künste, die zur Jahrhundertmitte oder früher zur Welt gekommen waren. Wir wussten kaum etwas über Wien oder Berlin, und Amerika zählte überhaupt nicht. Die Moderne kreiste mehr um Filmtechniken und den Nutzen des Telefons, die Popularität der Freudschen Psychoanalyse, die Relativität und die Abwanderung vom Land in die Städte oder aus dem Ghetto in den Hauptstrom; sie speiste sich aus den gut vierzig Friedensjahren von 1871 bis 1914 auf dem europäischen Kontinent und aus den wachsenden Erwartungen neuerdings urbanisierter Minderheiten in der Doppelmonarchie Österreich-Ungarns. Sie hatte mit vielerlei zu tun, das alles in lockerer Verbindung miteinander stand und irgendwie Synergieeffekte erzeugte. Und selbstverständlich auch mit einem allgemeinen Eindruck des Zusammenbruches – der sexuellen, religiösen, gesellschaftlichen und politischen Grundwerte. Die Standardzeit wurde dabei jedoch nie erwähnt.

Etwas näher betrachtet, fügte sich die Moderne niemals wirklich einer einzigen brauchbaren Definition. Die Brüche spielen eine wichtige Rolle, das Aufbegehren gegen die viktorianische Vorstellung von einem abgerundeten Gesamtzusammenhang, dem »wohl ausstaffierten« Ideal. Das Kredo des *l'art pour l'art*, die Ansicht, der Künstler stehe abseits von der Gesellschaft und schulde ihr nichts, verdankt sich eindeutig einer Rebellion gegen das viktorianische Postulat des Dienstes an der Allgemeinheit, demzufolge man in erster Linie nützlich zu sein hatte. Doch diese Einstellung passt ebenso gut zu Flaubert wie zu Joyce, obwohl zwischen beiden eine Kluft von fünfzig Jahren liegt. Später haben Physik und Mathematik die Moderne, nachgezeichnet besonders durch Kern und Everdell, um nochmals anderthalb Generationen bis um 1870 zurückverschoben. Zumindest dem Geiste nach war sie also jedenfalls in der Medizin, in der Dichtung, in zahlreichen bemerkenswerten Erfindungen, vor allem aber in der Wahrnehmung des stark beschleinigten Tempos, dem Angriff auf das Zeit-Raum-Kontinuum, schon seit langem präsent.

Wie ich nahe zu legen versucht habe, handelt die Moderne auch vom Zerschneiden und Facettieren der Zeit, vom Zerbrechen der Kontinuität, des Flusses, in kleinste Splitter, um Natur bewusst durch etwas Abstraktes zu ersetzen. Everdell hat eine scheinbar einfache, in Wahrheit aber unendlich komplizierte Definition vorgelegt: Die Moderne könnte lediglich »eine Veränderung im Tempo des Wandels« sein. In dieser Formulierung stecken viele Erkenntnisse von modernen Naturwissenschaften, denn sie setzt ein stetig bewegtes Universum voraus, das keinen starren Bezugspunkt für Messungen mehr bietet. Und sie betont nicht das Inhaltliche, sondern den Kontext, die Metaebene. Die Moderne kreist um das Tempo und die Erwartung, dieses stets noch weiter beschleunigen zu können, aber auch um das Bemühen, etwas dahineilendes Vertrautes möglichst festzuhalten, bevor es ganz entglitten ist. Was die Moderne vertrieb, war so etwas wie eine natürliche Langsamkeit.

Was waren die Viktorianer? Moralisten, Reformer, fortschrittliche Wissenschaftler, vermutlich Rassisten,[78] Kolonialisten und häufig Imperialisten, religiöse Säkularisten, starke – sogar sentimentale – Nationalisten, wahrscheinlich gedankenlose und ziemlich engstirnige Protestanten. Wegen ihres Selbstvertrauens und ihrer Zuversicht waren sie großartige und glorreiche Planer – die Zukunft würde sein wie die Gegenwart, nur eben besser. Wie der stets begeisterungsfähige Abbe 1866 von Russland aus schrieb: »Mir scheint die Welt Jahr für Jahr zu schrumpfen: Dampfschiffe überqueren die Ozeane, Atlantik, Pazifik und Mittelmeer; Eisenbahnen durchqueren Amerika und Europa; Telegraphen melden Nachrichten einmal rund um den Erdball von San Francisco nach San Francisco. Wenn wir nicht dereinst auf dem Mond landen, um dort Granit abzubauen, so wird das gewiss nicht die Schuld der Yankees sein.«

Gegenüber diesen Viktorianern fühlt man sich ganz wie ein Besucher von Donald Barthelmes »Tolstoi-Museum«: Man heult sich die Augen aus, weint über die schiere Größe ihrer Leistung, weint über die Welt, die sie vernachlässigte, weint darüber, wie heldenhaft sie ihre verständliche Eitelkeit trugen. So viel Größe, so viel Selbstvertrauen – so viel rührende Ignoranz.

Die größte Einzelleistung des späten Fleming nach der Lösung des Zeitproblems war die zielbewusste Planung eines weltumspannenden subpazifischen Kabels. So konnte er 1902 vom heimischen Ottawa aus zwei Botschaften nach Australien schicken; die eine über London und die andere über Vancouver. Die Antworten erreichten ihn etwa acht Stunden später, nach zweimaliger Umrundung der Erde: über die Fidschi-Inseln und Sydney, dann zurück über Indien, Ägypten, Malta, Gibraltar und London, eine stolz so bezeichnete »ringsum rote« Strecke, die an keinem Punkt britisches Gebiet verließ. Es war ein wunderbarer Augenblick – eine Reise um die Erde in acht Stunden und künftig noch weniger. Das Ganze muss ihn an einen Moment fünf Jahre zuvor erinnert haben, nur jetzt in viel größerem Maßstab, als er eine Botschaft von Irland nach London geschickt und nur eine Stunde später, acht Kilometer weiter, die Antwort erhalten hatte.

Als das Kabel schließlich 1902 in Betrieb genommen war,

erschien es wie ein Wunderwerk, doch schon bald lief ihm Marconis drahtlose Überwindung des Kanals, und ein Jahrzehnt später des Atlantik, den Rang ab. Flemings großer Traum für das Kabel war die Einheit des ganzen Empire gewesen, der Austausch politischer (vertraulicher) »Nachrichten« in »Echtzeit«. Er hatte die Welt zeitlich und räumlich schrumpfen lassen; nun blieb für sein großes Reformprojekt nur noch, die wunderbaren Techniken des neuen Jahrhunderts zu nutzen, um damit die Folgekosten der großen Entfernungen abzubauen und den immateriellen Schaden der Abgelegenheit in Grenzen zu halten. Fleming konnte noch nicht ahnen, dass die Standardzeit vielmehr dazu beitragen würde, den gesellschaftlichen Zusammenhalt zu lockern und im Lauf der Zeit eine Art anomischer Wurzellosigkeit zu fördern. Sicher hätte er sich niemals träumen lassen, dass sein geliebtes britisches Empire kaum dreißig Jahre nach seinem Tod zerfallen würde.

Die Blößen des Sandford Fleming

Nullmeridian, Nullmeridian –
ich habe nun bald genug vom Nullmeridian!
Sandford Fleming, Venedig 1881

Die Anwendung der Wissenschaft auf die Verkehrsmittel und auf die Direktübertragung von Sprache und Gedanken hat den Raum allmählich schrumpfen lassen und die Entfernungen aufgehoben. Heute wird die ganze Welt in enge, unmittelbar nachbarschaftliche Verhältnisse eingebunden, und inzwischen sind wir ausgesprochen feinfühlig für viele Unannehmlichkeiten und Störfaktoren in unserer Zeitrechnung, die noch vor einigen Generationen völlig unbekannt, ja sogar unvorstellbar waren.
Sandford Fleming 1884.

Venedig 1881, Rom 1883

In den fünf Jahren zwischen seinem Ausscheiden bei der Canadian Pacific Railway und der Prime Meridian Conference »gondelte« Fleming nicht nur in Venedig herum, wie Pierre Berton ihm vorhielt. Ab 1879, als schließlich weder der Ingenieurberuf noch der Eisenbahnbau mehr seine Identität prägten, begann er hauptamtlich an den beiden großen Projekten seines Lebens zu arbeiten: der Weltstandardzeit und dem weltumspannenden Unterseekabel. Beide waren selbstverständlich miteinander verwandt – ließen die Welt, wie man sagen könnte, im Tempo der neuen Technik zusammenschnurren –, auch wenn sie auf ganz unterschiedlichen Strategien und Drehbüchern beruhten.

Zur Förderung der Standardzeit verfasste und hielt Fleming, als Mitglied der Metrological Society und als Vorsitzender des Zeitkonvents der American Society of Civil

Engineers, mehrere Referate; ferner trug er als Delegierter des Canadian Institute bei den World Geographic Conferences in Venedig 1881 und Rom 1883 zwei Grundsatzreferate vor, die direkt zur Einberufung der Prime Meridian Conference von 1884 führten. Und selbstverständlich wurmte ihn die Erinnerung, 1878 von der British Association for the Advancement of Science nach Dublin eingeladen worden zu sein, um einen Vortrag zu halten, den die Veranstalter dann am Ende als entbehrlich zurückwiesen.

Die Anbahnung der Standardzeit schien, zumindest in den ersten Jahren, bis Fleming die Führungsrolle übernahm, auf erfreuliche Weise frei von politischen Querelen zu bleiben. Seine Widersacher waren in der Regel Wissenschaftler und Akademiker, bei denen man ein gewisses Maß an Höflichkeit erwarten konnte. Zwar geriet Fleming einige Male heftig mit dem leicht reizbaren »Platzhirsch« William F. Allen aneinander, aber meist wurden Meinungsverschiedenheiten in einer angenehm sachlichen Atmosphäre ausgetragen. Zudem hatte er das Glück, Cleveland Abbe seinen Freund und Berater nennen zu können, einen Mann ganz nach Flemings Geschmack, der lieber hinter den Kulissen operierte, als sich mitten ins Rampenlicht zu stellen. Die Ausnahmen, wie der Königliche Astronom George Airy, der exzentrische Piazzi Smyth und sogar Flemings unerklärlich galliger Erzfeind, der in Kanada geborene Direktor des US Naval Almanac, Simon Newcomb, leisteten ihm einen durchaus erträglichen Widerstand.

Fachkollegen, besonders Cleveland Abbe als Verbandsvorsitzender und Francis Barnard als Präsident der Columbia University, drängten Fleming 1881 auf dem World Geodesic Congress in Venedig, eine Tagung von Politikern und Astronomen anzuregen, um einen für alle Welt verbindlichen Nullmeridian festzulegen. Präsident Barnard, ein damals schon hoch in den Siebzigern stehender Neuengländer,[79] hatte übrigens maßgeblichen Anteil daran, dass eine so renommierte Universität schon 1890 (ein Jahr nach seinem Tod) Frauen zuließ. Das kann außerdem als ein Hinweis darauf gelten, welches Maß an Aufgeklärtheit und Reformleidenschaft die Standardzeit-Bewegung anzog. Nachdem Barnard bis 1861 Präsident der University of Mississippi gewesen war, musste er als Sympathisant der Union den Süden verlassen und übernahm später in New York City die Leitung eines unbedeutenden klassischen Colleges, das er im Stile Prinz Alberts in eine moderne Universität mit angegliederten technischen Hochschulen – besonders für sein Spezialgebiet, die Bergbautechnik – umgestaltete. Er war ein fleißiger und tüchtiger, weltweit bekannter Verfechter der Zeitreform, aber eine ganze Generation älter als Fleming und beschränkte sich meist auf die Rolle des Fürsprechers und Theoretikers.

Cleveland Abbe wusste als Washingtoner Insider, dass die Vereinigten Staaten niemals von selbst einen solchen Kongress vorschlagen würden, und Fleming seinerseits begriff, dass Frankreich prinzipiell nicht an einer Konferenz in London teilnehmen würde. Damit eröffnete sich für Kanada eine Vermittlerrolle, vielleicht zum ersten, gewiss aber nicht zum letzten Mal. Flemings persönliches Ansehen und die hohe Anerkennung, die er weithin genoss, verbunden mit seiner sehr engagierten Leitung der Standard Time Convention bei American Society of Civil Engineers, bescherten ihm gleichsam einen guten Draht zu den Vereinigten Staaten und zu Großbritannien. Zwei Jahre später bei der Tagung in Rom 1883 nahm die Generalversammlung seinen beim Kongress von Venedig 1881 noch zurückgestellten Antrag an. Die Briten erklärten ihr Einverständnis, Präsident Arthur sprach seine Einladungen aus, und zuletzt wurde förmlich beschlossen, dass die Tagung ab dem 1. Oktober 1884 in Washington, D. C., stattfinden sollte.

Die politische Opposition gegen sein weltumspannendes Kabel war etwas ganz anderes als ein höflicher akademischer Widerspruch oder sogar wirtschaftlicher Wettbewerb. Der Kampf um das Kabel rückte Fleming an die vorderste Front des außenpolitischen Kräftemessens zwischen Großbritannien und den Vereinigten Staaten im Verhältnis zu Hawaii, denn er dachte, mit der richtigen Diplomatie hätte man Hawaii oder zumindest eine Insel der Kette für Großbritannien gewinnen können, aber auch bezogen auf die Holländer in Indonesien, die Japaner und Franzosen in Ost- und Nordafrika – Konflikte gab es überall dort, wo ein Unterseekabel an Land über fremdes Gebiet führen musste. Fleming wurde in den »weißen« Kronkolonien sämtlicher Kontinente in Kabinettsquerelen verstrickt und unterstützte stets die autonomen Kräfte gegen das Fernmeldemonopol der britischen Eastern Extension Company und ihren Chef, den Medienbaron Sir John Pender. Dessen Konzern kontrollierte den gesamten Kabelaustausch zwischen Europa und dem Südpazifik durch ein Netz fragwürdiger Konzessionen einer Unmenge von ausländischen Regierungen und berechnete die Kosten nach einem lähmenden Tarif pro Wort, um sie mit den Gewinnen für ihre schlechten Dienste zu entschädigen. Infolgedessen hatten Neuseeland und Australien praktisch viel stärker unter der Isolation zu leiden, als es durch ihre geographische Abgelegenheit begründet erschien.

Der Angriff auf die Macht Penders und seiner hoch gestellten Konsorten, die vielfach auch von ihm bezahlt wurden, wirkt etwas überraschend, wenn man bedenkt, dass sich Fleming lieber zurückhielt und hinter den Kulissen arbeitete. Doch etwas an Pender weckte seine Streitlust, verstärkte seinen Ärger über die englischen Machtstrukturen, die Korruptheit des Monopolkapitals und den Missbrauch des Mandates in den Kolonien. Um seinen Vorschlägen wenigstens Gehör zu verschaffen, musste Fleming mit

Agenten und Lobbyisten aus Washington zusammenarbeiten, weshalb er ihre »Gebühren« aus der eigenen Tasche bezahlte, worin die Agenten kaum mehr sahen als weiterzugebende Bestechungsgelder.[80] Außerdem rief die ganze vertrackte Situation bei Fleming ein Ausmaß an politischem Engagement hervor, das es bis dahin in seinem Leben nicht gegeben hatte.

Die beiden Projekte der Weltstandardzeit und des weltumspannenden Kabels sind, in ihrer Gesamtheit betrachtet – bedenkt man die Reichweite ihrer Konsequenzen, die vielfältigen anspruchsvollen Methoden ihrer Verwirklichung, den nötigen Aufwand an Kraft, Geduld und Kosten, aber auch die entgegenwirkende vereinte Opposition –, für ihn als Einzelnen ein wahrhaft außergewöhnliches Unternehmen. Doch das Wagnis steht im besten Einklang mit Flemings tragischer Sicht des Ingenieurberufs: Wenn das Werk vollendet ist, profitiert die ganze Welt davon, aber die Urheberschaft als solche tritt in den Hintergrund.

Nach seinem ersten Referat von 1876 hatte Fleming seine Zeitvorschläge immer weiter bis auf einen Kern von zwanzig verringert, die er 1881 bei der Konferenz in Venedig resümierte. Über den verschiedenen Revisionen und Verbesserungen lagen noch die Schatten des ersten in Toronto gehaltenen Vortrages – namentlich der »kosmische« und der »lokale« Tag sowie das System der Buchstaben und Zahlen zur Benennung der Meridiane. Nur gab es keinen mythischen Zeitmesser im Erdmittelpunkt mehr, statt dessen jedoch Hinweise auf N, den noch unbestimmten Längengrad Null oder Anfangsmeridian. Obwohl Fleming streng darauf achtete, keinen Lösungshinweis anzudeuten, ließ er keinen Zweifel daran, wie hinderlich und unnötig die Vielzahl der nationalen Nullmeridiane war:

Wir erwägen nun schon seit einer Reihe von Jahren, deren Zahl zu verringern. [...] Die Frage wurde von verschiedenen Verbänden geprüft und es kamen mannigfache Lösungsvorschläge, ohne dass allerdings Einmütigkeit über die Wahl eines international verbindlichen Nullmeridians erzielt worden wäre. Man hat sich auch wiederholt darum bemüht, zu einer allgemeinen Übereinkunft über das Festhalten an einem der bestehenden nationalen Meridiane zu gelangen, doch alle diese Vorschläge trugen stets dazu bei, eine endgültige Regelung der Angelegenheit hinauszuzögern, da sie nationale Empfindlichkeiten weckten.

Erneut diese nationalen Empfindlichkeiten! Es gab zu viele Nullmeridiane, aber keiner der bestehenden, vermutlich inklusive der großen Favoriten Greenwich und Paris, kam in Frage.

Die zwanzig Vorschläge des Referates von Venedig verlangen nach einer näheren Erörterung. In den vier ersten stellte Fleming etwas fast Selbstverständliches fest: Es sollte einen weltweit einheitlichen Tag, einen bestimmten Anfangsmeridian für dessen Beginn sowie eine Vereinbarung der sechsundzwanzig »zivilisierten«, was in diesem Fall bedeutete, unabhängigen Staaten der Erde über die Geltung dieser Ausgangslinie geben. Im fünften Vorschlag heißt es allerdings: »Aus andernorts dargelegten Gründen wird angeregt, den Anfangsmeridian und die Stunde Null durch den Pazifik verlaufen zu lassen, um damit nicht das Gebiet irgendeines Staates zu berühren.« Mit dem achten Vorschlag wurden die Delegierten des Geographenkongresses von Venedig aufgefordert, einem weiteren Plan Flemings zuzustimmen. Die vierundzwanzig – »um je fünfzehn Grad oder eine Stunde voneinander entfernten« – Zeitzonen sollten nach dem englischen Alphabet, ohne die Buchstaben I und U, bezeichnet werden.[81] Weltweit sollte es zwei Grundformen der Standardzeit geben, die »kosmische« und die »lokale«.

Vorschlag Nummer neun lautet:

Die wie oben festgelegte Zeiteinheit soll als ein *absoluter Tag* gelten, ungeachtet der je nach örtlicher Länge wechselnden Hell-Dunkel-Phasen, und in allen nicht-lokalen Belangen weltweit einheitlich sein. Um diese Spanne von den gewöhnlichen Lokaltagen abzugrenzen, könnte sie der »Kosmopolitan« oder »Kosmische Tag« heißen. Die Stunden, Minuten und Sekunden des kosmischen Tages, ebenso wie die ganzen Tage selbst, ließen sich durch den allgemeinen Ausdruck *kosmische Zeit* kennzeichnen.

Nach Flemings Vorstellungen sollte die kosmische Zeit das gemeinsame Maß der Wissenschaft und der weltweiten Kommunikation werden. Der absolut gesetzte Welttag, die bei dem noch festzulegenden Nullmeridian beginnenden und endenden vierundzwanzig Stunden, stünden mit den Ortszeiten notwendigerweise im Widerspruch. So mochte zum Beispiel der kosmische Mittag jede Tages- oder auch Nachtzeit an jedem beliebigen Ort der Erdkugel sein. »Der Genauigkeit zuliebe«, schrieb Fleming, »könnte man ihn in der Astronomie, Navigation und Meteorologie ebenso wie bei sämtlichen zeitgleichen Beobachtungen auf allen Erdteilen verwenden. Man mag darin jene Zeit erblicken, die in der Meerestelegraphie und bei den Abläufen allgemeiner oder nicht-lokaler Art zum Zuge käme.« Doch der breiten Öffentlichkeit würden Berührungen mit jener kosmischen Zeit weitgehend erspart bleiben, sieht man von der Verständigung über Kabel einmal ab. Die kosmische Uhr diente rein professionellen Zwecken und sollte den Tag der Marine und der Astronomie einheitlich gestalten, aber auch Meteorologen wie Cleveland Abbe weiterhelfen, die immer über den stündlichen Aktualisierungen ihrer Isothermen- und Isobarenkarten schwitzten.

Flemings scheinbar beiläufige Erwähnung der »Meerestelegraphie« enthielt eine versteckte Anspielung auf den gewünschten Nullmeridian im Pazifischen Ozean. Ohne die zuverlässige Technik einer modernen Sternwarte irgendwo in der Nähe seiner vorgeschlagenen Wasserlinie hätte Fleming mit telegraphischen Nachrichten vom nächsten Vorposten der Zivilisation[82] liebäugeln müssen, um aller Welt immer die genaue Zeit übermitteln zu können. Kanada war im Einsatz der Telegraphie schon weit fortgeschritten, ebenso übrigens Frankreich und viele andere Staaten Europas, die ihre Uhrzeiten bis 1881 überwiegend standardisiert und auf die jeweilige nationale Hauptsternwarte eingestellt hatten. In den Vereinigten Staaten übermittelten Sternwarten die präzise Zeit mittels Signalen an die Western Union Company und die Eisenbahngesellschaften, die ihrerseits Zeitzeichen – gewöhnlich in Form von Zeitbällen – an Städte, Industriezweige und sogar Privatleute verkauften. Damit war die Uhrzeit für die ansonsten geldknappen Sternwarten und selbstverständlich für die Western Union zu einem rentablen Geschäft geworden. Ein Jahresabonnement für das Washingtoner Zeitzeichen konnte, je nach Abstand von der Signalquelle – beispielsweise im Raum San Francisco –, bis zu fünfhundert Dollar kosten.

Man nahm die Ware Uhrzeit auch tatsächlich sehr ernst. So stattete das Harvard College Observatory, dessen Zeitzeichen kreuz und quer durch ganz Neuengland und an die Western Union Company ging, seinen Telegraphenraum mit allen sanitären und klimatischen Vorkehrungen aus, wie man sie heute vor allem bei hochmodernen Fabriken für Silikonchips kennt. Leonard Waldo, als der für den Zeitdienst zuständige Direktor der Sternwarte, ebenfalls Mitglied der Metrological Society, konnte sogar berichten, dass der Instrumenten- und Telegraphenraum, »mit seinem Boden aus Bleiblech, den mit Trockensand gefüllten Wänden und den pelzbesetzten Türen praktisch keine Temperaturschwankungen aufwies«. Wenn man schon in den relativ günstig gelegenen Außenbezirken Cambridges, wo die Telegraphenleitungen ja nur über den Fluss bis Boston gingen, einen solchen Aufwand mit der Präzision treiben musste, so lässt dies ernsthafte Zweifel daran aufkommen, ob mit den stark exponierten Stationen im Südpazifik überhaupt ein zuverlässiger Signalaustausch möglich gewesen wäre. Insofern stieß Flemings Modell eines durch den Pazifik verlaufenden Nullmeridians auf starke Bedenken. Um nationale Eifersüchteleien im Keim zu ersticken, hätte man also grundsätzlich leugnen müssen, dass der Nullmeridian eine direkte Verbindung zu anspruchsvollen astronomischen Geräten erforderte. Das ermunterte die Delegierten zu verstärkten Abwägungen zwischen der sich anbietenden Wahl Greenwich und dem recht riskanten Abenteuer des Niederbogens.

Selbstverständlich hatte Fleming die ganze Zeit über auf noch weiter gehende Berechnungen geschielt. Bei seinem ersten Referat von Toronto, mit dem fiktiven Zeitmesser in der Erdmitte oder, zumindest theoretisch, hoch oben in den Wolken, lief als Andeutung immer mit, dass *jeder beliebige* Nullmeridian ausreichen würde, sofern man nur die gesellschaftliche und historische Abhängigkeit von der Ortszeit überwände. So zieht sich durch alle Vorschläge Flemings ein viktorianisch-utopischer Strang, verbunden mit dem Grundgefühl, dass ein aufgeklärtes Weltbürgertum letzten Endes nicht mehr brauchen würde als einen einheitlichen universellen Tag. Die Ortszeit würde, so ähnlich wie bei Marx der Staat, allmählich von selbst absterben.

Flemings Freunde, die akademischen Delegierten bei der World Geographic Conference von Venedig 1881, waren mit der Zuverlässigkeit und Flexibilität der Telegraphie wohl vertraut, und nach Ansicht der Franzosen konnte eine sinnvolle Nutzung dieser Technik als potentielles Argument gegen Greenwich dienen; generell hielten Wissenschaftler elektrische Signale für das Übertragungsmedium der Zukunft, waren diese doch fortschrittlich, grenzüberschreitend und direkt. In politischer Hinsicht zeigten sich die Delegierten der Konferenz allerdings naiv. Tatsächlich sah niemand unter ihnen die raffinierten Einwände gegen Fernsignale voraus, die gut ausgebildete Diplomaten drei Jahre später im Dienst engstirniger nationaler Interessen erheben sollten.

Im elften seiner zwanzig Vorschläge kam Fleming auf seine zweigeteilte Uhrzeit zurück, bestehend aus der alphabetisch durchbuchstabierten »kosmischen« und der zahlenmäßig erfassten »lokalen« Zeit, was er im elften Vorschlag noch näher erläuterte: »Die kosmische Zeit soll in der Weise durch Buchstaben ausgezeichnet werden, dass die Stunden den vierundzwanzig Meridianen der Standardzeit entsprechen. Wenn die Sonne den Meridian G oder N überquert, wird es G respektive N Uhr des kosmischen Tages sein. Und wenn es null Uhr schlägt, das heißt, wenn die Sonnenmitte den Nullmeridian passiert, dann, genau in diesem Moment, wird ein kosmischer Tag enden und ein neuer beginnen.«

Die Punkte dreizehn bis sechzehn betrafen Definitionen der Ortszeit, mit der Versicherung, dass für die große Mehrheit der Weltbevölkerung, die ihrem Tagewerk nachging, keine Brüche mit den gewohnten Zeitstandards eintreten würden. Die fünfundsiebzig Zeitstandards Nordamerikas würden auf nur noch vier zusammenschrumpfen, doch die Entwicklung war ja bereits weit fortgeschritten und fand ohnehin allgemeine Unterstützung. Weltweit gäbe es vierundzwanzig Zeitstandards, entsprechend durchbuchstabiert. »Es ist beabsichtigt«, heißt es im vierzehnten Vorschlag, »die Ortszeit in jeder Zone der Erdoberfläche generell an dem Standardmeridian auszurichten, der für ihre Länge am besten oder sonst bequemsten liegt.«[83]

Die Punkte fünfzehn und sechzehn bezeichnen die Zonen mit den Buchstaben der ihnen benachbarten Meridiane. Demnach würde man nicht mehr in den Zonen *Paci-*

fic oder *Mountain* leben, sondern müsste sich auf eine bei weitem nicht so malerische U- oder T-Zeit einstellen. Fleming konnte niemals seine Abscheu gegen »Ortszeiten« und den damit verbundenen Chauvinismus ablegen: Wenn die Weltzeit alphabetisch durchbuchstabiert, anstatt weiter herkömmlich bezeichnet würde, so verlören die Ortszeiten, sofern man sich auf einen Anfang geeinigt hätte, zugleich ihre lokalen Assoziationen.

Der siebzehnte Vorschlag steht ganz im Zeichen Kanadas: »Außerdem wird angeregt, die Standardzeit seitens der staatlichen Behörden zu regeln und publik zu machen, das heißt an allen wichtigen Zentren Stationen für Zeitzeichen einzurichten, die genaue amtliche Zeit richtig mitzuteilen und alle Uhren der Bahnhöfe und öffentlichen Plätze von jenen offiziellen Zeitstationen aus elektrisch zu steuern oder auf andere Weise vollkommen aufeinander abzustimmen.« Fleming begriff die Uhrzeit als eine kostenlose, allen Bürgern frei zugängliche Ressource und nicht als Privateigentum, wie im Fall der amerikanischen Eisenbahnen oder des Verkaufes von Zeitzeichen seitens der Western Union Company. Als Fürsprecher des Staates hegte er tiefes Misstrauen gegenüber dem Profitstreben des Kapitals, eine Grundeinstellung die sich in den folgenden Jahren nur noch verschärfen sollte. Flemings letztes großes Gefecht mit dem Kapital, das er mit Mitte achtzig aufnahm, ließ ihn sogar ein Ermittlungsverfahren gegen Canada Cement in die Wege leiten – einen Konzern, der ihn zum ehrenamtlichen Direktor bestellt, dessen Vorstand und Aufsichtsrat sich jedoch, so Flemings Vorwurf, bereichert hatten, indem sie bei der ersten öffentlichen Emission das Aktienkapital verwässerten.

Mit den drei letzten Vorschlägen Flemings betreten wir eine gegenüber allen früheren Voraussetzungen für einen Nullmeridian in Greenwich spiegelbildlich verkehrte Welt. Da er den Anfang im Pazifik und nicht in Greenwich ansetzte, und von dort aus ost-, statt westwärts rechnete, liefen der Y-, X-, W- und V-Meridian – also der 165., 150., 135. und 120. Längengrad – allesamt durchs offene Meer. So fing Nordamerika bei 105. Grad westlicher Länge mit Kalifornien oder Britisch Kolumbien an, also nicht wie vertraut beim 60. Grad mit Neufundland. Kalifornien und die Staaten oder Provinzen längs der Pazifikküste avancierten damit zur ersten Landkennung: Die Letzten würden die Ersten sein.

Demnach betrafen die Punkte achtzehn bis zwanzig die Anwendung des Systems auf Nordamerika. Es sollte, in West-Ost-Richtung angelegt, vier Standards geben: U, T, S und R. Standard U erstreckte sich ostwärts bis Idaho, Utah, Arizona und Nevada; der nächste, T, würde ganz Mexiko sowie die Staaten und Provinzen der großen Prärien bis hinüber nach Kansas mit einbeziehen, darunter die beiden Dakotas, Texas und Manitoba; Standard S umfasste alle Staaten beiderseits des Mississippi plus Michigan; und R wäre die Normalzeit für alle anderen Gebiete bis einschließlich Neuschottland.

Fleming resümierte sein Modell, so verquer es einigen von der Ostküste oder aus Europa kommenden Delegierten in Venedig erscheinen mochte, mit seiner üblichen Unbekümmertheit:

Das Ausgeführte ist nur die allgemeine Skizze meines Vorschlages. Danach müsste auf der Hand liegen, dass dieses System einer kosmopolitischen Zeit ein taugliches Mittel wäre, um alle zuvor geschilderten Schwierigkeiten zu beheben. Es würde die Zeit zuverlässig vereinheitlichen, stark vereinfachen sowie mit absoluter Präzision und vollkommener Harmonie berechenbar machen. Zeiten von Orten mit ganz unterschiedlichen Längen wichen jeweils nur um volle Stunden voneinander ab, doch in jeder anderen Hinsicht herrschte für alle Längen- und Breitengrade totale Übereinstimmung der Standardzeit. Somit würden theoretisch alle Uhren der Welt gleichzeitig eine der vierundzwanzig vollen Stunden anzeigen, und es bestünde überall auf dem gesamten Erdball auch ein vollkommener Synchronismus der Minuten und Sekunden.

Mit dem vorgeschlagenen System, anstelle einer ungeheuer verwirrenden Vielzahl örtlicher Tage, die sich täglich bei jeder Erdumdrehung nach der Sonne richten, hätten wir lediglich vierundzwanzig wohl definierte Zeitzonen; jeder Lokaltag stünde in einer festen Beziehung zu den anderen, und alle würden sie durch den Stand der Sonne im Verhältnis zum Nullmeridian geprägt. Die vierundzwanzig Zeitzonen folgten einander bei jeder täglichen Erdrotation in stündlichen Abständen. Der Tag jeder dieser Zonen würde mit dem Buchstaben (oder sonstigen Symbol) ihres Standardmeridians bezeichnet und die allgemeine Verwirrung und Mehrdeutigkeit, die ich als Konsequenz des gegenwärtigen Systems geschildert habe, damit ein Ende finden.

Seine Vorschläge wurden angenommen und bildeten sodann die Grundlage einer Handlungsempfehlung des International Geographic Congress. Cleveland Abbe, Francis Barnard und auch Sandford Fleming selbst sprachen in Flemings Namen das Thema einer Prime Meridian Conference an, um die Frage des Nullmeridians ein für alle Mal zu klären. Die Delegierten stimmten zu, stellten die Angelenheit jedoch bis zur nächsten Tagung zwei Jahre später in Rom zurück und erlaubten ihren hochrangigen Beamten, der amerikanischen Regierung entsprechende Offerten zu unterbreiten. Fleming folgte dem Rat Abbes und machte sich sogleich an die Arbeit, verfasste Memoranden und hielt Vorträge vor amerikanischen Handelskammern, Eisenbahnerkongressen, Reedereien und Versicherungsgesellschaften, stellte indes auch förmliche Anträge beim Generalgouverneur oder dem britischen Kolonialamt. Seine Vorschläge schlossen stets mit der gleichen Floskel: der Forderung nach einer Vierundzwanzig-Stunden-Uhr, um die zeitliche Anomalie aus der Welt zu schaffen, die ihn seit nunmehr fünf Jahren umtrieb.

Bis 1883 hatten die nordamerikanischen Eisenbahnen ihre Zeiten gemäß Allens Plänen standardisiert, und auf dem europäischen Kontinent bestand die erste regelmäßige Bahnverbindung zwischen Paris und Konstantinopel. Die Zeit lag in der Luft und gleichsam auf der Straße, und zum ersten Mal in der Geschichte gab es Vorschläge für ein einheitliches System ihrer Regelung. Nur noch eine abschließende Tagung stand zwischen dem von Fleming angeregten System einer Weltstandardzeit und dessen vermeintlich bereits im Vorfeld gesicherter diplomatischer Ratifizierung in Washington – nämlich der Gipfel des Geographic Congress 1883 in Rom.

Flemings frühere Texte, besonders der im Januar und Februar 1879 beim Canadian Institute gehaltene Vortrag zum Thema »Zeitmessung und die Einführung eines Nullmeridians«, hatte Generalgouverneur Marquis de Lorne an achtzehn Staaten und nach London weitergeleitet, wo sie geprüft und in Umlauf gebracht werden sollten, jedoch das Missfallen des Königlichen Astronomen erregten. Die nächste Runde des Gefechtes im Jahr 1881 sah Airy allerdings bereits im Ruhestand, und sein Nachfolger im Amt des Königlichen Astronomen stimmte der vorgeschlagenen Reform der Standardzeit vorbehaltlos zu.

Die Nackenschläge anderer prominenter Astronomen müssen Fleming ähnlich schmerzhaft getroffen haben, insbesondere die von Simon Newcomb, dem Direktor des US Naval Almanac und in späteren Jahren Verfasser eines heute noch lesenswerten Lehrbuches der Astronomie. Der gebürtige Kanadier war als Autodidakt so etwas wie ein mathematisches Genie. Allerdings auch ein berüchtigtermaßen schwieriger und ziemlich exzentrischer Mensch, gleichwohl eng mit seinem Astronomenkollegen aus Washington, dem ausgesprochen liebenswürdigen Cleveland Abbe befreundet. Wie dem auch sei, als Fleming allen Mit-

241

gliedern der American Society of Civil Engineers einen Fragebogen über den Wert der Standardzeit zugeschickt hatte, bewahrte er die Antworten – mehrere Dutzend – ordentlich in den dazugehörigen Umschlägen gebündelt auf; den des Astronomen Simon Newcomb indes separat. Auf die dritte Frage, »Hielten Sie es für sinnvoll, hierzulande ein Zeitsystem anzustreben, das sich auch anderen Staaten empfähle und letzten Endes von ihnen übernommen werden sollte?«, hatte Newcomb geantwortet: »Nein! Wir kümmern uns nicht um andere Staaten; wir können ihnen und sie können uns nicht helfen.«

Flemings zweite Frage, »Befürworten Sie das Konzept... die Zeitstandards aller Länder miteinander in Einklang zu bringen?«, hatte eine sogar noch giftigere Reaktion ausgelöst: »Ich sehe diesbezüglich kaum mehr Grund, die Europäer als die Bewohner des Planeten Mars zu berücksichtigen.« Diese Reaktionen Newcombs beunruhigten Fleming so sehr, dass er andere mit für ihn ungewöhnlicher Heftigkeit – jedoch stets in Anführungszeichen – vor ihm als dem nicht namentlich benannten »Nigger im Gehege« (*sic*) warnte, einem heimlichen, hinterhältigen Boykott gegen das geplante System der Weltstandardzeit. Andere von ihm abweichende Astronomen betrachteten die Einführung eines solchen Nullmeridians, falls er überhaupt irgendwelche Vorteile biete, als eine günstige Gelegenheit, um geschichtliches und religiöses Unrecht wieder gutzumachen. Piazzi Smyth votierte selbstverständlich erneut für die Cheopspyramide von Giseh; andere sprachen sich zu Ehren Galileis für Pisa aus, wieder andere für Jerusalem oder aber für die Azoren, den ursprünglichen europäischen Nullmeridian. Alle begriffen jedoch, dass eigentlich nur drei Bewerber in die engere Wahl kamen: Greenwich, Paris und Flemings »Niederbogen«.

Seine zuverlässigen Anhänger hatte Fleming in der Astronomenzunft, darunter sowohl Otto Struve aus Russland als später auch jene spanischen, italienischen und mexikanischen Wissenschaftler, die als Delegierte bereits in Rom gewesen waren und auch nach Washington kommen würden. Beim römischen Kongress von 1883 trug Fleming viele seiner früheren Ideen erneut vor, beharrte aber diesmal strikter auf einem Antipoden zu Greenwich, das heißt dem im Pazifik angesetzten Nullmeridian.

Die römischen Resolutionen drei, vier, fünf und sechs betrafen jenen Nullmeridian, und aus Flemings Sicht konnte das Abstimmungsergebnis nicht gerade als ermutigend gelten: Greenwich gewann ganz klar aus schierer Bequemlichkeit, wegen der Beliebtheit seiner Karten und der vielen Länder, die bereits damit arbeiteten. Flemings Anti-Null überzeugte manche Teilnehmer wie Struve und Juan Pastorin aus Spanien und galt als eine annehmbare zweite Wahl, sollte Greenwich aus irgendwelchen Gründen – vor allem den besagten »Empfindlichkeiten« – bei dem bevorstehenden Kongress in Washington keine Mehrheit finden. Mit ihrer vierten Resolution beschlossen die Delegierten, die Meridiane durchgehend von null bis dreihundertsechzig Grad zu zählen, anstatt die Erde in zweimal hundertachtzig Grade östlicher und westlicher Länge zu unterteilen. Auch das ging auf eine Anregung Flemings zurück, da die Doppelung der Längengrade seinem Gefühl für das Fließen der Zeit ebenso zuwiderlief wie zuvor die englische der Stunden eines Tages.

Die Resolutionen fünf und sechs, über den universellen Tag, bescherten Fleming einen denkwürdigen Erfolg. Der Welttag sollte um Mitternacht beim Anti-Null im Pazifik beginnen, wenn es in Greenwich einen Tag früher Mittag war; das hätte seine Verschmelzung mit dem Arbeitstag der Astronomen zugelassen, die traditionell von Mittag bis Mittag rechneten, um so für die nächtlichen Beobachtungen ein einheitliches Kalenderdatum zu erhalten.

Alle Abweichungen von der Standardisierung, wie die verschiedenen »Arbeitstage«, würden schließlich verschwinden müssen. Man konnte also fest darauf zählen, dass sich die Astronomen genauso dagegen wehren würden, wie es die Admiralität zur Zeit Nelsons getan hatte, als der nautische Tag abgeschafft wurde; beide Berufsstände hielten Distanz zum mitternächtlichen Nullpunkt des zivilen Lebens.[84] Doch die meisten Länder hatten ihren nautischen Tag bereits einheitlich geregelt, allerdings ohne irgendein international verbindliches Protokoll, sodass es in einigen Fällen noch zu Widerständen kommen konnte. Flemings zweigleisige Zeit, diese ausgeklügelten Modelle mit Buchstaben und Ziffern, einfallsreiche Antworten auf vorweggenommene französische Einwände gegen Greenwich, erschienen ernsthaft gefährdet.

1. Oktober 1884, Washington DC

Aus dem Abstand von eineinviertel Jahrhunderten betrachtet, erscheint die Prime Meridian Conference in ihrer Mischung aus guter Wissenschaft und schlechter Politik als durchaus zeitgenössisch, zumal sie wegen der Reibereien zwischen ihren beiden »Hauptkulturen« fast gescheitert wäre. Auf den ersten Blick hätte sich das damals erörterte Thema besser für ein philosophisches Seminar als für einen überfüllten, mit Zigarrenqualm verräucherten Konferenzsaal geeignet. Schlicht ausgedrückt galt es zu entscheiden, wo die Zeit beginnen sollte und wie es sie verbindlich zu messen galt.

In der Rückschau auf jenen Zeitpunkt und Ort beginnen sich allerdings starre Urteile aufzulösen: Die Wissenschaft gebiert sichere Methoden und Grundsätze, die aufs Spiel zu setzen letztlich bedeuten würde, der Vernunft selbst den Garaus zu machen; die Diplomatie dagegen gestaltet eine eigene Welt raffinierter Kompromisse und übersetzt grundlegende Unterschiede der Sprache, Kultur, Hautfarbe und

Religion in Formeln für ihre Abkommen und Protokolle. Diese aufs Spiel zu setzen würde eine schreckliche Alternative zum Verhandeln bedeuten, nämlich das Ende der Zivilisation. Nur ein so allgemeines Problem wie das der Zeit konnte diese beiden Sphären wenigstens annäherungsweise zusammenbringen.

Die Vereinigten Staaten erkannten 1884 nur fünfundzwanzig »zivilisierte«, das heißt unabhängige, Staaten an, je einen in Asien (Japan) und Afrika (Liberia), die übrigen in Südamerika, in Europa und der Karibik, daneben Hawaii und selbstverständlich Russland. Alle fünfundzwanzig nahmen die im Dezember 1883 von Präsident Arthur verschickten Einladungen an. Zehn Monate später konnten jedoch, wegen einer Cholera-Quarantäne im Mittelmeerraum, nur fünfunddreißig Delegierte aus neunzehn Nationen an der Eröffnungsfeier teilnehmen. Fünf vertraten das Gastgeberland, vier Großbritannien – darunter Fleming als »Ehrenmitglied« aus dem nicht als Staat anerkannten Kanada –, zwei Frankreich und drei Russland. Die Türkei und Japan, dort durch einen Botschafter respektive Astronomen vertreten, waren übrigens die einzigen nichtchristlichen Teilnehmerländer. Doppel- oder Mehrfachvertretung zeigte gewöhnlich die Entsendung eines Astronomen neben dem in Washington residierenden Botschafter an. Als in der dritten Sitzung auch alle Nachzügler erschienen, stellte sich heraus, dass nur Dänemark auf eine Mitwirkung verzichtete. Fleming hatte Ottawa bereits zehn Tage vor der Eröffnung verlassen, um noch an Vorstandssitzungen in Montreal teilzunehmen.[85]

Präsident Arthurs Anschreiben war zwar steif und förmlich, sollte aber in guter diplomatischer Manier als allgemeine Leitlinie bei bevorstehenden Schwierigkeiten dienen:

Die Zeit lag in der Luft

Mangels eines weltweit anerkannten Standards der Zeitmessung für andere als astronomische Zwecke ergeben sich in den gewöhnlichen Vorgängen des modernen Wirtschaftslebens diverse Misslichkeiten; dieser Missstand fällt besonders stark ins Gewicht, seit die erweiterten Fernmelde- und Eisenbahnnetze diverse Staaten aller Kontinente durch eigenständige, weitgehend separate Standards der Meridianzeit miteinander verbunden haben; das Thema eines gemeinsamen Meridians wird hierzulande wie auch in Europa unter Wirtschafts- und Forschungsinstituten schon seit einer Reihe von Jahren erörtert, und die Notwendigkeit einer weltweiten Einigung auf einen bestimmten Standard ist allgemein anerkannt; besonders bei den jüngsten Konferenzen in Europa hatte sich eine Mehrheit für den Vorschlag abgezeichnet, dass die Vereinigten Staaten – mit der von allen Ländern größten Längenausdehnung, die Eisenbahnlinien und Telegrafenleitungen zu überwinden haben – seitens ihrer Regierung erste Schritte in die Wege leiten sollen, um einen internationalen Kongress über dieses bedeutende Thema abzuhalten.

Präsident Arthur gelang es mit seinen Formulierungen wenigstens anzudeuten, dass die Beschlüsse der vorbereitenden Konferenzen, zum Beispiel von Rom und Venedig, berücksichtigt werden sollten. Auch sprach er den inneren Zusammenhang, beziehungsweise Missstand, zwischen dem hohen Tempo des Eisenbahn- und Fernmeldeverkehrs und dem Chaos der nationalen Nullmeridiane an. Wenn jedoch das Schreiben des Präsidenten noch nicht deutlich genug war, so sollte sich sein ehrwürdiger Außenminister Frederick Frelinghuysen später von New Jersey aus an das Plenum wenden, als er die Tagesordnung treffend zusammenfasste:

> Es ist mir ein Vergnügen, Sie im Namen des Präsidenten der Vereinigten Staaten zu diesem Kongress, bei dem die meisten Nationen der Erde vertreten sind, willkommen heißen zu dürfen. Faktisch haben sie sich hier versammelt, um die bedeutende Frage eines für alle Länder verbindlichen Nullmeridians zu

erörtern und abschließend zu prüfen. Es liegt nun bei Ihnen, die vorbereitenden Arbeiten anderer wissenschaftlicher Verbände und Sonderkongresse um ein endgültiges Ergebnis zu ergänzen und dadurch deren Arbeit für die Praxis verfügbar zu machen.[86]
Wir wünschen Ihnen allen Erfolg bei Ihren wichtigen Erörterungen und zweifeln nicht daran, dass Sie zu einer die zivilisierte Welt befriedigenden Entscheidung finden werden; bevor ich Sie nun verlasse, nehme ich mir die Freiheit, Graf Lewenhaupt zum zeitweiligen Organisationsleiter zu ernennen.[87] Es wird meinem Ministerium ein Vergnügen sein, alles in seiner Macht Stehende zu tun, um seinerseits zum Gelingen des Kongresses beizutragen und Ihnen die technischen Abläufe nach Möglichkeit zu erleichtern.

Die Ausdrücke »endgültiges Ergebnis« und »deren Arbeit für die Praxis verfügbar zu machen« waren in der Tat bedeutungsschwer und sollten in den folgenden drei Wochen eine entscheidende Rolle spielen. Man erwartete also Ergebnisse und nicht bloß weitere Beratungen. Die verschwommenen Hypothesen der Wissenschaft sollten »verfügbar« gemacht, also rechtlich bindend ausformuliert werden. Der Kongress von Washington war als eine diplomatische und keine rein wissenschaftliche Veranstaltung geplant.

Außenminister Frelinghuysens Eröffnungsrede, mit der er die Vorarbeiten »anderer wissenschaftlicher Verbände und Sonderkongresse« ganz ausdrücklich anempfahl, hatte Greenwich praktisch schon inthronisiert, bevor man noch zu einem eigenen Votum finden konnte. Jene Kongresse, besonders der von 1883 in Rom, waren bereits auf Greenwich als die folgerichtigste und kompromissfähigste Entscheidung und auf Flemings Anti-Null als zweite Alternative hinausgelaufen. Die amerikanischen Eisenbahner, deren jüngste Standardisierung sich an Greenwich-bezogenen Zeitzonen orientierte, hatten schon mit Streik gedroht, sollte ein anderer Ort bevorzugt werden. Doch offiziell

– das heißt aus diplomatischer Sicht – war Greenwich nichts anderes als einer von verschiedenen nationalen Nullmeridianen, den übrigen zehn gleichrangig und keineswegs überlegen.

Sofern Greenwich sich durchsetzte, mussten zehn stolze astronomische Traditionen mitsamt ihren See- und Landkarten einpacken. Neun der betroffenen Länder mochten sich freundlich darein fügen, aber bei einem konnte man darauf zählen, dass es jedem Angriff auf die Würde seiner *ligne sacrée*, dem Pariser Meridian, tapfer widerstehen würde.

Mangels eines eigenen Heimatstaates war Fleming bei der britischen Delegation akkreditiert worden; zu seinen Kollegen dort gehörten jener besagte Professor Adams aus Cambridge, der gewissermaßen die Entdeckung des Planeten Neptun vorbereitet hatte, General Strachey von der Indien-Armee und dem Indienrat, 1869 Ausrichter der Sonnenfinsternisparty in Südindien, und Hauptmann Sir Frederick Evans, als Leiter der britischen Marinesternwarte. Neben Cleveland Abbe und William F. Allen von der American Railroad Association bestand die fünfköpfige Delegation der Vereinigten Staaten aus Admiral Rodgers von der Marinesternwarte, Fregattenkapitän Sampson von der Navy und als weiterem Veteranen der indischen Sonnenfinsternis dem Astrophysiker und Spektroskopisten Lewis Rutherfurd. Besonders diese beiden letzteren erschienen ausgesprochen beredt, aggressiv und zudem bestens vorbereitet.

Der eindrucksvolle, weißbärtige Admiral Rodgers stand schon kurz vor der Pensionierung, wohingegen Kapitän Sampson seine Glanzzeit noch vor sich hatte. Er sollte nämlich als Sieger der Schlacht bei San Juan Harbor im spanisch-amerikanischen Krieg als der Mann in die Militärgeschichte seiner Nation eingehen, dem es in erster Linie zu danken war, dass Puerto Rico anschließend den Vereinigten Staaten zufiel. Die beiden französischen Delegierten waren der Botschafter Monsieur Lefaivre und der weltweit führende Spektroskopist und Gründungsdirektor des Pariser Observatoire Meudon, Jules-César Janssen. Einige der Wissenschaftler, wie Rutherfurd und Janssen, waren alte Freunde, die einander von Begegnungen bei Sonnenfinsternissen und verschiedenen Fachkongressen bestens kannten. Nie zuvor hatte man sie jedoch ersucht, die Interessen ihrer Staaten und nicht der gemeinsamen Disziplin zu vertreten.

Janssen ist eine besonders reizvolle Figur, obwohl ihn die Rolle, die er in Washington zu spielen hatte, bei der Boulevardpresse als ein dickköpfiger Spielverderber erscheinen ließ. Aus ärmlichen Verhältnissen stammend, war er ursprünglich Musiker mit keiner besseren akademischen Ausbildung als Fleming. Er hatte auf eigene Faust Ophtalmologie studiert und eine Dissertation über den Einfluss von Sonnenstrahlen auf die Augenhornhaut geschrieben. Anstatt sich dann jedoch als Augenarzt niederzulassen, entdeckte er sein Interesse für die Sonne selbst und entwickelte äußerst anspruchsvolle Verfahren, ihr Licht und das anderer Sterne einzufangen, um es zu analysieren. Seine Fotos von 1869 waren seinerzeit schon echte Klassiker und werden heute noch zu Forschungszwecken herangezogen und in der Fachliteratur zitiert.

Nach den klaren Voten der früheren Geodäsiekongresse von Rom und Venedig sowie der Tagung der American Civil Engineers von Montreal hatte Fleming allen Grund zu vermuten, dass seine Bemühungen Früchte tragen könnten. Seine gut siebenjährige Forschungs-, Publikations- und Überzeugungsarbeit würde möglicherweise zur Annahme seiner Zeitvorschläge in einer modifizierten Fassung beitragen. Unter den »angelsächsischen« Delegierten konnte er als einziger die französischen Einwände nachvollziehen. Er begriff, dass eine zu offenkundig britisch-amerikanische Lösung der Nullmeridian-Problematik lediglich die Franzosen vor den Kopf stoßen und der angestrebten Einstimmigkeit entgegenwirken mochte. Das hohe intellektuelle Ansehen der Franzosen in den »lateinischen« Ländern konnte wohl viele Südamerikaner und Europäer beeindrucken, und angesichts derartiger Komplikationen musste Fleming um die Unterstützung Italiens, Spaniens, Russlands und Belgiens werben. Der spanische Delegierte Juan Pastorin, ebenfalls Leiter der Marinesternwarte seines Landes, hatte auch Flemings Referate ins Spanische übersetzt. Wäre Fleming rigoros für einen Nullmeridian in Greenwich eingetreten, das heißt, hätte er sich in Rom nicht für eine Alternative zu Greenwich ausgesprochen, so hätte Frankreich von vornherein nie und nimmer zugestimmt, überhaupt an der Tagung in Wahington teilzunehmen.

Doch als Realist hätte Fleming auch spüren können, dass sich der Wind drehte. Beim ersten ausländischen Kongress der American Society of Civil Engineers 1880 in Montreal war seine Position stärker gewesen als ein Jahr darauf bei den Geographen von Venedig, obwohl er dort noch souveräner war als zwei Jahre später in Rom. Bei den Ingenieuren genoss er ein höheres Ansehen als bei den Astronomen, und bei diesen noch ein größeres als in der ihm fremden Welt der Marineoffiziere und der Diplomaten des auswärtigen Dienstes. Und jetzt, da die »Annehmlichkeit« als ein wichtiger – vielleicht sogar der maßgebliche – Aspekt höher bewertet werden sollte als zum Beispiel die Fairness oder internationale Eintracht, mochten die Vorteile Greenwichs durchaus unabweisbar erscheinen. Doch sogar der dumpfste Pessimist, sogar die trübste Lagebeurteilung hätten Fleming nicht auf den Empfang einstimmen können, den man ihm in Washington bereiten sollte.

Ende 1883 hatten die nordamerikanischen Eisenbahnen

ihre Zeiten standardisiert, dies allerdings nach einer höchst ausgefallenen Betriebsnorm. Europa besaß zwar eine Bahnverbindung zwischen der Iberischen Halbinsel und Istanbul, aber nach wie vor keinen einheitlichen Zeitstandard für den ganzen Kontinent. Großbritannien, Frankreich, Schweden und die Schweiz arbeiteten mit einheitlichen Landeszeiten, die sich nach den nationalen Sternwarten richteten, doch diese waren weder miteinander koordiniert, noch folgten sie einem gemeinsamen zeitlichen Maßstab. Deutschland, das fünf offizielle Uhrzeiten kannte, hatte mit der letzten öffentlichen Verlautbarung des Generalfeldmarschalls Helmuth von Moltke durchblicken lassen, dass man eine einheitliche Berliner Normalzeit begrüßen würde, und wenn auch nur aus militärischen Gründen der Kriegsvorbereitung. Die Regierungen Italiens und Spaniens – deren Flotten stolz am Nullmeridian von Rom respektive Cadiz festhielten – stimmten Flemings Vorschlägen für eine Weltstandardzeit und einen pazifischen Anfangsmeridian im Wesentlichen zu. Otto Struve hatte anhand der kartographischen Vorgaben aus Greenwich bereits einige russische Lagepläne angefertigt und trat begeistert für Flemings modifiziertes Konzept ein. Kurz gesagt, war man zwar einer Lösung schon näher gekommen, aber in gewissem Sinne hatten sich die nach wie vor bestehenden Differenzen noch vertieft.

Im Fall der Wahl Greenwichs oder einer entsprechenden Variante würden unter anderem Paris, Berlin, Bern, Uppsala, Sankt Petersburg, Rom und Cadiz ihre Nullmeridiane, ihre astronomischen Karten und ihre stolzen Traditionen verlieren. Die Astronomen aus Staaten mit »geringerer« Reputation sahen sich also faktisch aufgefordert, ihren beruflichen Selbstmord vorzubereiten.

Der Kongress begann mittags mit Frelinghuysens Begrüßungsansprache sowie einem kurzen offiziellen Treffen bei Präsident Arthur. Eine Stunde später versammelten sich die fünfunddreißig Delegierten am großen ovalen Konferenztisch der Diplomatic Hall und wählten einstimmig Admiral Rodgers zu ihrem Tagungsleiter. Dieser versicherte eingangs, dass die Vereinigten Staaten, obwohl ihre Landmasse, ohne die Aleuten, hundert Längengrade[88] und knapp zwanzigtausend Kilometer Küstenlinie umfasste, gewiss nicht beabsichtigte, dem Kongress einen amerikanischen Meridian aufzuzwingen: Sie hätten in der ersten Jahrhunderthälfte mit einem Washingtoner Meridian experimentiert, diesen dann aber 1849 freiwillig zugunsten Greenwichs aufgegeben. Nur indirekt spielte Rodgers auf die Streitfrage der Auswahl eines Nullmeridians an. Stattdessen konzentrierte er sich ganz auf das Problem der ausufernden Zeitmaßstäbe:

> In meinem Beruf, der Seefahrt, springen einem die aus dem Gebrauch so vieler Nullmeridiane erwachsenden Misslichkeiten regelrecht ins Auge, und bei dem für einander auf See kreuzende Schiffe nützlichen, oft aber schwierigen und eiligen Austausch von Längenangaben, der manchmal nur mittels Kreidezeichen auf Tafeln möglich ist, ensteht immer wieder Verwirrung, bisweilen sogar große Gefahr. Auch bei der Verwendung von Seekarten macht sich dieses Problem auf lästige Weise bemerkbar, und für uns, die wir praktisch auf dem Meer leben, wäre ein gemeinsamer Anfangsmeridian von großem Vorteil.

Der französische Diplomat Monsieur Lefaivre nahm unmittelbar, wenngleich ziemlich verhalten, dazu Stellung, indem er anregte, doch bitte alle Anträge und Eingaben ins Französische übersetzen zu lassen. Das war ein durchaus absehbarer Vorschlag, gleichzeitig aber auch eine Art Kode: Der Admiral wies damit etwas zu deutlich auf die Rivalität zwischen Frankreich und England hin – kein unerhebliches Thema in der Weltpolitik des 19. Jahrhunderts.[89] Die Furcht erregenden Worte »gemeinsamer Nullmeridian«, von einem Marineoffizier in einem englischsprachigen

Land auf Englisch geäußert, klangen den hellhörigen Ohren der Franzosen nicht »wissenschaftlich neutral« genug. Sie schienen vielmehr als eine perfide Umschreibung für Greenwich zu stehen und hatten damit als Dolchstoß mitten ins Herz von Paris zu gelten.

Das erste Plenum endete mit der Ankündigung des zweiten amerikanischen Marineoffiziers, Sampson, tags darauf zwei Randfragen erörtern zu wollen: Ob es wünschenswert sei, erstens, fortan sämtliche Beratungen in öffentlicher Sitzung abzuhalten, und zweitens, Stellungnahmen herausragender Spezialisten einzuholen, die entweder zufällig gerade in Washington weilten oder ihren festen Wohnsitz dort hatten. Monsieur Lefaivre gab bekannt, dass er beide Vorschläge abzulehnen gedachte. Admiral Rodgers bat um Unterstützung des Außenministeriums dabei, zweisprachige Sekretärinnen anzuheuern, um französische und englische Transkriptionen aller Tagungsprotokolle fertigen lassen zu können. Zwar sollte die von Außenminister Frelinghuysen versprochene Hilfe seines Ministeriums in diesem Punkte scheitern, aber dem britischen Delegierten aus dem Dominion Kanada, Fleming, gelang es schließlich, im viktorianischen Washington Fremdsprachensekretärinnen ausfindig zu machen. Danach gingen die Delegierten auseinander, um Tee- und Zigarren zu kaufen, etwas zu essen und zu trinken, später dann das Telegraphenamt aufzusuchen, um Anweisungen für den nächsten Sitzungstag einzuholen.

Wie schon von Fregattenkapitän Sampson angekündigt, begann die zweite Sitzung mit den beiden Anträgen in Sachen Öffentlichkeit und Expertenanhörungen, doch beide schlugen fehl. Monsieur Lefaivre wies darauf hin, dass der Kongress nur teilweise wissenschaftlichen Zwecken diene, denen Expertenauftritte und öffentliche Debatten durchaus angemessen wären; aber man verfolge ja auch diplomatische Ziele. Insofern seien die Beratungen prinzipiell vertraulich, und es verbiete sich, dabei Publikum zuzulassen, weil man die Konferenz ansonsten dem Druck sachfremder parteilicher Erwägungen aussetzen würde. Ähnliches müsse für die Mitwirkung nicht akkreditierter Experten gelten – also all jener, die einfach nur zufällig große amerikanische und britische Wissenschaftler seien –, wie groß ihr Name auch sein möge. Die französische Logik trug den Sieg davon; sogar Briten und Amerikaner stimmten im Verein mit den Franzosen für die Ablehnung beider Anträge.

Alles lief wirklich bestens für Frankreich – bis sich Professor Rutherfurd folgendermaßen zu Wort meldete:

Antrag: Der Kongress schlägt den darin vertretenen Staaten vor, den Längengrad Greenwichs, der mitten durch das Meridianfernrohr der dortigen Sternwarte verläuft, als Standard einzuführen.

Hier war also schon jener perfide Vorstoß, den Frankreich hinauszögern oder gar ganz abwenden zu können gehofft hatte, auch noch als erster ernsthafter Antrag der gesamten Tagung aufs Tapet gebracht.

Die wohltönende Logik der Diplomatie, wie Monsieur Lefaivre sie betrieb, sollte nun in eine wahrhaft virtuose Phase eintreten. Erstens, erklärte er, sei der Antrag unzulässig: Da es sich bei der Versammlung nicht um einen Kongress mit Entscheidungsbefugnis handele, trage man vorerst lediglich Informationen für einen künftigen Gipfel mit Exekutivfunktion zusammen. Zweitens ließen sich die wissenschaftlichen Befunde von Rom in keiner Weise auf die Washingtoner Diplomatie übertragen. Daraufhin entschied Admiral Rodgers, dass der Antrag Rutherfurds sehr wohl zulässig sei, und sogar das beste Mittel, eine Debatte über gerade das Problem anzuregen, zu dessen Lösung man sich gemeinsam in Washington eingefunden habe. Jetzt appellierte Lefaivre an die Selbstachtung der Delegierten: »An dieser Tagung nehmen ganz unterschiedliche Persönlichkeiten teil, darunter Wissenschaftler von höchstem Ansehen, aber auch hochrangige Funktionäre, die nicht mit wissenschaftlichen Themen vertraut sind und daher solche Dinge von einem politischen Standpunkt aus beurteilen müssen. Zudem haben wir das Privileg, Philosophen und Kosmopoliten zu sein und die Interessen der Menschheit nicht allein für die Gegenwart, sondern auch für eine fernere Zukunft berücksichtigen zu können.«

Nach diesen Worten wandte sich Lefaivre an seinen französischen Wissenschaftlerkollegen Jules-César Janssen, um seinen Einwand weiterzuspinnen. Daraus entwickelte sich ein seltsames Spektakel. Zwei der führenden Wissenschaftler ein und desselben Fachgebietes, nämlich der Spektroskopie, alte Freunde und Kollegen, die 1869 gemeinsam die Sonnenfinsternis in Südindien beobachtet hatten, standen sich plötzlich als Widersacher gegenüber, da sie nun keine gemeinsame Sache, sondern ihre jeweiligen Länder vertraten. Janssen wollte die Diskussion ins Grundsätzliche zurückführen: »Wir haben das Pferd vom Schwanz her aufgezäumt«, begann er, »und schon einen Meridian benannt, ohne zuvor überhaupt die Natur und, wichtiger noch, die Notwendigkeit eines gemeinsamen Nullmeridians für alle Länder zu erörtern. Da wir selbst gar nicht ermächtigt sind, einen Nullmeridian zu bestimmen, sondern lediglich über die zu Empfehlungen führenden Beratungen berichten sollen, muss Rutherfurds Antrag als unzulässig gelten.«

Fregattenkapitän Sampson erhob sich, um dem zu widersprechen und den vorliegenden Antrag zu ergänzen:

Antrag: Es erscheint wünschenswert, einen für alle Staaten verbindlichen Nullmeridian festzusetzen.

So war das alte Problem des Nullmeridians wieder auferstanden. Eine international verbindliche Regelung erschien tatsächlich wünschenswert. General Strachey zitierte

Frelinghuysens Eröffnungsrede, und Rutherfurd dann Präsident Arthur: Beide hielten es für eine ausgemachte Sache, dass ein verbindlicher Nullmeridian zu begrüßen wäre, also reine Zeitverschwendung, darüber zu diskutieren. Janssen erhielt seinen Bescheid in Form der einmütigen prinzipiellen Unterstützung eines Nullmeridians. Damit wurde Greenwich erneut zum Thema.

Janssen erwies sich indes vollkommen als Herr der Lage und knüpfte mit seiner unerschütterlichen Logik an die besten Traditionen seines Landes an. Da der Antrag Greenwich nun schon offiziell gestellt war, versuchte er, den Kongress durch einen Präventivschlag zu beenden. Man habe seine Hausaufgaben gemacht und den Grundsatz eines Nullmeridians hoch gehalten, sei jedoch von Regierungsseite her nicht ermächtigt, irgendwelche weiter gehenden Entscheidungen zu treffen. Daher werde es mindestens eine zweite Konferenz geben müssen, um den tatsächlichen Verlauf des Meridians endgültig zu regeln.

An diesem Punkt ersparte die gute Vorbereitung Rutherfurds dem Kongress viel Zeit und Ärger. Er zitierte Präsident Arthurs Begleitschreiben an alle Außenminister, darunter auch das an den französischen, worin die Tagungsziele klar formuliert waren. Die Einladung anzunehmen, bedeutete demnach so viel wie, sich zu den betreffenden Richtlinien und Absichtserklärungen zu bekennen.

Diplomatische Auseinandersetzungen leben von einem feinen Wechselspiel aus Geistesgegenwart und Logik, Aggressivität und Sittsamkeit. Frankreich hatte soeben eine herbe Niederlage erlitten, Amerika eine glänzende Verteidigung aufgebaut, doch Rutherfurd kostete seinen Vorteil etwas übertrieben aus. Das alleinige Ziel des Kongresses bestehe darin, einen Nullmeridian festzusetzen; also müsse ein gewisses Missverständnis seitens der gelehrten Herren aus Frankreich vorliegen, wenn sie meinten, der Kongress sei dazu *nicht* ermächtigt. Ihm scheine es, als wären die

Anwesenden jedenfalls bereit, Argumente pro und kontra zur Lösung des Problems auszutauschen; auch setze er voraus, dass sich alle Delegierten zu Hause gewissenhaft und gründlich auf das Thema vorbereitet hätten. Er nehme nicht an, dass irgendein Delegierter überhaupt teilgenommen hätte, wenn er nichts von der Sache verstünde oder zu verstehen meinte.

Das alles löste eine Flut von Dementis seitens der Spanier, Schweden, Russen, Deutschen, Mexikaner, Brasilianer und sogar Briten aus: Niemand von ihnen sei berechtigt, einen Nullmeridian festzulegen – sondern lediglich Empfehlungen abzugeben.

Als letzter Redner des zweiten Sitzungstages sprach Sandford Fleming. Er lenkte die Aufmerksamkeit auf eine Formulierung in dem Beschluss des US-Kongresses, der die Tagung genehmigt hatte:

> Der Präsident der Vereinigten Staaten wird beauftragt und ersucht, eine Einladung an die Regierungen aller mit uns in diplomatischen Beziehungen stehenden Nationen ergehen zu lassen, Delegierte für einen Kongress zu ernennen, der an einem von ihm zu bestimmenden Termin, auch mit Delegierten der Vereinigten Staaten, in der Hauptstadt Washington stattfinden soll, um einen zweckmäßigen Meridian zu bestimmen, der weltweit als verbindlicher Null-Längengrad oder Standard der Zeitmessung dienen kann.

Damit endete die zweite Sitzung, und der Antrag Greenwich lag nach wie vor sperrig auf dem Tisch.

Auf dem langen Flur vor den Saaltüren der nichtöffentlichen Sitzung beteuerte Monsieur Lefaivre dem Fregattenkapitän Sampson: »Frankreich wird nie und nimmer zustimmen, auf seinen Seekarten ›Grade westlich und östlich von Greenwich‹ auszuzeichnen!« Das war eine augenscheinlich unpopuläre Versicherung, auf die er trotzdem Stein und Bein hätte schwören können. Frankreich mochte dem ersten Schuss ausgewichen sein, doch der Antrag

Greenwich hielt sich zäh auf der Tagesordnung. So blieben noch fünf Tage, um sich eine andere Strategie auszudenken. Während der Pause kehrte Fleming, der ja weder einen Staat vertrat noch diplomatische Anweisungen hatte, nach Montreal zurück, um an einer Vorstandssitzung der Hudson's Bay Company teilzunehmen.

Bei der dritten Sitzungsrunde warteten die Franzosen mit einer neuen Strategie auf, nämlich der, einen »neutralen« Nullmeridian zu fordern. Frankreich bestritt zwar, eine Pariser Lösung anzustreben, lehnte allerdings prinzipiell auch jede andere ab, die historische Anklänge trug oder nationale Vorteile mit sich bringen würde. Falls Greenwich die Wahl gewänne, müssten nur die britischen Astronomen ihr Kartenmaterial nicht austauschen: Ihre Tradition würde bis ins nächste Jahrhundert überdauern, während alle anderen zunichte gemacht würden. Frankreich würde also ohne jede Entschädigung ein wertvolles Gut verlieren. Wie Janssen es formulierte: »Was wir auch tun, der einheitliche Nullmeridian wird immer die Krone sein, um die sich hundert bemühen. Setzen wir diese Krone mithin auf das Haupt der Wissenschaft, und alle werden sich vor ihr verbeugen.« Mit Wissenschaft meinte er, dass es keine gewerblichen Prioritäten geben durfte, die selbstverständlich für Greenwich gesprochen hätten. Frankreich hingegen verstand unter neutral, dass der am Ende gewählte Meridian kulturell unvorbelastet sein und nicht über den europäischen oder amerikanischen Kontinent verlaufen sollte. Diese Bedingungen erfüllte nur ein Meridian wie Flemings Anti-Null. So wurden aus Fleming und Frankreich einstweilen Verbündete: dort mit dem Wunsch, die Standardzeit ohne Zwietracht in Kraft zu setzen, hier dagegen in der Absicht, sie so lange wie möglich zu hintertreiben.

Gegen Neutralität zu argumentieren, oder sie sogar definieren zu wollen, ist philosophisch gesehen ein trügerisches Unterfangen.[90] Wird Neutralität handfest definiert, so büßt sie naturgemäß ihren Charakter als solche ein und nimmt das nationale oder sprachliche Kolorit des Definierenden an. Kapitän Sampson, der kein schlechter Disputant war, bemerkte dazu: »Da Frankreich heute Neutralität vorschlägt, können wir zunächst einmal den Schluss ziehen, dass seine Delegierten über die notwendige Entscheidungsbefugnis verfügen, das vor uns liegende Hauptproblem – nämlich die Festlegung eines Nullmeridians – umfassend zu erörtern und auch endgültig zu klären.«

Die amerikanischen Delegierten Abbe und Rutherfurd erklärten Neutralität im Sinne der Franzosen zu einem reinen Hirngespinst, denn jeder Längengrad berühre mit irgendeinem Punkt seines Bogens notwendigerweise Land und werde schon dadurch verdächtig. Sofern die Franzosen einen durch den Pazifik verlaufenden Nullmeridian bevorzugten, wäre dieser dennoch auf eine landgestützte Sternwarte angewiesen, die ihn damit zum astronomischen Eigentum des betreffenden Staates machen würde. Für den von Frankreich angepeilten Meridian der Bering-Straße wäre eine russische oder amerikanische Sternwarte zuständig. Cleveland Abbe fragte: »Und wie lange würde der neutral bleiben? Wer weiß, wann Russland zugreifen und das Land diesseits der Bering-Straße zurückerobern – oder wann Amerika zupacken und halb Sibirien kaufen wird?« Und Cleveland Abbe, dieser Mann der geschwungenen, ephemeren Wetterkarten, der Grenzgänger zwischen Präzision und Unbeständigkeit, der Freund einer Schwarzenemanzipation, der Visionär, fuhr fort: »Man müsste etwas Festes finden, entweder auf der Erdoberfläche selbst oder in den Sternen darüber.«[91]

Die alsbald nur noch auf einen geordneten Rückzug bedachten Franzosen kamen dann mit dem neuen Vorschlag heraus, falls die angelsächsischen Länder das »neutrale« metrische System übernähmen, so könnte sich

Frankreich mit einem englischen Meridian anfreunden. Nein, wandte wiederum Abbe ein, auch der *mètre*, der zehnmillionste Teil eines Viertel-Erdbogens, wie die Franzosen ihn im vorigen Jahrhundert ermittelt hätten, sei ein *französisches* Maß.[92] Und gewiss würden amerikanische Feststellungen zu einem eigenen *meter* führen: Alle Messungen nähmen bestimmte nicht neutrale Eigenschaften dessen an, der sie durchführe. Wie dem auch sei, jedenfalls entschied Admiral Rodgers, dass Spekulationen über den Meter unzulässig seien und nicht zur Sache gehörten.

Da man die Franzosen nicht auf logischem Wege von der Unhaltbarkeit ihres Standpunktes überzeugen konnte,[93] verlagerten Amerikaner und Briten die Argumentation schließlich mit vereinten Kräften auf Aspekte, die ihrem pragmatischen Denken besser entsprachen. So warf Fregattenkapitän Sampson ein Wort in die Debatte, das sogar den Segen des Präsidenten und des Außenministers hatte: *Annehmlichkeit*. Neutralität möge es geben oder auch nicht, aber Durchführbarkeit sei ein schlichtes Faktum, und was die Gesamtbedürfnisse der Welt angehe, so erfülle nur *ein* Meridian dieses Kriterium. Genau dieser Verlauf der Debatte legte schließlich das Feuer an die Lunte.

Janssen donnerte zurück: »Wir sehen darin eine Reform, die lediglich darin besteht, ein geographisches Problem schlicht aus Gründen der praktischen Annehmlichkeit auf die denkbar schlechteste Weise zu lösen; das heißt, der Vorteil läge allein bei Ihnen und denen, die Sie vertreten, da Sie überhaupt nichts ändern müssten, weder Ihre Karten noch ihre Bräuche oder Traditionen. Eine solche Lösung, sage ich, kann keine Zukunft haben, und wir werden uns jedenfalls weigern, irgendwie daran mitzuwirken.«

Nach drei Stunden des Hin und Her, in denen der ursprüngliche Antrag Greenwich ebenso unerledigt blieb wie die französische Forderung nach absoluter Neutralität, endete die dritte Sitzungsrunde, und nun wurde eine einwöchige Unterbrechung der Debatte anberaumt. Von allen Beratungen, die zu einer Abstimmung führten, erschien die dritte am unschlüssigsten, zugleich aber auch enthüllendsten, denn dabei stellte sich heraus, dass die französische Position grundsätzlich eigennützig war und dass die Franzosen Neutralität kaum besser definieren, als die Briten und Amerikaner sie widerlegen konnten. Außerdem lag in der französischen Verteidigung dessen, was sie als Aufgabe ihrer ehrwürdigen astronomischen Tradition ansahen – quasi als Opfer auf dem Altar des selbstgefälligen angelsächsischen Erwerbsdenkens –, die besondere Leidenschaftlichkeit eines Schwanengesanges.

Als sich die Delegierten eine Woche später, am 14. Oktober, erneut versammelten, war das Wetter kühl und nebelig geworden, der Sommer endgültig vorüber. Unterdessen hatten die Abgesandten auch Telegramme mit neuen Anweisungen ihrer Regierungen erhalten, die Debatte flammte wieder auf, und man zückte die Schwerter. Ausgerechnet Sandford Fleming, der einstige Verbündete Frankreichs, brach den Streit vom Zaun. Unnachgiebig auf die empfindlichste Stelle der Franzosen drückend, legte er Tabellen über den Anteil der Schiffstonnage vor, der seinerzeit auf Seekarten Greenwichs entfiel. Danach lag Paris mit nur gut einem Zwölftel des Gesamtaufkommens weit abgeschlagen an zweiter Stelle hinter Greenwich; insgesamt ergaben sich zweiundsiebzig Prozent für Greenwich und acht Prozent für Paris. Doch damit wollte Fleming keineswegs Paris angreifen, sondern lediglich einen möglichen Einwand gegen seinen Anti-Null ausräumen, den er anschließend als den idealen Kompromiss zwischen Nutzen (Greenwich) und Utopie (Neutralität) darstellte. Wie eh und je wünschte er sich die Vorteile Greenwichs, ohne sie jedoch bei ihrem unheilvollen Namen zu nennen.

Flemings Beitrag wurde nicht als sonderlich hilfreich empfunden. Die Franzosen kamen überein, darin fast eine

Parodie des Bruches zwischen zwei klassischen philosophischen Traditionen zu sehen – im Bild ausgedrückt sollte der rostige Lastkahn des britischen Empirismus das geschmeidige Schnellboot des brillanten vernünftigen *discours* rammen. Voller Enttäuschung, Ärger und Selbstmitleid gaben die Franzosen dann jedoch plötzlich einfach auf und beantragten Abstimmung über den neutralen Meridian, der mit einundzwanzig zu drei Stimmen glatt durchfiel. Flemings Kompromiss, hätten die Franzosen ihn angenommen, wäre eine konsequente und sogar vorteilhafte Lösung gewesen: Bei einem Anti-Null hätten alle Karten aus Greenwich weiter gelten können, allerdings befreit vom Makel des unittelbaren Zusammenhanges mit Großbritannien. Aber die Franzosen ließen das Argument nicht gelten, sondern hielten auch den Anti-Null für nach wie vor mit dem englischen Bazillus infiziert. Die Atmosphäre war schon vergiftet, und zudem sah sich die britisch/amerikanische Achse mit der Schlussabstimmung ermutigt, eine Siegerpose einzunehmen. Rutherfurd erneuerte sofort seinen Antrag auf Greenwich, Fleming ergänzte ihn, um Raum für seinen Anti-Null zu lassen – den er dafür als den Großkreis Greenwichs bezeichnete –, aber die britischen Delegierten Evans, Strachey und Adams begehrten gegen ihren kanadischen Kollegen auf und verkündeten, dass sie Flemings Standpunkt ablehnten. Dessen Ergänzung fiel durch, und der Rest ist Bestandteil unserer gemeinsamen Geschichte. Seine späteren Empfehlungen für Zeitzonen wurden sogar als unzulässig verworfen. Die Franzosen und Fleming hatten also veloren.

Da er schon einmal am Zuge war, deckte Rutherfurd gleich noch einen ziemlich offenkundigen Mangel in Flemings ansonsten gründlich ausgearbeitetem Vorschlag auf. Er knöpfte sich römische Beschlüsse wie den über die fortlaufend nummerierten dreihundertsechzig Längengrade vor und wies nach, dass ein pazifischer Nullmeridian verheerende Folgen für London und ganz Westeuropa hätte: Wenn der Anti-Null zum Nullmeridian avancierte, so würde Greenwich selbst zum Anti-Null oder zur Internationalen Datumsgrenze, England also stets genau mittags um 12 Uhr in zwei verschiedene Daten aufgespalten. Daher erschien es eindeutig besser, das globale Datum nicht mitten in der damals weltweit größten Metropole, sondern in den öden Weiten des Pazifik wechseln zu lassen.

Greenwich machte das Rennen. Der Welttag, die Nummerierung der Zeitzonen, der Astronomentag und die einheitliche zivile Zeit aller Staaten beginnen seither um Mitternacht am Meridian Greenwichs. Flemings Anti-Null verschwand von der Bildfläche, um jedoch später als die Internationale Datumsgrenze seine Wiederauferstehung zu feiern. Es blieb dem russischen Botschafter Charles de Struve überlassen, Rechenanomalien zu beseitigen, die infolge der Wahl Greenwichs auftraten. Vor allem schlug er vor, das römische Abkommen über den universellen Tag, eine der letzten verbliebenen Initiativen Flemings, aufzuheben: Der Welttag müsse beginnen, wenn es in Greenwich Mitternacht – und nicht Mittag – sei, um die Doppelzählung der Daten in Europa und Nordamerika zu vermeiden. Außerdem gebührt Struve das Verdienst für die Teilung der Längengrade in zwei Mal hundertachtzig Grad östlich und westlich des Nullmeridians, womit ebenfalls eine von Fleming unterstützte römische Vereinbarung außer Kraft trat. Ansonsten wäre Greenwich nämlich in die peinliche Situation geraten, sowohl bei null als auch bei dreihundertsechzig Grad Länge zu liegen. Einige Kilometer westlich von Greenwich hätten Dörfer sperrige Koordinaten wie dreihundertneunundfünfzig Grad westlicher Länge, etwas weiter ostwärts davon hingegen etwa solche von zwei Grad erhalten.

Auf Charles de Struve geht auch zurück, dass der Astronomentag mit dem der Zivilgesellschaft zusammengelegt [94] und, vielleicht bedeutender noch, dass die alles entscheidende Internationale Datumsgrenze geschaffen wurde.[95] Struve trat dafür ein, den universellen Tag einzuführen, wie in Punkt fünf der römischen Protokolle vorgesehen), »allerdings im Hinblick auf den internationalen Telegraphenverkehr sowie auf die Durchgangsfahrpläne von internationalen Eisenbahn- und Schifffahrtsgesellschaften nicht anstatt, sondern neben der Ortszeit«. Im übrigen setzte er sich sogar leidenschaftlich für Flemings Lieblingsidee der Vierundzwanzig-Stunden-Uhr ein. Damit fand ein großes abenteuerliches Projekt im Leben Sandford Flemings sein Ende.

Man fragt sich, warum Fleming und die Franzosen so gründlich verlieren mussten. In Rom hatte man ein Einverständnis dahin gehend erzielt, dass England und Amerika ernsthaft darüber nachdenken würden, als Gegenleistung für eine Zustimmung Frankreichs zu Greenwich das metrische System einzuführen.[96] Jene Hoffnung, verbunden mit der in Rom gezeigten Unterstützung für einen Anti-Null, hatte die Franzosen gewiss zur Teilnahme an der Washingtoner Konferenz motiviert. Als Frankreich das Problem dann jedoch in Washington ansprach, wurde dies förmlich als unzulässig zurückgewiesen.

Doch warum erkannte Fleming nicht die Mängel seines Ansatzes? War er durch Eitelkeit und Ehrgeiz geblendet, sodass ihm die wissenschaftliche und diplomatische Elite der Welt letztlich seine Grenzen zeigte? Die Franzosen und Fleming bestanden zu Recht – und nicht bloß als diplomatische Störenfriede – auf einem »wissenschaftlich« begründeten Nullmeridian. Nun besagt die Wissenschaft ja nur, dass alle Meridiane einander gleichwertig sind, und wenn allein die Schiffstonnage über das Problem entscheiden sollte, dann hätte man die Konferenz gar nicht erst einberufen müssen, sondern die Ergebnisse telefonisch einholen können. Die Franzosen und Fleming hatten auch Recht damit, die Notwendigkeit einer erstklassigen Sternwarte an besagtem Nullmeridian herunterzuspielen und ganz auf die Präzision der modernen Telegraphie zu setzen. Doch insgesamt hielten die Franzosen noch verbissener am Gedanken der wissenschaftlichen Neutralität fest als Fleming; schließlich trat er ja insgeheim dafür ein, das Kartenmaterial Greenwichs auch im Falle seiner Anti-Null-Lösung weiter zu benutzen.

Im Grunde war es die Politik, die das Konzept der Annehmlichkeit eingeführt hatte. Die etwas plumpe Erwiderung der Franzosen, zehn Staaten müssten ihre stolzen Traditionen opfern, um sich der Klientel eines anderen Meridians zu beugen, weist auf einen schwer wiegenden Mangel hin. Wenn es allein auf Annehmlichkeit und Popularität angekommen wäre, so hätten politische und wirtschaftliche Macht die Wissenschaft aus dem Felde schlagen müssen. Doch kann man gerade die Prime Meridian Conference aus vielerlei Gründen als die erste wahrhaft »moderne« Etappe der Wissenschaftsgeschichte ansehen.

Faktum ist, dass der Washingtoner Kongress eine diplomatische Veranstaltung war und Fleming weder einen Staat noch politische Unterstützung, noch eine Hausmacht, noch solide Beziehungen zu seinen britischen Mitdelegierten als Rückhalt hatte – denen es ja vor allem darum ging, den Meridian Greenwichs durchzusetzen. Eine einheitliche Datumsgrenze hatte nie zuvor bestanden, gab es doch mehrere Nullmeridiane: Stattdessen hatte Portugal Macao, Spanien Manila und Holland Batavia als seine Datumsgrenze festgelegt. Ähnlich wie sich im Laufe der Jahrhunderte zahlreiche Nullmeridiane herausbildeten, so auch Datumslinien. Allerdings war der Datumsmeridian immer ziemlich vage und willkürlich geblieben. Den inneren Zusammenhang zwischen dem Nullmeridian und seinem direkten Gegenstück auf der anderen Erdhalbkugel – eben der Datumsgrenze – hatte niemals jemand hergestellt, bis

Charles de Struve ihn streng formulierte. Man mag es Fleming verzeihen, dass er sich voll auf den pazifischen Anfangsmeridian konzentrierte und dabei die Konsequenzen für den genauen Verlauf der europäischen Datumsgrenze außer Acht ließ.

In nicht allzu ferner Zukunft könnte es sogar sein, dass der Datumswechsel zwischen Nordamerika und Asien wirtschaftlich erheblich störender wirkt, als dies bei einer entsprechenden Kluft gegenüber Europa der Fall wäre. Auch wenn es offenkundig undurchführbar erscheint, London oder gar den europäischen Kontinent in unterschiedliche Kalenderdaten aufzuspalten, setzten Fleming und seine Verbündeten, darunter so prominente Geographen wie Frederick Barnard, ganz auf das System der »kosmischen« Zeit mit einem einheitlichen »Welttag«. Insbesondere Fleming selbst begriff die Zeit als ein stetiges Fließen, weshalb ihm Datumsgrenzen eher hinderlich vorkommen mußten.

Wenn in Washington Marineastronomen die Initiative ergriffen, die im Namen ihrer Staatsregierungen handelten, so waren in Rom zwölf der achtunddreißig Delegierten Akademiker und als die Leiter ihrer jeweiligen nationalen Sternwarten relativ unabhängig von diplomatischen Zwängen gewesen. In vieler Hinsicht erschienen die Marineastronomen als reine Technokraten bestens für diese Aufgabe geeignet. Sie wussten Bescheid und dachten praktisch. Auch sahen sie keinen Wert darin, beschwichtigend auf sentimentale Gefühle einzugehen, sondern suchten ihren Vorteil und kümmerten sich keinen Deut um die diplomatischen »Empfindlichkeiten« der Beteiligten. Und das war vermutlich die entscheidende Fehlkalkulation Sandford Flemings – seine Furcht, diese Gefühle zu verletzen, wobei er vielleicht die Überzeugungskraft der Franzosen und ihre mögliche Auswirkung auf die notwendige Einstimmigkeit beim Beschluss einer weltweit verbindlichen Standardzeit überschätzte.

Männer wie Fleming, die in Rom und Venedig so einflussreich gewesen waren, spielten in Washington nur ganz im Hintergrund noch eine gewisse Rolle. Am Ende behandelten die Briten ihn von oben herab, während die Amerikaner ihn geflissentlich übersahen und die Franzosen mit Verachtung straften. Sein Kollege William F. Allen, ein Bauingenieur aus der Eisenbahnwelt, der das Zeitwesen in Nordamerika umgestaltet hatte und erst sechs Monate zuvor in der amerikanischen Presse als ein wissenschaftliches Genie bejubelt worden war, meldete sich im Laufe des gesamten dreiwöchigen Kongresses nur ein einziges Mal zu Wort, ohne dadurch irgendetwas zu bewirken. Das Hauptergebnis der Tagung von Washington, die Inthronisation Greenwichs, war weder wissenschaftlich noch diplomatisch begründet, sondern eine Art Volksentscheid.

Heute, am Beginn eines neuen Jahrtausends, scheinen Abbes Argumente, man könne eine Definition nicht vom Definierenden, Neutralität nicht von Eigeninteresse und Objektivität nicht von kultureller Voreinstellung trennen, auf die wackeligen ersten Schritte einer Art Hofdämons hinzuweisen: der Unschärferelation. Außerdem vernimmt ein modernes Ohr in Flemings Eintreten für den universellen Tag, die kosmische Zeit und den Anti-Null-Meridian – »mit zunehmender Geschwindigkeit scheint die Zeit zu schrumpfen und der Raum anzuwachsen« – das ferne Rauschen der Relativität. Das letzte Jahr der Menschheitsgeschichte mit zahlreichen Uhrzeiten, jedoch ohne einen geeigneten Anfangs- und Endpunkt, war nunmehr vorüber. Eine alte Tür mit schweren Scharnieren hatte sich quietschend geschlossen und damit die Welt grundlegend verändert; die Sonnenuhrzeit war vertrieben und durch ein anspruchsvolles abstraktes Messverfahren ersetzt worden. Das Ganze hatte weder ein Menschenleben noch nennenswerte Beträge gekostet.

Wie hießen denn die Sieger von Washington? Auf den ersten Blick selbstverständlich Großbritannien, aber auch die ganze angelsächsische Welt. Mussten sich die Franzosen oder Fleming nun im Büßergewand davonstehlen? Wohl kaum. Die Geschichte hat Fleming einen Ehrenplatz gesichert, während die Namen de Struves, Rutherfurds, Adams', Sampsons und der übrigen der Vergessenheit anheim gefallen sind. Er selbst aber schritt voran, und heute gebührt ihm das unleugbare, vollends berechtigte Verdienst für die Verlegung des transpazifischen Kabels.

Frankreich enthielt sich durchweg der Stimme, und genau wie von Lefaivre angekündigt, erschien der Name »Greenwich« niemals auf französischen Karten. Noch 1898 definierte Frankreich die amtliche Uhrzeit als »Pariser Normalzeit, minus neun Minuten und einundzwanzig Sekunden«. Seltsamerweise stimmte die französische Uhrzeit auf diese Weise genau mit der eines gewissen Londoner Vorortes überein. Doch die Sturheit feiert zuweilen Triumphe, und die Selbstgefälligkeit erleidet Niederlagen. Janssen hatte tatsächlich recht: Der elektrische Telegraph konnte wahrhaftig eine komplette moderne Sternwarte ersetzen, womit irgendein Außenposten in der Bering-Straße, zum Beispiel auf der Insel Diomede, als Nullpunkt hätte dienen mögen. Frankreich übernahm die Führung in der wissenschaftlichen Telegraphie und verwaltet heute die Universal Coordinated Time (UTG), die fast allerorten Greenwich Mean Time (GMT) abgelöst hat. Die Differenz beträgt indes pro Tag weniger als eine Sekunde. Sie beruht darauf, dass die UTC das Phänomen der Schaltsekunde berücksichtigt, um die Verlangsamung der Erdrotation auszugleichen. Nur Großbritannien hält noch an der Greenwich-Zeit fest.

Gut ein Jahrhundert nach den Vereinbarungen über die Weltstandardzeit haben sich wieder vertraute Verhältnisse eingestellt in Form der so genannten »digitalen Scheide«, einer zwischen den Geschwindigkeiten einzelner Staaten und innerhalb der so genannten vorherrschenden Kulturen verlaufenden Grenze. Mir scheinen sich darin »atemporale« Strukturen zu manifestieren. So zum Beispiel Handys, Jet-Flüge, E-Mails, DNS-Analysen, Computeranimationen, vollautomatische Lagersysteme. Das alles überschreitet die normalen, festen Vorstellungen von einem Zeit-Raum-Kontinuum. Vor Jahrzehnten und Tausende von Kilometern entfernt begangene Verbrechen lassen sich allein mit Hilfe der Technik aufklären.Wir können unabhängig vom Festnetz anrufen oder angerufen werden.[97]

Eine einflussreiche Minderheit der Welt, die »Zeitmillionäre«, lebt außerhalb der starren Schranken der Standardzeit. In ihren Augen kommen und gehen Zeitzonen durch Jet-Reisen oder E-Mails wie Abbes traumhafte Isothermen. Ähnlich wie das Eisenbahnnetz des 19. Jahrhunderts ist zwar auch das Internet häufig überlastet, zugleich herrscht aber auch ein zäher Widerstand gegen seine Aufteilung und gegen jede Art von Regulierung. Die verschiedenen Formen der Computerarbeit, die rund um die Uhr tätigen Wertpapierhändler, die Freiberufler: Sie alle leben jenseits ihrer lokalen Zeitzonen.[98] Wir müssen erst noch ein Zeitmodell erfinden, das der Globalisierung, die wir in unserem Umkreis auf Schritt und Tritt voranschreiten sehen, wirklich gewachsen ist.

Mein abgedunkeltes Arbeitszimmer ist eine blinkende Schaltzentrale mit roten und grünen Lichtern – nichts wird je abgeschaltet. Die große Alternative des Industriezeitalters, das An- oder Ausschalten, ist längst überwunden, die Welt ein gewaltiges Netzwerk von Überwachungstechniken, die gleichsam sogar im Schlaf immer ein Auge geöffnet halten. »Aus« bedeutet abgeschnitten zu sein, was sich heute kaum noch jemand leisten kann. Flugzeuge orientieren sich, ebenso gleichgültig gegenüber den jeweils passierten Zeitzonen wie ehemals die Eisenbahnen, an der neuen

Universal Coordinated Time. Eines vermutlich nicht mehr sehr fernen Tages werden wir direkt in der Zeit und durch die Zeit kommunizieren. Und zwar in irgendeiner Variante von Flemings universellem Tag, dessen Koordinaten dann über unseren Köpfen in Satelliten angesiedelte Spielarten von Yeats' goldenen Vögeln sein mögen: Meridiane am Himmel, die völlig unabhängig von der Erde sind. Brauchen wir dann überhaupt noch die Rotation unseres Planeten, um die Dauer eines Tages exakt zu bestimmen? Könnten wir die Zeit nicht eigenständig neu konzipieren?

Wir hören Klagen über die »Zeitgeißel« oder die allgemeine Hetze. Doch Zeit ist nur, was wir selbst daraus machen, und seit etwa hundert Jahren stopfen wir die des Industriezeitalters, seine Tage, Wochen oder auch Zonen, mit immer mehr Arbeit voll, das heißt mit mehr Anforderungen und schnelleren, besseren Verfahren, sie zu bewältigen. Dabei ist die Stunde keine heilige Kuh. Denken wir nur an den Schultag und das Schuljahr, die man heute zunehmend streckt, um immer mehr Kindern mehr Lehrinhalte zu vermitteln. Die Zeit ist stets da draußen, ob wir sie nun dehnen oder nochmals gegen ihre Tyrannei ankämpfen. Wenn die Standardzeit gleichsam das »Betriebssystem« einer neuen Technik gewesen war, so erscheint sie heute den einen als hinderlich, vielen anderen dagegen einfach als irrelevant.

Die vorherrschende Technik unserer Epoche, das Computerwesen, ist vor allem rastlos. Einerseits läuft die Zeit uns davon, andererseits engt sie uns kaum noch ein. Wir wissen nicht, welche schnittige neue Lösung man uns dereinst aus Silicon Valley anbieten wird, doch sollte es dafür erforderlich sein, die Weltzeit erneut zu ändern, so wird dies zweifellos geschehen. Sandford Flemings kosmischer Tag hatte ja von Anfang an einen ziemlich futuristischen Einschlag. Auf längere Sicht gesehen könnte seine Niederlage daher nur zeitweiliger Natur gewesen sein.

Nach dem Jahrzehnt der Zeit

III

Großbritannien im Jahr 1887

Eines Morgens saßen wir, meine Frau und ich, gerade beim Frühstück, als das Dienstmädchen ein Telegramm hereinbrachte. Es kam von Sherlock Holmes und lautete: »Hätten Sie ein paar Tage übrig? Bin soeben wegen eines Dramas im Boscombe-Tal nach Westengland gerufen worden. Wäre froh, wenn Sie mitkämen. Klima und Landschaft ideal. Verlasse Paddington mit dem 11:15.«

Sir Arthur Conan Doyle, »Das Rätsel des Boscombe-Tales«

Sherlock Holmes, dieser Ausbund an Pünktlichkeit, schickte Dr. Watson immer nur Telegramme. Und stets lieferte eine Schar kleiner Quälgeister diese aus. Bei den Zugfahrten von Paddington, Euston oder Charing Cross in einsame Moore oder auf Landgüter gab es zwischen den beiden viel Hin und Her. Um 1887, dem Jahr von Holmes' literarischem Debut, waren Züge so absolut zuverlässig, die Landschaft derart wohlgeordnet, dass er (in »Silberglanz« von 1890) Watson auf der Strecke bis Brighton hinunter damit beeindrucken konnte, minütliche Schwankungen der Fahrtgeschwindigkeit zu errechnen, indem er lediglich die Zeitabstände zwischen den exakt sechzig Meter voneinander entfernt stehenden Telegraphenmasten stoppte, wenn sie an seinem Abteilfenster vorüber glitten. Einige schnelle Rechenoperationen, und Holmes konnte verkünden: »dreiundneunzig Stundenkilometer« und einige Minuten später: »achtundachtzig«. Darin verbirgt sich auch noch eine Metapher für die Standardzeit selbst. Zug und Telegraphenmasten stehen für die Sonne, respektive die Längengrade. Die Zeit wird als Geschwindigkeit im abgemessenen Raum ausgedrückt, die Geschwindigkeit als Zerlegung der Zeit in Abstände.

Daraus lässt sich auch eine kleine Hintergrundgeschichte über die Zeit spinnen, die Leser dieses Buches nicht überraschen dürfte, aber dem Meisterdetektiv durchaus entgangen sein mag. Der erste Einsatz des »Bogie«-Drehgestells außerhalb Nordamerikas erfolgte an englischen Pullman-Wagen auf der Strecke London-Brighton. Ein Grund für die Stimmigkeit von Holmes' abgeklärten Tempoberechnungen und die Lässigkeit, mit der er sie anstellte, lag in der ruhigen, stetigen Fahrweise dieser günstig gefederten Waggons. Seine scheinbar aus dem Stegreif hervorgezauberte Rechenkunst verdankte sich auch Ross Winans' damals schon fast sechzig Jahre alter Erfindung.

Mit Sherlock Holmes schuf Arthur Conan Doyle nicht nur einen denkwürdigen Charakter, sondern warb auch für einen modernen, das heißt vernünftigen Engländer, denn die damals in England herrschenden Verhältnisse verlangten nach einer Erneuerung des Nationalcharakters. Das britische Selbstvertrauen nutzte sich ab. Ein neuer Held musste her, jedoch nicht irgendeiner, sondern ein absolut vernünftiger Held der Mittelschicht. Noch heute hat es etwas zutiefst Konventionelles, wenn Holmes ein Telegramm kurz überfliegt und es dann zerknüllt oder wenn er seine auf charakteristische Weise prägnante Antwort mit nur einem leisen Anflug persönlicher Note schreibt. Aus solchen Gesten erstrahlte eine Welt unerschütterlicher Sorgfalt, der Verschwiegenheit und Selbstbeherrschtheit, wie wir sie mit dem vollendeten englischen Gentleman verbinden.

An dem schönen Porträt stimmen nur zwei Kleinigkeiten nicht. Zum einen hing die einst helle Sonne des wissenschaftlich und industriell begründeten Selbstvertrauens, die in den Gewissheiten Holmes' so einnehmend geschildert ist, 1887 in Großbritannien schon sehr niedrig und recht düster am westlichen Horizont. Die Vereinigten Staaten, Deutschland, und sogar ein wieder erwachendes Frankreich, hatten dem britischen Empire in allen Belangen außer dem Kolonialbesitz, der sich zunehmend als eine Last erwies, und der Schifffahrtstonnage den Rang abgelaufen. Holmes ist also eine spätviktorianische Parodie auf das verloren gegangene hochviktorianische Selbstvertrauen, anerkannt und beliebt bei den gläubigen Lesern, die ängstlich darauf bedacht sind, einem neuen nationalen Mythos zu frönen. Daher steht er als Geschöpf der aufkommenden Medienkultur in einer Reihe mit Stanley und Livingston, Sir Richard Burton und Gordon von Khartum.[99] Und zum Zweiten war Holmes, soweit ich weiß, gar kein Gentleman: Seine gesellschaftliche Herkunft liegt vielmehr tief im Dunklen.

Nicht die Existenz von Telegrammen oder Eisenbahnen springt ins Auge – beide Techniken waren ja weltweit verbreitet –, sondern vielmehr Holmes' eiskaltes Vertrauen auf deren Nutzanwendung. Wenn er Watson gegenüber bemerkte: »Nichts könnte trügerischer sein als eine offensichtliche Tatsache«, so bezweifelte er damit keineswegs etwa die Abfahrt in Paddington um 11:15 Uhr; vielmehr griff Holmes das selbstgefällige Vertrauen auf den gesunden Menschenverstand an, die hochmütige Weigerung, das Selbstverständliche in Frage zu stellen, mit anderen Worten: Er attackierte den Erzfeind der Vernunft, das »Natürliche«. Dessen wohl angesehener amerikanischer Vetter, die Bauernschläue, begründete ein abwegiges Vertrauen in den *Old Farmer's Almanac,* einen Bauernkalender mit Allerweltsregeln, und sogar heute noch in diverse Beratungsstellen.

Briten konnten sich 1887 nicht nur deshalb auf ihre Eisenbahn- und Telegraphennetze verlassen, weil es den einheitlichen Standard der Weltzeit gab, sondern ihr Land arbeitete schon fast vierzig Jahre länger mit dem Konzept der Normalzeit als jedes andere der Erde. Die rechtlichen, politischen und wirtschaftlichen Institutionen Großbritanniens, darunter die forensischen Verfahren des Sherlock Holmes, hatten sich zusammen mit der Standardzeit und der in sie eingebetteten Erwartung klarer zeitlicher Verhältnisse entwickelt. Doch das anarchische, stets chaotische Amerika stellte sich immer noch auf seine Eisenbahnstandardisierung von 1883 und auf die Nullmeridian-Vereinbarungen von 1884 um, genauso übrigens das besser organisierte Deutschland.

Wahrscheinlich ist keine literarische Figur häufiger und polemischer von ihren Kritikern zerpflückt worden als gerade Sherlock Holmes. Holmes als Kokain konsumierender Rebell, Holmes als Außenseiter, Holmes als die Stimme der Vernunft, Holmes als Entschlüsseler, Holmes als die ultimative Geheimwaffe gegen den internationalen oder intergalaktischen Terrorismus – Holmes ist letztlich vor jeglichem Wandel bewahrt. Die von ihm aufgeklärten Fälle waren für ihre Zeit ziemlich raffiniert, würden ihn indes heute kaum mehr interessieren. Er bleibt im Wesentlichen der Engländer schlechthin – jede andere Nationalität wäre undenkbar –, aber das von ihm verkörperte Paradox wurde dennoch, unter Verzicht auf einige der fast unerträglichen Attitüden, wiederholt adaptiert und in die Drehbücher vieler amerikanischer Genrefilme und zeitgenössischer Science-fiction-Dramen eingewoben. Jeder Held, der ein Mädchen nicht bekommt oder erst gar keines begehrt, trägt etwas von Holmes an sich. Dies gilt für den unbestechlichen Privatdetektiv des *film noir*, den tapferen Sheriff, den Lone Ranger, den mit allen der Wissenschaft bekannten mentalen und physischen Kräften gesegneten Computer, Roboter oder Androiden, die dennoch bereit sind, alles, sogar einschließlich der Unsterblichkeit, zu opfern, nur um menschlicher zu werden. Holmes trägt zeitgenössische Züge, sodass wir ihn uns gut im Hier und Jetzt vorstellen können. Ständig werden neue Abenteuer für ihn ersonnen, mit immer gerisseneren und gefährlicheren Gegnern sowie überzeugenderen Darstellern seiner Person; er kommt uns ständig näher, bekämpft Nazis, bringt zukünftige Schurken zur Strecke. Wir wollen ihn bei uns behalten, und wenn auch nur, um sein Innerstes kennen zu lernen. Vielleicht kann er sich ja *dieses Mal* öffnen und findet eine seiner würdige Frau, oder aber eine so große Herausforderung, dass davon seine ganze Menschlichkeit in Anspruch genommen würde.

Als ich oben auf das Verhältnis von Zeit und Ästhetik einging, besaß ich noch keine fertige Kategorie für die mit Sherlock Holmes dargestellte Qualität: Er ist eine Klasse für sich. Gewiss verkörpert er den spätviktorianischen Zeitgeist, und gewiss deutet sich in seinem Charakter auch eine weise Zeitlosigkeit an. Seine herausragende Eigenschaft ist das *Nicht*-Dargestellte; er steht über der Zeit, selbst wenn eine Vielzahl historischer Einzelheiten gerade das Gegenteil zu bezeugen scheint. In Wahrheit ist Sherlock Holmes buchstäblich zeitlos, ohne Eigenzeit, immer von außen zuschauend. Gut ein Jahrhundert nach seinem ersten Auftreten wirkt sein Reiz unvermindert, und heute scheinen seine Einstellungen auf mehr Probleme anwendbar zu sein und mehr Standpunkte zu stützen als die vieler Zeitgenossen, geschweige denn historischer Gestalten. Gab es in der Literatur des 19. oder frühen 20. Jahrhunderts einen anderen Charakter mit so viel Kraft, so viel chamäleonhafter Wandelbarkeit? – Bartleby? Kurtz? Gregor Samsa? Leopold Bloom?

Und doch – darin liegt ein Paradox –, gab es je eine unangenehmere, weniger reizvolle Romanfigur als Sherlock Holmes? Von allen Helden der Weltliteratur kommt keiner ganz seinem ausgesprochenen Mangel an Attraktivität gleich. Er ist völlig humorlos, uncharmant, ungesellig und sogar asexuell. Ihm geht die Bescheidenheit eines Gentleman ab, und offenbar kennt er weder innere Kämpfe noch dunkle Seiten, um sich auf seiner Höhe behaupten zu können: Am Ende verabscheute ihn sogar sein eigener Schöpfer.

Die inneren Erschütterungen der Fortbewegung berührten Mr. Sherlock Holmes indes kaum, gab es Bahnen und Telegraphie doch einfach nur, um die Stunden oder Tage zwischen der Verübung einer Straftat und dem Beginn der Ermittlungen zu verkürzen. Ein Verbrechen ließ sich vernünftig nur aufklären, indem man die Zeit umkehrte und den Tatort in den entscheidenden Moment zurückversetzte, als der Mörder selbst noch anwesend war, das Messer erhob oder den Revolver zückte.

Was ist ein Indiz schließlich anderes als etwas räumlich oder zeitlich Deplaziertes, das wider Erwarten entweder angetroffen wird oder eben fehlt? Man komme nur ein bisschen zu spät oder lasse den tölpelhaften Inspektor Lestrade, so einen ewig gestrigen Naturburschen, durch den Tatort trampeln, lasse es regnen, und das Zeit-Raum-Kontinuum ist zerrissen oder, schlimmer noch, bildet sich um die Anomalie herum neu aus, womit das Indiz als solches verschwindet. Holmes hatte es daher immer eilig, an den Tatort zu gelangen, prüfte sogar die Abendzüge, um sich in das Verhör des Häftlings einzuschleichen, dann aber noch rechtzeitig zu einem späten Dinner zu kommen. »Sagen Sie, Holmes, warum denn so eilig?«, fragte sein treuer Gefährte einmal. *Nun ja*, mag Holmes da geantwortet haben, *eine Veränderung im Tempo des Wandels, mein lieber Watson.*

Wenn ich Holmes heute nach sehr vielen Jahren erneut lese, so überrascht mich weniger der sorglose Einsatz von derart viel Wissenschaftlichkeit, Vernunft und Agnostizismus – der viktorianischen Zentraltugenden –, sondern eher, wie weit seine Annahmen von der Naturauffassung eines früheren Kollegen entfernt sind, nämlich der Edgar Allan Poes, der ja als »der Vater des rätselhaften Mordes« gilt. Beide handeln von ähnlichen Geheimnissen, stehen einander indes im Hinblick auf die Scheidelinie der Standardzeit gegenüber. Poes Erzählungen sind wahrhaft zeitlos, das heißt atemporal. Die Annahmen der Ermittler erscheinen eher atmosphärisch beründet als logisch, verfahrenstechnisch erhärtet und in sich schlüssig. Verbrecher stehen auf bemerkenswerte Weise abseits der Menschheit, sind also nicht, wie Holmes stets annahm, gesellige Teetrinker wie du und ich. Bei Poe befremdet uns auch die Launenhaftigkeit des Mörders, die Blässe und Nervosität, seine zitternden Finger. Im Sinne dieses Buches könnte man sagen, dass Poes »vernunftgeprägtes« Bewusstsein, ähnlich wie das Bartlebys, mit den »naturgegebenen« Grenzen der Phantasie kämpfte.

In der leider ziemlich drögen und schulmeisterlichen Erzählung »Drei Sonntage in einer Woche« setzte sich Poe direkt mit den wirren Zeitverhältnissen in einer noch nicht standardisierten Welt auseinander. Lange bevor es eine Internationale Datumsgrenze gibt, verlassen zwei Weltumsegler London: der eine in östlicher Richtung, sodass er durch seine Reise einen Tag »gewinnt«; der andere fährt westwärts, sodass er einen Tag »verliert«. Als die beiden an einem Sonntag nach London zurückkehren, meint der eine Matrose, sich an einem Montag, der andere, sich an einem Samstag zu befinden. Daraus leitet Poe den Titel seiner Erzählung ab; ein unerschrockener Seemann gewinnt sogar eine Wette und kann deshalb erfolgreich um die Hand einer begehrten Frau anhalten. Drei verschiedene Tage sind alle ein Sonntag oder umgekehrt, ein Tag verdreifacht sich in der Wahrnehmung, und das alles geschah volle dreißig Jahre vor Professor Dowds Erlebnis mit den drei verschiedenen Uhren im Bahnhof von Buffalo.

Eine kleine Laune der Geschichte unterstreicht den gleichen Aspekt. Als die Vereinigten Staaten 1867, also noch vor der Standardisierung, Alaska erwarben, stellten die russisch-orthodoxen Bewohner jener weit östlich gelegenen Provinz plötzlich fest, dass sie den amerikanischen Sabbat einhalten mussten, der nach Moskauer Zeitrechnung auf einen Montag fiel. Daher sahen sie sich gezwungen, den Patriarchen um die Erlaubnis zu bitten, den Gottesdienst entweder am russischen Montag oder am amerikanischen Samstag feiern dürfen.

Holmes' Gewissheiten – »Der Mörder ist großgewachsen, Linkshänder, zieht den rechten Fuß nach, trug Jagdstiefel mit dicken Sohlen und dazu einen grauen Mantel, raucht indische Zigarren, die er in einem Zigarrenetui aufbewahrt, und hat ein stumpfes Federmesser in der Tasche« – sind quasi Ausbrüche von Patriotismus, für seine Leser genauso beruhigend wie Tennysons »Idyllen des Königs« oder das große Anathema der Exkommunikation »Glocke, Buch und Kerze«. Arthur Conan Doyle war sich der Vorliebe seiner Gesellschaft wohl bewusst, von vergangenen Ruhmestagen zu träumen und auf berühmte Erlöser zu vertrauen, statt soziale Probleme anzupacken und längst überfällige Reformen in die Wege zu leiten.

Er verstand auch, dass die viktorianische Vernünftigkeit um den hohen Preis erkauft war, die dunkleren natürlichen Triebe zu unterdrücken. Entsprechend erschuf er den Professor Moriarty, gleichsam einen viktorianischen Doktor Mabuse, als verbitterten, weil ausgegrenzten Zwillingsbruder des Fortschritts und der Aufklärung. Vernunft und Fortschritt hatten ein fast ebenso tiefes wie breites Sammelbecken des Widerstandes und der Reaktion entstehen lassen.[100] Das viktorianische Publikum würdigte jedoch weder Doyles literarischen Balanceakt, noch akzeptierte es, wie sich das *Yin* und *Yang* der eigenen Folklore an den Reichenbach-Fällen selbst auslöschten: Zum Leidwesen seines Erfinders musste Holmes aufgrund der heftigen öffentlichen Nachfrage zurückkehren. Conan Doyle übte jedoch Rache, da er ihn schließlich in ein völlig normales, völlig vernünftiges und völlig überschaubares Leben als Imker überführte. In der Bienenkultur fand er dann vermutlich sein irdisches Ebenbild.

Hätten Holmes und Moriarty sich gegenseitig ausgelöscht, so wäre dies ein besserer Ausdruck der historischen Entwicklung gewesen. Wenn Freud und Einstein, diese beiden Rationalisten par excellence, den Geist Sherlock Holmes' darstellen, so ist Moriarty das Produkt eines verstopften Abflusses, eines Rückstaus im Keller der Vernunft. Damit repräsentiert er jene Schattenseite der Wissenschaft, die uns im 20. Jahrhundert den endlosen Vorrat an Monstern und den entsprechenden Ideologien liefern sollte. Obwohl er teuflisch schlau ist und seinerseits immer wieder auf den neuesten Stand gebracht wurde, erscheint er als ein krankhafter Zwillingsbruder der agnostischen Vernünftigkeit. *Die Traumdeutung, The Fundamentals* und Einsteins »Spezielle Relativitätstheorie« kamen alle zwischen 1900 und 1905 heraus. Heute, knapp hundert Jahre später, müssen sich – was viktorianische Denker wie Charles Kingsley oder den großen alten Wissenschaftsapostel Thomas H. Huxley gewiss erstaunt hätte – Politiker, die Medien und selbstverständlich ein gespaltenes Bürgertum genauso sehr, und manchmal noch stärker, auf fundamentalistische Programme einstellen wie auf die Lehren Darwins oder den viktorianischen Humanismus. Die Fortschrittsgläubigkeit hat das Fortschreiten des Glaubens nur zeitweise aufhalten können.

Fast ein halbes Jahrhundert nach der Einführung der Standardzeit in Großbritannien, als Viktoria 1897 ihr diamantenes Jubiläum feierte, erschienen Englands Wohlstand, seine Vorherrschaft und Zuversicht und gewiss auch die Größe des britischen Empire nach wie vor unangefochten. Die während jener fünf Jahrzehnte vollbrachten kulturellen und wissenschaftlichen Leistungen zählen zu den höchsten, die jemals einer Nation gelangen.

Doch im Schatten seiner großen Monumente planten die Ruinenbaumeister schon den bevorstehenden Niedergang Großbritanniens. Die seit jeher totgeschwiegenen Übel des Klassensystems kollidierten mit den Imperativen der Investition in moderne Techniken und der Nutzung von Bildungschancen. Da England noch nie direkt etwas Zerstörerisches, oder auch nur ernsthaft Bedrohliches erlitten hatte, erschienen seine Institutionen noch völlig intakt: Der Staat hatte sich dem ganzen Ausmaß seines Unvorbereitetseins einfach nicht stellen müssen. Prognosen über den bevorstehenden Zusammenbruch wie die von H. G. Wells und ihm verwandten Denkern erschienen heillos übertrieben.

Im frühen 19. Jahrhundert hatten Briten einen Großteil der weltweit genutzten Techniken erfunden, in erster Linie die Dampfmaschine und den Telegraphen, aber auch kohlegestützte Farbstoffe und neuartige Schmelzöfen für Metall und Glas. Gegen 1880 importierte Großbritannien jedoch bereits Chemikalien als Nachfolger der Farben aus Deutschland und feinmechanische Werkzeugmaschinen aus Amerika, hatte die Kontrolle über die selbst geschaffenen Industrien und Techniken und damit zugleich über die eigene Zukunft verspielt. Jene »zivilisatorische Sendung« des Imperialismus, auf die man sich Anfang des Jahrhunderts noch so bereitwillig eingelassen hatte und die Tausende von Idealisten unter den Klügsten und Besten zu Missionaren der Kolonialverwaltung machte, war zu einem rein zynischen Experiment mit Handel und Despotismus geworden, einer Hinhaltetaktik gegenüber raubgierigen Ausbeutern wie Frankreich, Belgien, Portugal und Deutschland. So hatte Großbritannien für mehr als ein Jahrhundert seine tatkräftigsten jungen Männer und Frauen in die Kolonien und die Vereinigten Staaten geschickt[101] – und einen Kader von tadellos ausgebildeten Herrschaften zurückbehalten, die seine Behörden, Industrien und Vorposten im Landesinneren leiteten. Die Ergebnisse erwiesen sich für Großbritannien selbst, und oft auch für seine Kolonien, als verheerend.

Nicht verwunderlich also, dass die Leserschaft Holmes' begierig an seinen Lippen hing: Er verkörperte noch einmal das britische Selbstbild einer nüchtern kalkulierenden, schlichten Autorität, gab sich auch niemals freundlich, jedoch immer fair. Solange er die auf Vernunft beruhende Überlegenheit seines Landes über die Welt repräsentierte, blieb es der Gesellschaft erspart, unbeliebte und unangenehme Reformen auf sich nehmen zu müssen. Selbst wenn die Voraussetzungen seiner Methoden extrem autoritär sind und immer ein Dr. Watson bereit stehen muss, um ihm eine menschliche Note zu verleihen, ist Sherlock Holmes der Prüfstein dessen, was am weltweit anerkannten englischen Wesen als gut und anständig galt.

»Das Rätsel des Boscombe-Tales« kreist um einen scheinbar sonnenklaren Fall von Vatermord, der im Westen Englands spielt. Lestrades Überzeugung von der Schuld des Häftlings gilt als ein sicheres Zeichen für eine falsche Deutung der Indizien. Das Attribut »sonnenklar« bezieht sich mehr auf die Annahmen der Ermittler, als auf die Stärke ihrer Beweise gegen den Verdächtigen. Daher würde ein junger Mann wegen Mordes an seinem Vater am Galgen enden, falls der berühmte Londoner Meisterdetektiv nicht Entlastungsbeweise ganz buchstäblich ausgraben könnte.

Holmes ist die personifizierte Urbanität, den Landbewohnern fremd und darüber selbst ziemlich verzweifelt. Doch gerade diese Distanz erlaubt es ihm, die Natur vernünftig zu deuten. Watson berichtet: »Er holte seine Lupe hervor und legte sich auf seinen Regenmantel, um besser sehen zu können, wobei er die ganze Zeit eher mit sich selbst als mit uns sprach.« Die viktorianische Kriminologie mag noch keinen Zugang zu Fingerabdrücken und DNS-Analysen besessen haben, gebot aber längst über Eisenbahnen, Telegraphen und, nicht zu vergessen, Lupen, um Fasern, Zigarrenasche, Schlammspuren oder Materialproben vom Fundort beziehungsweise anderen, ungewöhnlichen Stellen aufzuspüren. Holmes ist ein Meister darin, aus scheinbar fehlenden oder unwesentlichen Details bedeutende Schlüsse zu ziehen. Und im Fall des Mordes im Boscombe-Tal beweist ein aufgestöbertes Indiz, dass bereits vor dem Auftreten des Sohnes jemand hinter einem gewissen Baum gelauert haben musste; im Übrigen ergab sich, dass das Opfer und sein Mörder früher einmal in Australien gelebt und einander bekämpft hatten. So enträtselt schließlich die leiseste Spur von einem Indiz die ganze Welt: Und ist das nicht gerade der bleibende Reiz eines Sherlock Holmes?

Ein kleiner Fall aus den Annalen des Dr. John Watson, der von seinen Erlebnissen mit Holmes handelt. Unter der Herrschaft einer aposteriorischen Logik und des induktiven Schlussfolgerns setzen sich Ordnung und Vernunft durch. Wäre ein weißer Hai an einer englischen Landstraße aufgetaucht, so hätte Holmes sich gewiss nicht auf eine Schlussfolgerung im Stil Flemings eingelassen. Oder, um näher bei der Sache zu bleiben: Wäre im örtlichen Sumpf bei dem Örtchen Piltdown ein seltsam aussehender Schädel zum Vorschein gekommen, so hätte Holmes die Fassung bewahrt, vorsichtig in den Morast gegriffen, seine Lupe herausgeholt, vor sich hin gemurmelt, dass nichts trügerischer sei als eine offensichtliche Tatsache, und den Schädel als eine Fälschung entlarvt, die keineswegs das fehlende Bindeglied darstelle.

12 Zeit, Moral und Verkehr im Jahr 1889

> Die Zeit verläuft ganz anders, wenn man mit der Bahn reist!
> Amtrak-Werbung, 1999

Gewöhnlich gilt die Eroberung von Neuland als ein nordamerikanisches Phänomen, doch Europa hatte eine Ostgrenze, die kaum weniger wild und bedrohlich war als der amerikanische Westen. Als 1883 »die Zeit in der Luft lag« und die amerikanischen Eisenbahnen am besagten Sonntag mit zwei Mittagsstunden ihre Zeitsysteme vereinheitlichten, da versammelten sich ausgewählte Berühmtheiten europäischer Zeitungen, überwiegend Klatschkolumnisten, zu dem großen Ausflug ihres Lebens: der ersten Fahrt mit dem Orient-Express von Paris nach Konstantinopel.[102] Die Balkanregion war ein Minenfeld krimineller Machenschaften, doch der Luxuszug glitt genauso sanft hindurch wie ein Ozeandampfer durch Eisberge. Die schiere Kühnheit des Unterfangens, »den Orient« mit Paris in Berührung zu bringen, entsprach der Verwirklichung eines Traumes – einem Brückenschlag, wie er Europa und seinen Invasoren seit dem Untergang des Römischen Reiches nicht mehr eingefallen war.

Wie wir bereits wissen, hatte die Geschichte der Eisenbahnreise in Europa jedoch nicht die langsamen amerikanischen Großraumwaggons begünstigt. Allerdings öffnete sich dann plötzlich ein Teil Europas, der auf sonderbare

Weise an Nordamerika erinnerte: Die Balkanregion war weiträumig, zerklüftet und nur sehr schwach besiedelt, der Boden dort relativ wertlos. Daher erschien es kaum nötig, die kürzeste und geradeste Strecke zu planen, die angesichts des gebirgigen Untergrundes und der widerspenstigen Bevölkerung doch ziemlich teuer geworden wäre. Wenn zwei Rückfahrkarten von Paris nach Istanbul ebenso viel kosteten wie die Halbjahresmiete einer Villa in Mayfair und viele der Passagiere Bankiers, Waffenhändler, Berufsspieler und Konsorten waren: Wozu dann hetzen, solange die Champagner- und Kaviarvorräte reichten? Der amerikanische und der europäische Reisestil – hier Luxus, da Tempo –, die etwa fünfzig Jahre lang getrennt nebeneinder bestanden, hatten also zusammengefunden. Jetzt benutzte auch Europa das amerikanische Design, mit der entsprechenden Technik. Allerdings war beides einem Klassengefüge angepasst worden, das sich vielleicht schon auf dem Höhepunkt des Zerfalls befand.

Der Orient-Express sprengte alle herkömmlichen Vorstellungen von Raum und Zeit. So wechselte die Sprache des Zugpersonals bei jedem Grenzübergang. Mit allen Wassern gewaschene türkische *effendi* streiften auf den Korridoren umher und erfüllten die Wünsche von besonders gut betuchten Passagieren. Die Verschmelzung von Luxus und Geschwindigkeit führte auf beiden Erdteilen zu einer neuen Form der Aufhebung von Zeit. Draußen mochte sich die wildeste Prärie erstrecken, Tausende Kilometer von jeder Zivilisation entfernt, oder ein von Türken regierter Teil Europas, in dem eine Rebellion brodelte, doch drinnen saß man in einem Chicagoer Salon oder in einem Pariser Fünf-Sterne-Hotel. In Amerika boten Pullman-Waggons ab 1881 sogar elektrisches Licht, das damals in vielen Privathaushalten noch eine echte Seltenheit war, der Champagner kam eisgekühlt, und es gab Toiletten mit automatischer Spülung. Ab 1887 fuhren die Wagen hüben wie drüben voll elektrifiziert, sogar mit Luftzirkulation, sodass man die Innentemperaturen der Jahreszeit anpassen konnte. Fahrgäste durchquerten mit dem gleichen oder sogar höheren Komfort als daheim die Kontinente und brachten nur die Segnungen der Natur mit ins Innere. Ungefähr das Einzige, was man nicht nach innen verlagert hatte, war die Zeit selbst.

Der Vanderbilt Südosteuropas, der bedeutendste Finanzier des ostwärts gewandten Eisenbahnausbaus, nämlich der Bankier und Philanthrop Baron Maurice de Hirsch (Moritz Hirsch), gehörte zu jenen fabelhaften Visionären des 19. Jahrhunderts, die einen langen Schatten bis in unsere heutige Ära hinein werfen. Eines seiner Projekte von bleibendem historischen Gewicht war ein Konzept der Umsiedelung jüdischer Gemeinden, in dessen Rahmen er ganze *shtetl* aus Russland und den türkischen Provinzen in jüngst mittels der Eisenbahnen erschlossene Gebiete Saskatchewans, Argentiniens und Brasiliens verlegte. Indem er Westeuropa nach Osten und Bräuche aus dem Osten in die Freiheit des Westens brachte, wägte de Hirsch Gewinnstreben gegen Philantropie ab, ebenso wie andere mächtige Industriebarone seiner Zeit – die Fords, die Rockefellers und die Carnegies, bezeichnenderweise indes *nicht* George Pullman selbst.

Den Baron trieb eine Vision der kontinentalen Einigung um, noch bevor die russischen und türkischen Gebiete überhaupt als Bestandteile Europas galten; zudem erkannte er, dass der Eisenbahnbau bei jeder Form des Zusammenwachsens die zentrale Rolle spielen musste. Nur, die Verhandlungen zwischen der Türkei und Russland, Frankreich und England, Deutschland und Österreich, wie auch die Gefahren, die seitens der Geächteten und Revolutionäre allerorten in der gequälten Region drohten, zogen sich noch weitere zwanzig Jahre hin, vorangetrieben und angespornt von de Hirsch, jedoch häufig unterbrochen durch lange Pausen infolge von Kriegen und Gesprächen über Waffenstillstandsabkommen.

Der von 1860 bis 1910 währende fünfzigjährige Prozess der moralischen Zivilisation, also die vielfach vereitelten Bemühungen darum, das »natürliche« Unrecht der Geschichte wenigstens teilweise wieder rückgängig zu machen – wie etwa im amerikanischen Bürgerkrieg die Abschaffung der Sklaverei, in Mitteleuropa die Aufhebung der antisemitischen Maßnahmen, die Einigung Deutschlands und Italiens oder die Auflösung der österreichischen und türkischen Provinzen, auch auf dem Balkan –, war eine politische Begleiterscheinung des langen Ringens um die Standardisierung der Zeit. Das hohe Tempo ließ die brüchigen Lötstellen der Geschichte zerbersten. Wie Schama dazu vermerkte, fielen alle Formen von ungesicherter Identität der historischen Entwicklung zum Opfer. Sieht man indes von Afrika und Teilen Asiens ab, so wurde jetzt zumindest das Grundrecht von Minderheiten anerkannt, sich zu ihrer kulturellen Identität zu bekennen und ihren politischen Willen kundzutun.

Erstmals seit rund zweitausend Jahren verwirklichte sich, weitgehend dank eines visionären Bankiers und eines amerikanischen Industriellen, schließlich ein Traum, der schon das alte Rom, Alexander den Großen, das Heilige Römische Reich und die Türken überlebt hatte. Ab 1891 standen auf allen Linien von Lissabon, Madrid oder London über Paris und Wien nach Moskau und Sankt Petersburg bei den planmäßigen Zügen und einigen des Barons *Wagons-Lits* bereit. Berlin blieb vorerst misstrauisch gegenüber dem Eindringen von Russen auf sein Gebiet, und beteiligte sich deshalb bis 1896 nicht an dem Verbund. 1898 fuhren Luxuszüge schon bis in eine weit östlich im mittleren Sibirien gelegene Stadt wie Tomsk. Die Eisenbahnen hatten den Kontinent somit allmählich geeint. Europa war, wenn auch nur für sehr kurze Zeit und auf höchst brisante Weise, ein Ganzes.

Binnen sechzig Jahren, was im 19. Jahrhundert noch mehr als der durchschnittlichen Lebenserwartung entsprach, hatte sich die Lokomotiventechnik von Stephensons »Rocket« (1828), die ihre Passagiere ungefähr so sanft behandeln mochte wie die Stückkohle auf dem Tender, bis zu den Superzügen des Orient-Express entwickelt. Die ausgereiften *Wagons-Lits* ähnelten vielleicht nichts so sehr wie jener Vision Flemings von 1863, als er »Luxushotels« den Atlantik überqueren sah.

Die Eisenbahnrevolution betraf viel mehr als nur technische und diplomatische Fragen. Da gab es zum Beispiel das Problem der Moral und insbesondere der Sexualität. Die Kombination aus Tempo, Luxus und einer rundum mobilen Gesellschaft zog unweigerlich die traditionellen Anstandsregeln in Zweifel. Die auf dem Orient-Express ihr Unwesen treibenden Quacksalber und Schurken waren zwar schon zu ihrer Zeit legendär, und gewiss würden wir sie heute wieder erkennen, doch sie sind nicht das Entscheidende: Der springende Punkt liegt im Entstehen eines neuen Verhaltenskodex. Denken wir an einen beliebigen Tageszug auf irgendeiner mittelamerikanischen Kurzstrecke – also weder mit Pullman-Luxus noch mit Reichen und Berühmten, sondern nur mit handfesten amerikanischen Archetypen wie dem Handlungsreisenden und einer Farmerstochter.

Im August 1889 verabschiedete sich die achtzehnjährige, »kluge, etwas schüchterne« Caroline Meeber in einer Kleinstadt Wisconsins mit Küsschen von ihrer Familie, vergoss ein paar Tränen und bestieg den Nachmittagszug nach Chicago, wo sie bei ihrer verheirateten Schwester unterkommen wollte, um sich dort Arbeit zu suchen. Das ist eine der ältesten Geschichten Amerikas, denn sie handelt vom endlosen *Werden*: Die Heldin verlässt das beengte Provinzstädtchen in Richtung Metropole, um etwas mehr vom Leben zu sehen, Arbeit und wahrscheinlich, bei der größeren Auswahl, auch einen Ehemann zu finden. Viele solcher Geschichten beginnen und enden allerdings entweder in der erdrückenden Kleinstadt oder in der düsteren, gefährlichen Großstadt, aber nur die wenigsten setzen in der Übergangssphäre zwischen Klein- und Großstadt ein, wie Theodore Dreisers 1900 veröffentlichter Roman *Sister Carrie*. [103]

Noch vor der Ankunft in Chicago lernt Carrie einen zungenfertigen Handlungsreisenden kennen, einen »Schaumschläger« namens Charlie Drouet; der schmeichelt sich bei ihr ein, gewinnt ihr Vertrauen als das Einzige, was sie faktisch zu geben hat, da sie seit achtzehn Jahren jedermann vertraut, und schwatzt ihr die Adresse der Schwester in Chicago ab. Dann arbeitet Carrie einige Wochen lang ehrbar als Näherin, überanstrengt jedoch bei dem schlechten Licht ihre Augen und bekommt Schmerzen im Rücken und in den Beinen. Ihr Schwager reinigt unten beim Schlachthof Viehwagen, mit absehbaren Folgen für seine Laune und das häusliche Gebaren. So lernt Carrie ziemlich schnell, dass mit ehrlicher Arbeit nicht viel Ehre einzulegen ist und dass sich auf diese Weise beschäftigte Frauen oft danach sehnen, sogar um den Preis ihrer Tugend vom Schicksal brutaler Ausbeutung erlöst zu werden. Als Drouet erneut in Carries Leben tritt, hat diese vom Alltag ihrer Schwester genug gesehen und ist zum Absprung bereit. Sie lässt sich aushalten, von Mann zu Mann weiterreichen und steigt auf der sozialen Leiter jedes Mal höher, um schließlich jene Nische zu finden, welche die Gesellschaft des 19. Jahrhunderts für gerissene attraktive junge Frauen bereithielt. Ihre Geschichte galt damals als ein Skandal und fiel der Zensur zum Opfer.

Die Behörden hatten aus ihrer Sicht sogar recht mit dem

Verbot, und der Verlag war anständig genug, das Buch sofort zurückzuziehen. Dreiser hatte eine bekannte Milieugeschichte genommen, die sich leicht als vulgär und geschmacklos abtun ließ, ein neues Merkmal hinzugefügt und die Szenerie damit für jedes Wohnzimmer des ganzen Landes interessant gemacht; die besagte neue Zutat war das *Tempo*. Ähnlich wie Sherlock Holmes potentielle Verdächtige stets als »unseresgleichen« bezeichnete, schuf Dreiser ein gefallenes Mädchen, das genauso aussah, sprach und handelte wie wir selbst aus dem Kernland des Paradieses: gesund und zuversichtlich, umgeben von hilfsbereiten Freunden und Angehörigen. Sie war kein tuberkulöses Wrack aus den Slums einer Großstadt, ihr Triebleben auch nicht durch kranke Gene, Armut, Alkohol oder Missbrauch verdorben. Carries Sünde bestand allein darin, dass sie wusste, was sie wollte, und was genau sie das kosten würde, aber auch, wie schnell sie sich darauf einließ. Ihr Absturz und anschließender Aufstieg, der Verlust ihrer Tugend nach dem Unrecht einer entwürdigenden Arbeit traten ohne aktives Zutun mit einer geradezu schockierenden Geschwindigkeit ein.

Carrie ist unwiderstehlich, aber nicht in der Art attraktiver junger Frauen, sondern unwiderstehlich als eine entfesselte Kraft, wie eine Lokomotive in voller Fahrt. Dreisers Überzeugung, dass sich die weibliche Sexualität grundsätzlich nicht von der männlichen unterscheidet, entstammte einem Weltbild, dessen Zeit damals in Amerika noch nicht gekommen war. Doch Sex diente hier nur als Köder; und die Kritiker hoben zu Unrecht Carries ausschweifende Sexualität hervor und nicht Dreisers radikale Analyse einer brüchigen Gesellschaft, die infolge des hohen Tempos – einer Veränderung im Tempo des Wandels – unstabil geworden war.

Die *avant-garde* muss nicht immer schockierend neu aussehen. Manchmal trampelt sie in einer ernsten, nüchtern geschäftsmäßigen Pose durch die Gegend. So hatte Amerika das neue Jahrhundert mit einem revolutionären Roman eröffnet, der, wenigstens aus der Sicht seiner Kritiker, im Ton und Gebaren an eine lahme, eher für den mittleren Westen typische Imitation Zolas oder Thomas Hardys erinnerte, an einen gebremst schulmeisterlichen Frank Norris oder Upton Sinclair, ohne jedoch auch nur annähernd das Lyrische Jack Londons oder Stephen Cranes aufzuweisen. Er beleidigte den Publikumsgeschmack, die hergebrachte Meinung und die christliche Leserschaft. Der Verlag zog das Werk fast unverzüglich vom Markt zurück.

In Dreisers naturalistischem Universum können zwei Moralkodes (wie zwei Geschwindigkeiten) nicht nebeneinander bestehen. Die stärkeren Motive, wie man sie auch definiert – die gröberen, gierigeren, sexuell befriedigenderen, lebensbejahenderen oder, im Sinne dieses Buches, tatkräftigeren, schnelleren –, müssen sich stets durchsetzen. Viel später in seiner Laufbahn, mit *An American Tragedy*,[104] führte Dreiser den gleichen Konflikt in einem noch krasseren Szenarium vor: In einem trostlosen Großstadtviertel stellt eine evangelische Familie ihre Frömmigkeit durch religiöse Gesänge und Druckschriften zur Schau, um die Kälte und Gleichgültigkeit der urbanen Werte moralisch anzuprangern. Doch dann ermordet einer der so vorbildlich evangelischen Jungen als Halbwüchsiger seine schwangere Freundin. *Alles dreht sich um die Zeit* – um den Zusammenstoß zwischen Vernunft und Natur.

Als eine Art schmutzigen Witz hatte es die beiden immer schon gegeben, doch es bedurfte erst eines Zuges, um den Handlungsreisenden und die Farmerstochter in einem seriösen Roman zusammenzuführen. In den Augen Drouets bildete die Bahnfahrt einen Zeitrahmen, gehörte sie mit zum Auftritt, denn seine ganze Lebensgrundlage war durch die Selbstdarstellung in der Fortbewegung definiert.

Aus der Sicht Carries dagegen veränderten neue Eindrücke die alte Realitäts- und Selbstwahrnehmung. In dem Moment, als sie den Zug bestieg, war Carrie schon ein anderer Mensch, sodass ihre gesamte Erziehung keine Rolle mehr spielte und die höllische Gewissheit der Strafe sich in Nichts auflöste. Demnach konnte sich schon ein achtzehnjähriges Bauernmädel ohne weiteres eine Bahnfahrkarte in die nächste Großstadt kaufen, dort ein paar Wochen arbeiten, eine gleichsam instinktive Entscheidung über ihr individuelles Verhalten und die konventionelle Moral treffen und sich dann auf ein neues Leben endloser Selbstentdeckungen einlassen.

Was Dreiser gegen 1900 wahrnahm, muss als eine Alltäglichkeit gelten, der sich die Gesellschaft nicht stellen wollte – und der sich die amerikanische Öffentlichkeit nach wie vor nicht stellt. Die Reibungen und Kollisionen des ständigen Energieflusses, der beschleunigte Ablauf von der Ursache zur Wirkung, die Erwartung direkter Bedürfnisbefriedigung und die Techniken, sie stets zu gewährleisten, gehen mit Erschütterungen einher, die Panik und soziale Umwälzungen auslösen. Die von Dreiser in Romanform ergänzte Zutat war das Tempo des moralischen Wandels und eine Figur mit der instinktiven Fähigkeit, dieses zu erkennen und auch zu nutzen. Es erscheint etwas ironisch, aber durchaus nahe liegend, dass eine Kultur wie die amerikanische, die immer stark auf Innovation setzt, so stolz auf ihre Ungeduld und so schnell gelangweilt ist, entsetzt sein muss festzustellen, dass ihre Grundwerte – die Überbleibsel der »natürlichen« Welt – ständig unter Beschuss stehen. *Man kann Tempo oder Tradition haben, aber nicht beide gleichzeitig.*

Für manche, wie Carrie, kennzeichnete das Tempo die neue Autorität und brachte alte Hemmungen zu Fall. Mit den Ereignissen Schritt zu halten, wenn die Begebenheiten selbst sich derart überstürzen, dass der menschliche Geist es kaum noch fassen kann, erfordert mehr Arbeit, mehr Mühe und mehr Zeit, dafür aber weniger Hingabe an die Tradition oder auch die Familie als je zuvor. Was kann uns die Tradition noch lehren, wenn alles immer neu ist? Wie viel Respekt schulden wir altmodischen Denkweisen? Die alten, beim Aufbau des Landes gültigen Verhaltensregeln und Anstandsnormen galten nicht mehr. So einfach es sein mag, im Stil eines Wirtschaftsseminars jene tatkräftigen Wenigen zu bejubeln, welche die bestehenden Klassenschranken durchbrachen, um wie Andrew Carnegie mit einem guten Riecher und rastloser Selbstdisziplin zu Wohlstand und Macht aufzusteigen: Sehr wahrscheinlich unterschätzen wir dabei, was für einen phänomenalen Balanceakt es erforderte, um sich bei den Wellen, die so viele wegschwemmten, über Wasser halten zu können. Von einer solchen Ära geprägt zu werden und darin zu überleben, ja sogar zu prosperieren, erforderte eine wahrhaft proteische, alles absorbierende Natur wie die Carries.

Nicht jedoch, dass Carrie feiner, gröber, schlauer, dümmer, mitfühlender, großmütiger oder gehemmter gewesen wäre als irgendjemand sonst. Sie verließ ja nicht einmal ihre Eltern oder ihre Schwester, sondern bewegte sich einfach infolge ihres höheren Tempos von ihnen weg. Auf ihre nette ungezierte Art hatte sie es einfach geschafft, sich im Tempo des Wandels zu entwickeln. Das Erschreckende an *Schwester Carrie* ist, dass dieses kleine Mädchen naiver und rückständiger begann als all jene Männer, die sie zu besitzen wähnten, diese dann aber irgendwie überholte und weit hinter sich zurückließ. Verdutzt starrten diese auf die Veränderungen an ihr und den Scherbenhaufen des eigenen Lebens: Immerhin hatten sie Carrie ja zu einem guten Start verholfen, sie quasi entdeckt und voll auf sie gesetzt. Irgendwie fühlten sie sich schließlich betrogen, und das gilt sogar für ihren vernarrtesten Liebhaber, Hurstwood, den sie zerstörte. Ja, sie erkannten nicht einmal, dass Carrie sich selbst im Grunde keinen Deut verändert hatte.

Etwas Schlimmeres, als Carrie an sich selbst entdeckte, hätte sich die amerikanische Mittelschicht nicht ausmalen können. Um mit Dreiser zu sprechen, war sie nämlich »genusssüchtig«. Naive achtzehnjährige Bauernmädchen aus Wisconsin konnten also genusssüchtig sein! Demgegenüber suchen die Männer in ihrem Leben, besonders jene aus der Konsumentenschicht wie der Hotelmanager Hurstwood, der alles aufgibt, um sie zu besitzen, in erster Linie »Trost«. Die Gesellschaft, wie Freud sie skizzierte, dämpfte die ruhelose Libido, das Lustprinzip, und förderte das vernünftige, marktfähige, sich selbst schützende Ich, gerade um die Hurstwoods vor ihren Carries zu bewahren. Doch das Tempo brachte alles aus den Fugen, holte die vergnügungssüchtigen und lustspendenden Raubtiere aus dem Verborgenen und ließ sie auf die gemütlichen Runden der feinen Gesellschaft los.

Das Tempo zersetzte die traditionelle Moral. Man kann schwerlich jemandem folgen, der hinterher hinkt, dessen Werte also nicht mehr gelten. In Dreisers naturalistischem Universum, in dem die schnelleren, die mächtigeren, die schärferen Triebe herrschen, siegt das Vergnügen jedes Mal über den Trost. Eben dieses Bewusstsein hatte rund ein halbes Jahrhundert zuvor in einer Reihe nahezu gleichzeitiger Werke wie Flauberts *Madame Bovary* (1857) und Hawthornes *Der scharlachrote Buchstabe* (1850) oder auch bei einer Vielzahl englischer und amerikanischer Naturalisten – denkwürdig im Fall Hardys, hingegen fast hysterisch bei D.H. Lawrence – seinen dramatischen Ausdruck gefunden. Beim späten Henry James tritt die weibliche Sexualität wie ein unwillkommener Gast auf; Eliots *Das wüste Land* steht sogar für ein Zurückschrecken vor ihr und der damit einhergehenden Auflösung der Kultur. Eliots stolze Bekehrung zum Klassizismus, Royalismus und Anglo-Katholizismus war der endgültige Verzicht auf irgendeinen Platz in der »vernünftigen« Welt, um sich dafür in etwas zu retten, das noch an die traurigen Überreste des »Natürlichen« erinnerte.

Nachwort
Der Geist des Sandford Fleming

> Die Zeit vergeht, sagen Sie? Ach nein,
> leider nicht: Die Zeit bleibt; nur wir vergehen!
> Austin Dobson in »Chicago Public Art«[105]

Abschließend folgt hier nun meine eigene schaurige kleine Zeitgeschichte.

Allein im Sommer 1997 war ich, den United Airlines zufolge, die fünffache Strecke des Erdumfanges geflogen. Siebenundfünfzig Jahre alt, leitete ich ein internationales Schreibprogramm der Universität von Iowa. Autorenanwerbung, Geldbeschaffung und Literaturfestivals hielten mich ständig auf Trab und meine Visa immer auf dem neuesten Stand. Meine Frau, ebenfalls eine Weltenbummlerin, arbeitete als Professorin im gut dreitausend Kilometer entfernten Berkeley, Kalifornien. Sie stammt aus Indien, wo wir beide alljährlich einmal ihre Familie besuchen. Ich selbst schrieb damals gerade am zweiten Band meiner Autobiographie. Der erste handelte vom finsteren ländlichen Quebec meines Vaters zur Zeit der Jahrhundertwende. Eines Abends dachte ich über die vergleichsweise sonnige Kindheit meiner Mutter in Manitoba nach, ihre Jahre an einer Kunsthochschule in England und im Deutschland der Weimarer Republik und dann ihre Rückkehr ins Montreal der Vorkriegszeit, wo sie meinen Vater kennen gelernt und geheiratet hatte. Heute würde ich sagen: eine in klassischer Weise passende Verbindung zwischen zwei komplementären zeitgenössischer Welten, aber auch zwischen Natur und Vernunft.

Meine Erinnerung fokussierte sich auf einen Tag des Jahres 1947 in Florida, kurz nachdem wir dorthin gezogen waren. Ich stand zusammen mit meinem Vater auf der Art-Déco-Hauptstraße von Leesburg neben unserem Vorkriegs-Packard. Vater, der ein helles Hawaiihemd im Stil Harry Trumans und Gabardinehosen mit hoher Taille trug, warf gerade Pennies in eine Parkuhr ein, und ich fragte ihn: »Wieso können die eigentlich Zeit vermieten?« Worauf er antwortete: »Sie vermieten Raum. Es kommt nur Zeit dabei heraus.«

Bald darauf hielt der Ku-Klux-Klan seine jährliche maskenfreie Parade ab, die zu einem Baseballspiel führte. Es muss entweder der Konförderierten-Gedenktag oder der Geburtstag von Jeff Davis gewesen sein, also eine jener kraftstrotzenden Zurschaustellungen weißer Überlegenheit, die der sogenannte Neue Süden eher zu unterdrücken versucht. Als ich mir dann 1997, an jenem Sommerabend in Iowa, im Fernsehen ein Baseballspiel ansah und dabei das tagsüber Geschriebene noch einmal schnell überflog, begannen zwei Wörter, *time zone*, auf dem Papier zu blinken, als hätte ein Cursor sie markiert und festgehalten. »Unser Leben ist wie eine Zeitzone«, hatte ich da geschrieben, »sodass etwas zugleich wahr und nicht wahr, gegenwärtig und nicht gegenwärtig sein kann.« Und ich fragte mich vergeblich, warum mir der Satz plötzlich so fremd erschien, woher der Begriff »Zeitzone« eigentlich stammte. Die *Encyclopedia Britannica* belehrte mich darüber, dass Zeitzonen auf die Prime Meridian Conference von 1884 zurückgingen, bei der man eine Weltstandardzeit beschlossen hatte. Führender Kopf der einschlägigen Bewegung sei der damals siebenundfünfzigjährige (!) Kanadier (bingo!) Sandford Fleming gewesen.

Das Konzept Zeitzone erschien mir als ein glänzender

Aufhänger. Die Zeit selbst hat zwar keine Zonen, überlegte ich, aber sobald wir welche schaffen, wird alles möglich.

Da sich 1997 zum fünfzigsten Mal jährte, dass Jackie Robinson als Erster die Rassenschranke im Baseball durchbrochen hatte, brachten in jenem Sommer alle Baseballsendungen immerfort Robinson-Retrospektiven – über sein Ausbüchsen von daheim, den Champagner im Klubhaus und den ersten schwarzen Baseballspieler als Strahlemann. Und sooft ich derlei Bilder sah, dachte ich eifersüchtig zurück an *meinen* Jackie, an die vielen Male in den fünfziger Jahren, als ich ihn in Pittsburgh spielen sah, als er die Standlinien aufriss, die Pirates alt aussehen ließ, und dann weiter zurück an mein erstes Baseballspiel in Montreal 1946, ein Jahr, bevor er sein großes Ligadebüt gab: als Jackie beim besten Nachwuchsspielerclub Brooklyns spielte, den Montreal Royals, und mein Vater mich mit hinaus zu den traditionsreichen Delormier Downs nahm, nur um ihn zu sehen. Und dann gab es noch ein drittes Bild von Jack, diesmal 1963, als wir endlich angekommen waren und uns hörbar zu Wort meldeten. Kurz nach Martin Luther Kings großer Rede »Ich habe einen Traum« ging er die Straße entlang, winkte Gratulanten zu und schüttelte Hände, ein langsamer, buckliger, weißhaariger Republikaner am großen Tag der Demokraten. Ich rief ihm zu, dass ich sein *wahres* Debüt gesehen hätte, und er gab mit seiner harten, dünnen Stimme zurück: »Montreal. Schöne Stadt. Habe gerne dort gespielt.«

Jack und ich. In einem einzigen symbolischen Augenblick jenes Abends in Iowa City war ich zugleich siebenundfünfzig, sechs, sieben, fünfzehn und dreiundzwanzig Jahre alt; und nun von allen der einzige Überlebende. Ich ließ das angefangene Buch liegen, hängte meinen Beruf an den Nagel und zog nach Kalifornien zu meiner Frau.

Danksagung

Sandford Fleming formulierte seine Grundeinstellung gegenüber der Ingenieurszunft – das heißt dem Stand der sogenannten Tunnel-, Straßen-, Brücken- und Streckenbauer – in einer Rede von 1876 wie folgt: »Ihre Lebensaufgabe besteht darin ... Wege zu ebnen, damit andere diese beschreiten können.« Bei einem späteren Anlass dachte er in einem ganz ähnlichen Sinne über die fast tragische Kunst des Gestaltens nach: Wenn der Ingenieur seine Sache gut gemacht habe, so verlören sich darin alle Spuren seiner Arbeit und andere ernteten das Vergnügen an der Sache, den Gewinn und die Anerkennung.

Die Fleming-Papiere im kanadischen Staatsarchiv bereiten in der Tat Vergnügen und ebnen Wege. Jede alphabetische Rubrik der hundertfünfundvierzig Kartons, ironischerweise sind die Blätter nicht einmal chronologisch geordnet, enthält ein gewisses Maß an Überraschungen und wirft, so hoffe ich zumindest, im Folgenden einige pikante Pointen ab. Maschinengeschriebene Briefe von weltweit bekannten Persönlichkeiten aus jener guten alten Zeit liegen in diesem Sammelsurium neben vierzig Jahre zuvor abgefassten Entwürfen für Beileidswünsche an einen indischen Fremdenführer zum Tode seiner Ehefrau.

Besonders danke ich der Belegschaft des Hutchison House in Peterborough, Ontario, das mir Material über Fleming zuschickte, kaum dass ich erstmals mein besonderes Interesse daran bekundet hatte, und mich seine Sammlungen durchsehen ließ, als ich einige Wochen später dort eintraf. Im Übrigen habe ich den großen Gelehrten jenes Gebietes zu danken, die ähnlich wie Fleming immer bereit stehen, um einem das Terrain zu ebnen: William Everdell, Michael O'Malley, Pierre Berton, Jacques Attali, Stephen Kern, Derek Howse, David Landes, Peter Gay, David Harvey, Wolfgang Schivelbusch, Arno Borst, Eviatar Zerubavel, James Burke, Walter Houghton sowie den Autoren anderer Bücher und Artikel, die sie inspirierten oder ihnen folgten. Meine ehemaligen Kollegen von der University of Iowa, Mitchell Ash, Ed Folsom, Shelley Berc und Garrett Stewart haben den Gang meiner Lektüre von Anfang an begleitet und verdienen dafür einen freundlichen Gruß über zwei Zeitzonen hinweg.

Clark Blaise
San Francisco im März 2000

Anmerkungen

1 Dieses Stereotyp wirkt bis in unsere heutigen Phantasien nach, wenn der begnadete Tüftler »Scotty« immer wieder zaubert, um das Raumschiff *Enterprise* zu reparieren.
2 Ein solches hohes Lob charakterisiert durchaus das soziale Ideal der viktorianischen Briten.
3 Der in Kanada wohlgemerkt nicht wegen des Pelzes, sondern vielmehr wegen seines Fleißes und seiner Geschicklichkeit geschätzt wird.
4 Indem er nämlich die Franzosen mit absehbaren Resultaten drängte, den *mètre* von 39,37 auf vierzig Inches zu verlängern, um die volle Konvertierbarkeit zu erreichen.
5 Ich kann mir indes kaum vorstellen, dass wir die Zeit in zwanzig oder dreißig Jahren noch auf einer gänzlich unverändert vom Dampfmaschinenzeitalter übernommenen Grundlage berechnen weden.
6 Benannt nach seinem französischen Erfinder P. Nunes [beziehungsweise Vernier].
7 Einer meiner Studenten in Montreal, der fließend Englisch spricht, wenn auch nicht als Muttersprache, hörte irgendwann in einer Wettervorhersage die Wendung »five quick inches« Schneefall und fragte sich besorgt, wie viel wohl ein »schneller Inch« sein möge.
8 Es gehört zu den kleineren Ironien der Geschichte, dass man ein international bahnbrechendes Ereignis wie die Festlegung des Nullmeridians und das Abkommen zur Weltstandardzeit – die eine Elite führender Astronomen und Diplomaten aus den sechsundzwanzig damals unabhängigen Staaten der Welt zusammenführten, um an einer der ersten Bemühungen Amerikas teilzunehmen, auf der Weltbühne politischen Einfluss zu gewinnen –, auf die ansonsten verlogene Haltung Arthurs zurückführen muss. Nur einen Monat nach der Konferenz, so wies es Adam Hochschild in seinem Buch *King Leopold's Ghost*, mauschelten Freunde der Präsidenten mit Vertretern der imperialistischen Mächte, um den afrikanischen Kontinent allzu buchstäblich unter sich aufzuteilen.

9 James Watt starb ebenso wie John Keats im Jahr 1819.
10 Das war keine ganz abwegige Annahme: Sowohl die Standardzeit als auch die Autobahn kamen als logistisches Anhängsel der militärischen Mobilmachung nach Deutschland. Als Generalfeldmarschall von Moltke darauf drängte, eine Einheitszeit für ganz Deutschland einzuführen, das vorher fünf Richtzeiten besaß, sah er darin ein ziviles Gegenstück zur militärischen Regelung.
11 Wir brauchen gar nicht einmal tausend Jahre zurückzugehen, um uns das Fortwirken des natürlichen Denkens vor Augen zu führen, denn 1999 beschloss ein amerikanischer Bundesstaat, die Theorien der Evolution und des »Urknalls« aus den Lehrplänen der staatlichen Schulen zu streichen, weil damals »niemand zugegen war, um die entsprechenden Phänomene zu beobachten«. *Kein Ideenmarkt. Kein geregelter Lernprozess von Generation zu Generation.*
12 Die für eine Reform der Maße und Gewichte (und *nicht* für den Wetterdienst) zuständig war.
13 Das dichte Beziehungsgeflecht zwischen den geistigen Eliten der Welt kam seinerzeit nicht weniger deutlich zum Vorschein als heutzutage.
14 Einen direkten Abkömmling des Zeitballs können wir heute alljährlich zu Silvester auf dem New Yorker Times Square begrüßen.
15 Ich möchte nicht zu weit vorgreifen, doch dürfte es aufschlussreich sein, sich ein zeitliches Dilemma vor Augen zu führen, vor dem wir in naher Zukunft stehen könnten. Das Internet und die verwandten Techniken begründen ein neues Zeitbewusstsein, obgleich wir derzeit noch die Eisenbahnzeit des 19. Jahrhunderts als unseren offiziellen Standard ansehen. Die damaligen Debatten haben bewiesen, dass sich eine Gesellschaft, und vielleicht sogar die menschliche Psyche, nicht so leicht auf rivalisierende Zeitstandards einstellt, und ich bezweifle, dass das 21. Jahrhundert bei der Lösung dieses Problems erfolgreicher sein wird.
16 Beim Thema Entpersönlichung durch Zeit muss ich an Herman Melvilles rätselhafte Erzählung »Bartleby der Schreiber« (1853) denken, das Eponym einer geisterhaften Erscheinung in einer Anwaltskanzlei der Wall Street. In seiner bezwingenden und beständigen Unergründlichkeit verkörpert Bartleby auf sinnbildliche Weise das Negative, scheint als eine zwischen Zeitmaßstäben gefangene Anomalie nur darauf zu warten, zu sterben oder neu geboren zu werden. Körperlich anwesend und geistig abwesend, repräsentiert er ganz und gar Thoreaus Arbeiter, der weder die »Muße zu einer wahren Ganzheit« hat, noch »die menschlichsten Beziehungen zu den Menschen« unterhalten kann.
17 In den späteren Jahren zog er sich häufig zum Rauchen an Deck oder zum Briefeschreiben bei Brandy in sein Arbeitszimmer zu-

rück. Seine Enkel erinnerten sich, dass er auch im hohen Alter nach Zigarrenrauch und Schnaps roch. Zu Hause in Kirkcaldy gab es auch eine Liebste namens Maggie Barclay, die er hätte heiraten können, wäre er dort geblieben. So meinte zumindest John Sang. In seinen Briefen vergaß er nie, ihre unveränderte Schönheit zu erwähnen – und außerdem, dass sie noch ledig sei.

18 Man verunglimpfte Toronto als »elendes Kaff«, es sei zickig, bigott, garstig und etepetete, bis sich der Wind, beinahe ein Sturm, in den sechziger Jahren des 20. Jahrhunderts zu seinen Gunsten zu drehen begann.

19 »Heute Nacht«, berichtete er dann, »habe ich neben der Krone geschlafen.«

20 In dem man zum Beispiel die Frage ventilierte, »ob Indien oder Afrika stärker unter Europa zu leiden hat?«

21 Darüber gibt es einen alten Witz, den Kanadier ihr Leben lang immer wieder hören: O, du glückliches Kanada! Du hättest die Technik Amerikas, das Staatswesen Großbritanniens und die Kultur Frankreichs haben können, bekamst aber stattdessen die amerikanische Kultur, das französische Staatswesen und das britische Knowhow.

22 Die *United Kingdom* fuhr (wie er aufzeichnete) mit einem Tempo von fünfzehn Stundenkilometern in Richtung Glasgow und verheizte dabei täglich rund achtzehn Tonnen Kohle. Jeder morgendliche Schnellumlauf mit dem Kapitän enthüllte Fleming weitere Einzelheiten über Geschwindigkeit und Kurs, Probleme in den Bereichen Wetter und Navigation. Zusammenstöße auf hoher See galten als unwahrscheinlich, Eisberge dagegen sollten seltsamerweise eine ernst zu nehmende Bedrohung darstellen.

23 Der Red River fließt als einer von wenigen Strömen der Region in Nordrichtung.

24 Die Métis waren französisch-indianische Siedler des Nordwestens, die sich militant dagegen wehrten, unter die Rechtszuständigkeit Oberkanadas zu geraten.

25 Seward prägte den Begriff und damit das politische Programm des »Manifest Destiny«, hinter dem sich eine Art Missionarseifer für die Sache der Demokratie verbarg – allerdings ein ziemlich agressiver.

26 Fleming war immer gesellig, hilfsbereit und nahbar, doch die Gefälligkeiten, die er anderen entlockte, standen oft in einem rein organisatorischen Zusammenhang, wobei einige dennoch am Ende die Bilanz ausglichen.

27 Angeblich einem Einfall des begnadeten Propagandisten für ein geeintes Kanada, D'Arcy McGee, dessen Forderungen nach einer Konföderation die Delegierten in Charlottetown zu Ovationen bewegt hatten.

28 Es gab heimliche, kleine Invasionen, eine zum Beispiel seitens der in Amerika ansässigen Fenier, die sich über die Grenze schlugen, um D'Arcy McGee zu ermorden.
29 Man könnte sagen, das Einzige, was die Vereinigten Staaten an einer direkten Militäraktion hinderte, war der unbestrittene Glaube an deren Unvermeidlichkeit, wie ein Leitartikel der *Chicago Tribune* noch vom 5. September 1884 zeigt: »Man muss hierzulande weder darüber diskutieren, noch eine Annexion erzwingen oder gar beschleunigen wollen. Alle Faktoren – gewerblicher, finanzieller, sozialer und politischer Provenienz – lassen Kanada zur Amerikanischen Union neigen, der es im Sinne der natürlichen und geografischen Gegebenheiten ohnehin schon angehört.«
30 Hervorhebung des Verfassers.
31 Gerade auf dem gesetzlosen Balkan brachen alte Reiche zusammen. Viele Kleinstädte an der Strecke des Orient-Express mussten, freilich ohne dass die Passagiere etwas davon bemerkt hätten, umfahren werden, weil oft Brandanschläge auf Bahnhöfe verübt oder die Kreuzungswächter ermordet wurden. In Afrika und Asien traten die imperialistischen Raubzüge im Kongo, in Tansania und in Tonkin in ihre soziopathische Phase ein; el-Mahdi vertrieb die Briten und den armen Pascha Gordon aus dem Sudan, um damit den frühviktorianischen Vorwand einer »zivilisatorischen Mission« ein für alle Mal zu zerstören.
32 Die ihm kam, als er von Belgien in die Vereinigten Staaten geschickt wurde, um seinen Liebeskummer zu überwinden – nur um sich dort stattdessen in die Wagen Pullmans zu verlieben.
33 Die übrigens sofort das entsprechende Genre von Rennbahngemälden aussterben ließen.
34 Ähnlich übrigens wie ehemals die Berater Präsident Thomas Jeffersons, der 1803 Lewis und Clark damit beauftragte, das gewaltige Neuland des Louisiana Purchase zu vermessen.
35 Charles Piazzi Smyth, der Königliche Astronom Schottlands und einer der echten Charaktere in der Geschichte seiner Zunft – »er folgt immer nur der eigenen Umlaufbahn«, erklärte einst ein Besucher seiner Edinburgher Sternwarte –, bemühte sich jahrelang, die π-Eigenschaften des Grundrisses der Cheopspyramide von Giseh nachzuweisen. Seine Untersuchungen dienten dem einzigen Zweck, den gottlosen französischen *mètre* als unnütz zu entlarven und die Ehre des imperialen Inch zu retten, den seiner Meinung nach schon die alten Griechen erfunden und eingeführt hatten. Unnötig zu sagen, dass dieses Ansinnen fast seinen Ruf als seriöser Wissenschaftler ruiniert hätte.
36 Dafür stellte er übrigens in den USA fünf Patentanträge, von denen vier wegen mangelnder Originalität scheiterten, da schon

eine Generation zuvor neuartige Zifferblätter vorgeschlagen, dann aber nicht produziert worden waren.
37 Das amerikanische Pendant des irischen Reiseführers, der Fleming damals irregeführt hatte.
38 Den etwas dandyhaften Schwiegersohn Queen Victorias.
39 Wie Hemingway in der Erzählung »Mein Alter« schrieb: »Scheint, wenn sie mal loslegen, dann bleibt überhaupt nichts von einem Kerl übrig.«
40 Airy ging damals auf die Achtzig zu.
41 Man muss nur an jene Beispiele denken, die Dava Sobel in *Längengrad* aufführt, etwa die Verachtung des ehemaligen Königlichen Astronomen Sir Nevil Maskelyne für den Provinzuhrmacher John Harrison.
42 Hervorhebung des Verfassers, C.B.
43 Das ist diejenige Industrienorm, nach der sämtliche Airlines ihre Flugpläne in ein und derselben »Echtzeit« aufeinander abstimmen.
44 Niemand würde den vierzigsten Breitengrad als Äquator bezeichnen, auch wenn die Mehrzahl der Weltbevölkerung in seiner Zone lebte.
45 Wie erwähnt, war sie dabei auch rentabel, wegen des Verkaufs ihrer Karten an rund neunzig Prozent aller Reedereien der Welt, die daran ihre Navigation ausrichteten.
46 Aus dem später das Skidmore College hervorging.
47 Als solche galten Akademiker in der Geschichte Amerikas oft, besonders aber im Goldenen Zeitalter.
48 Die ihre Gegner übrigens als »Vanderbilt-Zeit« verhöhnten.
49 Nach dem Fiasko der »Kanäle« dauerte es erneut hundert Jahre, bis die Annahme eines bewohnten Weltalls wieder zu ähnlich großem Ansehen gelangte. Sie mag sogar ein prägendes Element unserer menschlichen Verfassung sein. Heute projizieren zum Beispiel viele Astronomen echte Lebensräume, gewaltige durch Flüssigkeit gebildete Meere, auf die Jupitermonde.
50 Nicht zuletzt bedingt durch die erwiesene Meisterschaft von Darwins Werk *Über den Ursprung der Arten.*
51 Angesichts der Befürchtungen wegen einer Erwärmung des Erdklimas wäre es interessant, die damaligen Angaben über Blütezeiten mit den heutigen zu vergleichen, sofern diese sich überhaupt ermitteln ließen.
52 Danach vertritt Fleming die Auffassung, das Erdinnere bestehe überwiegend aus Wasser, und hält »diese Theorie für stimmiger, einfacher und dem menschlichen Grundempfinden angemessener« als das zuvor geschilderte Modell.
53 Ausnahmen bildeten hier vielleicht die Krim und das »Schwarze Loch« Kalkutta.

54 Im selben Jahr schlitterte das völlig aufgewühlte Amerika in den Bürgerkrieg; »Kanada« bildete nichts als eine gestörte Verbindung aus Ontario und Quebec, Deutschland einen Archipel von Fürstentümern und Stadtstaaten.

55 Der intriganteste »Amerikaner« überhaupt war allerdings ein gebürtiger Kanadier, nämlich James H. Hill, als Chef der in Minnesota ansässigen Great Northern.

56 Gewiss hieße sie nicht allerorten G, sondern jede Örtlichkeit der Erde wüsste lediglich, was wir heute wissen, wenn wir ein Telefonbuch zu Rate ziehen, nämlich wie viel Uhr es relativ zu uns irgendwo auf de Erdball ist.

57 Wie hätte sich dergleichen in der Praxis ausgewirkt? Oder genauer, wie hätte es konkret ausgesehen?

Wollte ein Bewohner Philadelphias einem Verwandten in London auf möglichst unmissverständliche Weise telegraphisch mitteilen, dass soeben sein Kind zur Welt gekommen sei, so mochte er folgenden Wortlaut wählen:

Mein lieber Bruder Basil! Heute, am 17. Januar 1881, um U.22 Uhr, wurde unser Sohn Algernon Augustus III geboren, (gezeichnet) A. A. Smith jr.

Falls nun Onkel Basil in London dieses Telegramm etwa um X.50 Uhr empfing und sein Zifferblatt entsprechend drehte, so käme er zu dem Schluss, dass sein kleiner Neffe (in der »universellen« oder »Echtzeit«) gerade einmal achtundzwanzig Minuten zuvor entbunden worden war. Doch ohne die entsprechende Meridianberechnung ließe sich die Übertragungszeit in Philadelphia, nämlich 15.22 Uhr, nicht so einfach auf das Londoner Äquivalent 20.50 Uhr beziehen. Immerhin könnte Onkel Basil bereits um 21 Uhr ein Glückwunschtelegramm nach Philadelphia aufgeben, das dort ungefähr um 4 Uhr Ortszeit ankäme. Dabei würden die wechselseitig unverständlichen Zeitangaben allerdings – buchstäblich – weder der familialen Würde des Anlasses noch der technischen Fernmeldeleistung gerecht.

Wäre es also nicht beruhigender und dem menschlichen Verständnis zuträglicher, wenn Algernon das Telegramm Basils um U.00 Uhr erhielte und wüsste, dass sein liebender Bruder bereits um Z.00 Uhr, nur wenige Minuten nach deren Eintreffen, auf die Nachricht reagiert hatte?

58 Auf der nächsten Etappe seiner Theorie schlug Fleming 1878 eine Abwandlung der Vierundzwanzig-Stunden-Uhr vor. Die Zeit von Mitternacht bis Mittag sollte, wie wir es ja heute halten, von 0 bis 12, der Rest dann, beginnend mit dem Buchstaben der jeweils eigenen Zeitzone, in Lettern notiert werden. Da Z für Greenwich stand, wäre der Osten Nordamerikas, der fünf Zonen davor lag, größtenteils unter das U gefallen. Auch in diesem Zusammenhang

verfolgte Fleming die quasi pädagogische Absicht, Zeit und Länge miteinander zu verschmelzen und die gesellschaftlichen Aspekte der Zeit völlig außer Acht zu lassen. In seiner nächsten Revision gab er um 1880 sowohl die Landkennung der Ostküste als auch den Meridian Greenwichs auf.

59 Manche sind sogar schon angekommen. Der Schweizer Uhrenhersteller Swatch hat kürzlich eine Internet-Zeit vorgeschlagen, die ebenfalls universell sein und es Nutzern in verschiedenen Erdteilen erlauben soll, die Zeitzonen zu umgehen und in ein und derselben »Echtzeit« miteinander zu chatten.

60 Die Probleme, vor denen unsere Vorfahren standen, indem sie lernen mussten, ihr Herr/Knecht-Syndrom, das Tempo, die Abhängigkeit, den Umweltschaden zu bewältigen: Sie sind auch noch unsere Probleme.

61 Schivelbusch weist darauf hin, dass der sogenannte »Railway Spine«, eine, wie es später hieß, »traumatische Neurose« ohne klar eingrenzbare körperliche Ursache, mit Symptomen wie Phobien, Schlafstörungen, Kopfschmerzen, Appetitlosigkeit und Angstzuständen, mehr für die Psychiatrie als für eine traditionelle Schulmedizin abwarf und damit dem Ansehen eines Fachgebietes diente, dem es zuvor eindeutig an öffentlicher Wertschätzung gefehlt hatte.

62 Ähnlich wie im Fall der Dinosaurier.

63 Deutscher Titel: *Der Regenbogen*.

64 Den David Harvey übrigens als »kreative Zerstörung« bezeichnete.

65 Wir könnten der Szene fast einen Titel geben oder Sprechblasen dazu ersinnen: »Hast du daran gedacht, das Gas abzustellen?« – »Wo wollen wir essen?« – »Darf ich's wagen…?«

66 Bei Vermeer zum Beispiel dem Weinkrug, dem Briefbogen oder der entrollten Landkarte.

67 Nach General Howard ist übrigens die traditionell »schwarze« Universität Washingtons benannt.

68 Seurats *Sonntag auf der Insel Grande Jatte* hängt sinnigerweise im Art Institute von Chicago nur einige Säle von Caillebottes *Pariser Straße, Regenwetter* entfernt.

69 Der zuliebe Taylor seine Stoppuhr sogar in ausgehöhlten Büchern versteckte.

70 Der nächste Schritt wird wohl darin bestehen, die vierundzwanzig Stunden des Industriellen Zeitalters auf eine einzige herunterzufahren.

71 Dessen Handlung basierte auf einem tatsächlichen Vorfall des Jahres 1894.

72 Eine ähnlich inspirierende und erfrischend direkte Darstellung veranlasste Sir William Gilbert, so stellt es zumindest der Regisseur Mike Leigh in *Topsy-Turvy* dar, zu seinem Plan für *The Mikado*.

73 »Unmoduliert« bedeutet so viel wie ohne Schattierungen und Farbabstufungen.
74 So erstaunt es einen nicht, dass er die Schauspielkunst Gary Coopers bewunderte, der sein Publikum erschauern ließ, indem er langsame Abfolgen auskostete und zwischen den Zeilen die Brüche betonte.
75 Wie konnten wir am Anfang so unschuldig sein und dann zu dem werden, was wir heute sind? Wie kam es zu der gesellschaftlichen, politischen und ökologischen Unordnung, und wie können wir dafür Sühne leisten?
76 Man sollte Faulkner jedoch nicht festnageln, denn in gewissem Sinne sind fürsorgliche Menschen wie Dilsey immer »unzeitgemäß«. Schließlich stört es uns ja auch nicht, wenn unsere Kindermädchen eine andere Hautfarbe, Kultur oder Sprache haben als wir selbst – solange nur ein erkennbarer Zeitabstand besteht. Wir möchten nicht, dass unsere Ersatzmütter und Haushälterinnen mit einem Walkman am Ohr auftauchen und uns nach den neuesten Kabelprogrammen fragen; vielmehr wünschen wir uns, dass sie alte Zeiten, in denen mütterliche Werte gewiss noch eine bedeutendere Rolle spielten und weniger kompromittiert waren als heute, mit »Standhaftigkeit« durchlebt und »ausgeharrt« haben.
77 Eine rühmliche Ausnahme bilden in diesem Zusammenhang die bereits erwähnten Kulturgeschichtler Everdell und Kern.
78 Zwar können sie uns diesbezüglich auch, wie Cleveland Abbe, angenehm überraschen, und verfolgten, wie sie nimmer müde wurden zu betonen, sogar als Imperialisten nur die besten Absichten, aber selbst ein so liberaler Mann wie Abbe vergaß schnell seine Toleranz, wenn der Katholizismus aufs Tapet kam.
79 Nicht zufällig ist er derjenige Mann, dessen Namen das Barnard College trägt.
80 Die Agenten, darunter der verschlagene Erastus Wiman, wurden dafür schließlich strafrechtlich belangt.
81 Fleming selbst hatte sich aber noch nicht ganz dazu durchgerungen, auch das U auszulassen, da zumindest die in Venedig benutzten Musterkarten dies noch enthielten.
82 Zum Beispiel Auckland oder Honolulu.
83 Unter »Standardmeridianen« verstand Fleming seine Fünfzehn-Grad-Abstände, bei denen jeweils die Stunden wechselten.
84 Auch der traditionelle nautische Tag hatte von Mittag bis Mittag gedauert, was viele Nachrichten auf See um einen vollen Kalendertag verzögerte, mit geschichtlich manchmal katastrophalen Folgen.
85 Stets peinlich genau, führte er dann Buch über seine Spesen: zweihundertzwölf Dollar Handgeld; Übernachtung in Biggs Hotel, Teilnahme an Negergottesdienst mit Professor Abbe. Er vermerkte

auch die Höchsttemperatur des Anreistages: 32°C, nach dem wärmsten und trockensten Sommer seit Menschengedenken.
86 Hervorhebung des Verfassers, C. B.
87 Der schwedische Botschafter war Sprecher des Diplomatischen Corps von Washington.
88 Das entsprach auf Europa bezogen der Distanz von London bis Mittelsibirien.
89 Das im diplomatischen Jargon der Zeit manchmal auch als »die Empfindlichkeit« bezeichnet wurde.
90 Übrigens liegen solche Auseinandersetzungen den Briten und Amerikanern ohnehin nicht, was bei den nächsten beiden Sitzungsrunden hüben wie drüben zu Wutausbrüchen führte. So sah sich ein britischer Delegierter aufzubegehren genötigt: »Meine Herren, darf ich Sie daran erinnern, dass wir ja keineswegs Kriegsparteien sind!«
91 Eine derartige Himmelsposition mochte in der Tat einen erdgebundenen Nullmeridian ganz und gar überflüssig machen.
92 Die Deutschen hatten die Erde kurz zuvor neu vermessen und waren zu einem etwas anderen Resultat gelangt, deshalb der deutsche *Meter*.
93 »Ich habe meinen gelehrten Herren Kollegen genau zugehört«, erklärte J. G. Adams mürrisch, »und ihre Beiträge beruhten fast ausnahmslos auf sentimentalen Erwägungen«
94 »Unserer Ansicht nach ist es den Astronomen eher zuzumuten, einen neuen Ausgangspunkt zu setzen und die zwölfstündige Differenz bei ihren Berechnungen zu berücksichtigen, als es der Öffentlichkeit und der Geschäftswelt wäre, wenn unsere universelle Zeitrechnung nicht um Mitternacht, sondern mittags begänne.«
95 »Der historisch beim Anti-Meridian Greenwichs angesiedelte Wochentagswechsel sollte fortan direkt bei jenem Meridian selbst stattfinden.«
96 Dieses ist in beiden Ländern nach wie vor gesetzlicher Standard und wurde im letzten Jahrhundert von den Vereinigten Staaten mit großer Sorgfalt eingeführt.
97 In Iowa sah ich in der Kabine eines Traktors Wetterberichte aus Argentinien, Australien und der Ukraine über einen Computerbildschirm flimmern, während darunter ständig die aktuellen Erzeugerpreise über eine Fußzeile liefen, sodass der Landwirt in Iowa jederzeit beurteilen konnte, ob er die Ernte verkaufen oder noch zurückhalten sollte. Ich befand mich auf einer Farm, zugleich aber auch in der modernen Rekonstruktion einer solchen, wo Männer und Frauen, die aussahen, sprachen und lebten wie Bauern, zugleich indes auch echte Weltbürger waren, die im Winter ihre chinesischen Partnerstädte besuchten, an internationalen

Tagungen teilnahmen, oder mitten in der Erntesaison umherreisende ausländische Schriftsteller mit üppigen Gutsbanketten bewirteten. Mit ihren Kongressabgeordneten und Senatoren in Washington standen sie auf du und du, und bei landwirtschaftlichen Anhörungen meldeten sie sich mit dem Eifer und der Sachkunde eines Fleming oder Abbe zu Wort.

98 In meinem Viertel von San Francisco gibt es viele junge Männer und Frauen, die gegen elf Uhr morgens ihre Hunde Gassi führen und ihren Brunch in einem Straßencafé einnehmen – doch man lasse sich nur nicht täuschen. Sie arbeiten nach eigenen Zeitsystemen, die teils durch Tokioter, teils durch New Yorker Märkte oder oft durch elektronische Standleitungen mit Silicon Valley oder gar Bangalore definiert sind.

99 Das war übrigens die Paraderolle Charlton Hestons.

100 Doyle erfasste auch ein quasi gewerbliches Prinzip: Ein Meisterdetektiv muss es letzlich mit einem genialisch ebenbürtigen Gegner zu tun haben oder sich diesen sogar auf perverse Weise selbst erzeugen.

101 In die USA verschlug es vor allem die weitgehend an den Rand gedrängten Schotten, Iren und Waliser.

102 Planmäßige Passagierverbindungen nahm man erst fünf Jahre später auf.

103 Deutscher Titel: *Schwester Carrie.*

104 Deutscher Titel: *Eine amerikanische Tragödie.*

105 In einem Essay über Lorado Tafts Skulptur »Der Brunnen der Zeit«.

Bibliographie

Als Lektüre dienten mir der Fleming-Nachlass im kanadischen Staatsarchiv und Zeitungsartikel aus dem Jahrzehnt der Zeit. Die Werke Eviatar Zerubavels empfehlen sich dringend für jedermann, den die Durchgängigkeit der Zeit – und die Perversität ihrer Messung – interessiert. Fleming, der selbst ein akribischer Archivar war, bewahrte Kopien der Protokolle verschiedener internationaler Tagungen auf, darunter jene der American Metrological Association und insbesondere der Prime Meridian Conference von 1884. Nur mit äußerstem Widerwillen habe ich mich im Frühjahr und Sommer 1998 in Ottawa am Ende eines jeden langen Archivtages von jenen Kartons mit geöffneten Akten losgerissen.

Abbe, Truman, *Professor Abbe... and the Isobars: the Story of Cleveland Abbe, Amerca's First Weatherman*, Vantage Press 1955.
Allen, William F., *Standard Time in North America, 1883–1903*, New York 1904.
Altick, Richard D., *Victorian People and Ideas*, W.W. Norton 1973.
Amis, Martin, *Time's Arrow*, Penguin Books 1991.
Attali, Jacques, *Histoires du Temps*, Livre de Poche 1982.
Bacon, Francis, *Neues Organ der Wissenschaften*, Darmstadt 1974.
Barnett, Jo Ellen, *Time's Pendulum*, Harcourt, Brace 1998.
Basalla, George *et al.* (Hg.), *Victorian Science: a Self-Portrait from the Presidential Addresses of the Presidents of the British Association for the Advancement of Science*, Doubleday Anchor 1970.
Behrend, George, *Luxury Trains from the Orient Express to the TGV*, Paris und New York, Vendome Press 1977. (Deutschsprachige Ausgabe: *Geschichte der Luxuszüge*, Zürich 1977.)
Berton, Pierre, *The National Dream*, Penguin Books Canada 1970.
Boorstin, Daniel J., *The Discoverers*, Random House 1983. (Deutschsprachige Ausgabe: *Die Entdecker*, Basel 1985.)
Brand, Stewart, *The Clock of the Long Now: Time and Responsibility, the Idea Behind the World's Slowest Computer*, Basic Books 1999.

Bruck, H.A., und Bruck, M.T., *The Peripatetic Astronomer: the Life of Charles Piazzi Smyth*, Bristol und Philadelphia: A. Hilger, 1988.

Burpee, Lawrence J., *Empire Builder, the Life of Sir Sandford Fleming*, 1915.

Clifford, William Kingdom, *Lectures and Essays*, hg. von Leslie Stephen, Macmillan 1879.

Conrad, Joseph, *The Secret Agent*, 1905. (Deutschsprachige Ausgabe: *Der Geheimagent*, Zürich 1975.)

Corliss, Carlton J., *The Day of Two Noons*, Washington, Association of American Railroads 1953.

Department of Transportation [Verkehrsministerium], *Standard Time in the United States*, Washington, D.C., Juli 1970.

Deusen, Glyndon G. van, *William Henry Seward*, Oxford University Press 1967.

Dickens, Charles, *Dealings with the Firm of Dombey and Son*, London 1847/48. (Deutsche Ausgabe: *Dombey und Sohn*, Stuttgart 1868.)

Doyle, Arthur Conan, *Sherlock Holmes: The Complete Novels and Stories* (2 Bde.).

Dreiser, Theodore, *Sister Carrie*, 1900 (Deutsche Ausgabe: *Schwester Carrie*, Reinbek 1978.)

Dyson, Freeman, *From Eros to Gaia*, Pantheon 1992.

– Ders., *Disturbing the Universe*, Basic Books 1979. (Deutsche Ausgabe: *Innenansichten. Erinnerungen in die Zukunft*, Basel/Stuttgart 1981.)

Everdell, William E., *The First Moderns: Profiles in the Origins of Twentieth Century Thought*, University of Chicago Press 1997.

Fabian, Johannes, *Time and the Order: How Anthropology Makes Its Object*, Columbia University Press 1983.

Faulkner, William, *The Sound and the Fury*, 1929. (Deutsche Ausgabe: *Schall und Wahn*, Zürich 1973.)

Ferris, Timothy, *The Whole Shebang: a State-of-the-Universe(s) Report*, Simon & Schuster 1997.

Fleming, Sandford, *Report*, Canadian Pacific Railway, Ottawa 1876.

– Ders., *Report*, Canadian Pacific Railway, Ottawa 1877.

– Ders., *Report*, Canadian Pacific Railway, Ottawa 1878.

– Ders., *The Intercolonial, A Historical Sketch*, Dawson Brothers 1876.

– Ders., *From Westminster to New Westminster*,

Fraser, J.T., *Of Time, Passion, and Knowledge: Reflections on the Strategy of Existence*, George Braziller 1975.

Gay, Peter, *Bürger und Boheme. Kunstkriege des 19. Jahrhunderts*, München 1999.

Gell, Alfred, *The Anthropology of Time*, Berg Publishers, Oxford und Providence 1992.

Gibbon, John Murray, *The Romantic History of the Canadian Pacific*, Tudor Publishing 1937.

Gould, Stephen Jay, *Questioning the Millenium: A Rationalist's Guide to a Precisely Arbitrary Countdown*, Harmony Books 1997. (Deutsche Ausgabe: *Der Jahrtausend-Zahlenzauber*, Frankfurt am Main 1999.)

Grant, Rev. George M., *Ocean to Ocean, Sandford Fleming's Expedition through Canada in 1872* (Nachdruck des Originals von 1872 in Cole's Canadiana Collection).

Gwyn, Sandra, *The Private Capital*, HarperCollins, Toronto 1984.

Harris, Errol E., *The Reality of Time*, Albany, State University of New York Press 1988.

Harvey, David, *The Condition of Postmodernity*, Malden, MA, Blackwell 1990.

Hawking, Stephen, *A Brief History of Time*, Bantam Books 1988. (Deutsche Ausgabe: *Eine kurze Geschichte der Zeit*, Reinbek 1991.)

Hemingway, Ernest, *Die Stories*, Reinbek bei Hamburg 1966.

Hochschild, Adam, *King Leopold's Ghost*, Houghton-Mifflin 1998.

Hood, Peter, *How Time is Measured*, Oxford University Press 1969.

Horgan, John, *The End of Science*, Broadway Books 1997. (Deutsche Ausgabe: *An den Grenzen des Wissens*, Frankfurt am Main 2000.)

Houghton, Walter E., *The Victorian Frame of Mind 1830–1870*, Yale University Press 1957.

Howe, George F., *Chester A. Arthur: A Quarter-Century of Machine Politics*, Dodd, Mead 1934.

Howse, Derek, *Greenwich Time and the Longitude*, London 1980 und 1997.

Huxley, Thomas Henry, *Collected Essays* (4 Bde.), Appleton, New York 1896.

Innis, Harold A., *A History of The Canadian Pacific Railway*, University of Toronto Press (Nachdruck) 1971.

James, Henry, *The American Scene*, 1904.

Janssen, Jules-César (betreffend), *Homage*, Paris 1922.

Kakar, Sudhir, *Frederick Taylor: a Study in Personality and Innovation*, MIT Press 1970.

Kaufman, Gerald Lynton, *The Book of Time*, Julian Messner 1938.

Kern, Stephen, *The Culture of Time and Space 1880–1918*, Harvard University Press 1983.

Kubler, George, *The Shape of Time: Remarks on the History of Things*, Yale University Press 1962. (Deutsche Ausgabe: *Die Form der Zeit*, Frankfurt am Main 1982.)

Landes, David S., *Revolution in Time: Clocks and the Making of the Modern World*, Harvard University Press 1983.

Lee, Samuel J., *Moses of the New World: The Work of Baron de Hirsch*, New York: Thomas Yoseloff 1970.

Levine, Robert, *A Geography of Time*, Basic Books 1997.

Lightman, Alan, *Einstein's Dreams: a Novel*, Warner Books 1994. (Deutsche Ausgabe: *Und immer wieder die Zeit*, Hamburg 1994.

Lightman, Bernard (Hg.), *Victorian Science in Context*, University of Chicago Press 1997.

Loizou, Andros, *The Reality of Time*, Gower 1986.

Lomazzi, Brad S., *Railroad Timetables, Travel Brochures & Posters*, Golden Hill Press 1995.

MacCormac, John, *Canada: America's Problem*, New York: Viking Press 1940.
Marx, Leo, *The Machine in the Garden, Technology and the Pastoral Ideal in America*, Oxford University Press 1964.
Morris, Richard, *Time's Arrows: Scientific Attitudes Toward Time*, Simon & Schuster 1985.
Nelson, Daniel, *Frederick W. Taylor and the Rise of Scientific Management*, University of Wisconsin Press 1980.
Newcomb, Simon, und Edward S. Holden, *Astronomy for High Schools and Colleges*, Henry Holt & Co., 1881.
North, J.D., *The Measure of the Universe, a History of Modern Cosmology*, Dover Books 1965.
– Ders., *Stonehenge: Neolithic Man and the Cosmos*, HarperCollins 1996.
– Ders., *The Fontana History of Astronomy and Cosmology*, Fontana Press 1994.
O'Malley, Michael, *Keeping Watch: a History of American Time*, Smithsonian Institution Press 1990.
Quiñones, Ricardo J., *The Renaissance Discovery of Time*, Harvard University Press 1972.
Reeves, Thomas C., *Gentleman Boss: the Life of Chester Alan Arthur*, Knopf 1975.
Robbins, Keith, *Nineteenth-Century Britain: Integration and Diversity*, Clarendon Press, Oxford 1988.
Russenholt, E.S., *The Heart of the Continent*, MacFarlane Communications 1968.
Savitt, Stephen (Hg.), *Time's Arrows Today*, Cambridge University Press 1995.
Schama, Simon, *Landscape and Memory*, Alfred A. Knopf 1995. (Deutsche Ausgabe: *Der Traum von der Wildnis*, München 1996.)
Schivelbusch, Wolfgang, *Geschichte der Eisenbahnreise*, Frankfurt am Main 1995.
Server, Dean, *The Golden Age of Steam*, Todtvi. (Deutsche Ausgabe: *Dampflokomotiven, Dampfschiffahrt*, Bielefeld 1999.)
Seward, William H., *The Works of*, hg. von George E. Baker (3 Bde.), 1853, Nachdruck bei AMS, New York 1972.
Skelton, Oscar D., *The Railway Builders*, Brook & Co., 1916.
Smoot, George, und Keay Davidson, *Wrinkles in Time*, Avon Books 1993. (Deutsche Ausgabe: *Das Echo der Zeit*, München 1995.)
Smyth, C. Piazzi, *Teneriffe, an Astronomer's Experiment, or, Specialities of a Residence Above the Clouds*, L. Reeve 1858.
Sobel, Dava, *Longitude*, Penguin Books 1996. (Deutsche Ausgabe: *Längengrad*, Berlin 1996.)
Stephanson, Anders, *Manifest Destiny: American Expansionism and the Empire of Right*, Hill and Wang 1995.
The Study of Time (4 Bde., verschiedene Herausgeber), Springer Verlag.

Theroux, Paul, *My Other Life*, Houghton-Mifflin 1996. (Deutsche Ausgabe: *Mein anderes Leben*, Hamburg 2000.)

Thomson, Don W., *Man and Meridians* (3Bde.), Queen's Publisher 1967.

Thomson, Malcolm M., *The Beginning of the Long Dash: a History of Timekeeping in Canada*, University of Toronto Press 1978.

Thoreau, Henry David, *Walden and Other Writings*, Bentam Classics 1981. (Deutschsprachige Ausgabe: *Walden oder Leben in den Wäldern*, Zürich 1971.)

Time and Its Mysteries (vier Vorträge), New York University Press 1940.

Vargas Llosa, Mario, *Die Wirklichkeit des Schriftstellers*, Frankfurt am Main 1997.

Vatsyayan, S.H., *A Sense of Time: an Exploration of Time in Theory, Experience and Art*, Delhi, Oxford University Press 1981.

Ward, Mrs. Humphrey, *Lady Merton, Colonist*, 1910.

Warner, Brian, *Charles Piazzi Smyth: Astronomer-Artist, His Cape Years 1835–45*, University of Cape Town Press 1983.

Zwart, P.J., *About Time*, Elsevier 1976.

Louis Sarno
Der Gesang des Waldes
Mein Leben bei den Pygmäen
Aus dem Amerikanischen von Michael Müller
Band 15260

An einem Winterabend in Amsterdam hört der amerikanische Reisende und Musikforscher Louis Sarno im Radio seltsame Gesänge, die ihn tief berühren. Fasziniert lauscht er der Musik, von der er bald erfährt, daß es sich um Gesänge der Ba-Benjelle Pygmäen handelt. Kurz entschlossen verkauft er seine Habseligkeiten und macht sich auf die Reise in den Dschungel Zentralafrikas. Ziel der wagemutigen Reise ist die Begegnung mit den Pygmäen, deren wunderbarer archaischer Gesang ihn nicht mehr los lässt. Doch der erste Kontakt verläuft alles andere als erwartet, und es dauert einige Zeit bis er die wahre Welt der Pygmäen kennenlernt. Allmählich gelingt es ihm das Vertrauen des Stamms zu gewinnen, und er verliebt sich leidenschaftlich in ein Pygmäenmädchen.

»Der Gesang des Waldes« ist ein faszinierender und nicht idealisierender Einblick in das Leben einer uralten, aussterbenden Jäger- und Sammlerkultur – die Chronik einer radikalen und beeindruckenden Lebenserfahrung.

Fischer Taschenbuch Verlag

John Berger
SauErde
Geschichten vom Lande
Aus dem Englischen von Jörg Trobitius
Band 14295

Seit Jahren lebt John Berger mit seiner Familie unter den französischen Bauern eines kleinen Dorfes in den Bergen Savoyens. Karg, streng und einfach mutet diese archaische Welt am Rande unserer heutigen Zivilisation an, und sie ist unwiderruflich zum Sterben verurteilt. Dennoch überlebt sie Tag für Tag, getragen von Langmut und Tradition, aber auch von der Gewohnheit, die Existenz durch die Arbeit der eigenen Hände zu sichern und zu erhalten. Bergers Liebe zu den Bauern hat ihre Wurzeln in der Erkenntnis dieses Widerspruchs. Und er hat eine besondere Fähigkeit, diese Einsicht erzählend zu vermitteln. Seine knappe, die bäuerliche Denk- und Empfindungsweise widerspiegelnde Sprache läßt den Lesenden unmittelbar teilhaben an den kleinen Geschichten des täglichen Lebens. Mit seinen so einfachen wie bewegenden Erzählungen hält John Berger die Erinnerung an eine Lebensform wach, für die es in der modernen Welt keinen Raum mehr gibt.

Fischer Taschenbuch Verlag

Bruce Chatwin und Paul Theroux
Wiedersehen mit Patagonien
Aus dem Englischen von Anna Kamp
Band 11721

Bruce Chatwin und Paul Theroux, zwei erfahrene Patagonien-Reisende, die beide bereits Bücher über dieses Land am äußersten Rand der bewohnbaren Welt geschrieben haben, treffen in Wiedersehen mit Patagonien zu einem reizvollen Zwiegespräch über ihre Erlebnisse zusammen. Und da sie »literarisch« Reisende sind, erregt ein literarischer Bezug genauso ihre Neugier wie ein merkwürdiges Tier oder eine seltene Pflanze. Melvilles Moby Dick oder Edgar Allan Poes Denkwürdige Erlebnisse des Arthur Gordon Pym, ein spätmittelalterlicher Ritterroman, in dem ein seltsames Tier mit Namen Patagon auftaucht, oder das Verschwinden des Odysseus im Meer – ihrer leidenschaftlichen Aufmerksamkeit entgeht kaum ein faszinierendes Detail. Sie folgen aber auch den Spuren ganz realer Reisenden – ob es sich hierbei nun um Darwin oder eine englische Lady handelt –, und Chatwin entdeckt höchstpersönlich die Hütte, in der sich Butch Cassidy und Sundance Kid für eine Weile zur Ruhe setzten. Die hier zusammengetragenen Fundstücke wecken die Sehnsucht nach diesem Land, das zur Metapher wurde für das Unheimliche, das verhängnisvoll Anziehende.

Fischer Taschenbuch Verlag